甲種危険物受験の為のわかりやすい物理・化学

理学博士 長野 太輝 監修
工藤 政孝 編著

弘文社

まえがき

本書は，「わかりやすい！甲種危険物取扱者試験（弘文社刊）」の姉妹編として企画，編集されたものです。
とかく，甲種危険物取扱者試験を受験するに際して，化学がわからない，という声が多く，わかりやすく解説した本はないか，という要望が多いというのは，かねがね耳にしておりました。

そこで，少しでもその要望に応えようではないか，と思い立って企画，編集し，その後，紆余曲折を何度も経験しながら何とか完成に漕ぎつくことができました。

特に，**有機化合物**につきましては，甲種危険物取扱者試験を受験するに際し，ここまでの知識は要らないのではないか，と思えるくらい深く入り込んで解説をしております。

従って，編の冒頭にも一言触れてありますが，深入りするか，しないかは各自で判断していただいたら結構かと思います。

また，物理の分野においても，適度に深く説明してありますが，あくまでも“適度”なので，受験の参考テキストとしては，十分，お役に立てるものと思っております。

一方，問題の方も本文に対応した豊富な量の問題をご用意してありますが，甲種危険物取扱者試験を受験するに際しては，十分なボリュームではないかと思います。

いずれにしても，全編通じて，図やイラストを多用して，わかりやすく解説しておりますので，高校などで化学の分野に苦戦された方でも十分，理解できる内容になっているものと期待しております。

なお，このテキストは，一応，甲種危険物取扱者試験を受験するための参考書として銘打っておりますが，他の資格，たとえば，毒物，劇物取扱者試験や公害防止管理者試験など，試験科目に化学の分野があるもののほか，高校の化学の副読本としても利用可能だと思いますので，そのあたり，各自で判断して有効活用をされたらいかがかと思います。

最後に，本書を手にされた方が一人でも多く「試験合格」の栄冠を勝ち取られんことを，紙面の上からではありますが，お祈り申しあげております。

本書の使い方

本書を効率よく使っていただくために，次のことを理解しておいてください。

1．重要マークについて

本書では，問題のみならず，本文の項目においても，その重要度に応じて上記重要マークを1個，あるいは2個表示してあります。

また，本試験において今ひとつ出題例が少ない項目や問題にはマークを，また，難問と思われる問題には 

マークを表示してあります。

2．重要ポイントについて

大きな項目については，1の重要マークを入れてありますが，本文中の重要な箇所には，**太字**にしたり，重要マークを入れて枠で囲んだり，あるいは，背景に色を付けるなどして，さらに，ポイント部分が把握しやすいように配慮をしました。

3．ヒドロキシ基とカルボキシ基について

有機化合物の官能基において，従来，この両者は，ヒドロキシル基とカルボキシル基と呼ばれていましたが，最近は，ヒドロキシ基，カルボキシ基と最後の「ル」を除いた呼び方が推奨されていますので，本書でも，ヒドロキシ基，カルボキシ基と表示しています。

なお，本試験では，最近の傾向として，ヒドロキシ基（ヒドロキシル基），カルボキシ基（カルボキシル基）と表示してあるのが一般的です。

受験に際しての注意事項

1．願書はどこで手に入れるか？

近くの消防署や試験研究センターの支部などに問い合わせをして確保しておきます。

2．受験申請

自分が受けようとする試験の日にちが決まったら，受験申請となるわけですが，大体試験日の１ヶ月半位前が多いようです。その期間が来たら，郵送で申請する場合は，なるべく早めに申請しておいた方が無難です。というのは，もし申請書類に不備があって返送され，それが申請期間を過ぎていたら，再申請できずに次回にまた受験，なんてことにならないとも限らないからです。

3．試験場所を確実に把握しておく

普通，受験の試験案内には試験会場までの交通案内が掲載されていますが，もし，その現場付近の地理に不案内なら，ネット等で情報を集めておいた方がよいでしょう。実際には，当日，その目的の駅などに到着すれば，試験会場へ向かう受験生の流れが自然にできていることが多く，そう迷うことは少ないとは思いますが，そこに着くまでの電車を乗り間違えたり，また，思っていた以上に時間がかかってしまった，なんてことも起こらないとは限らないので，情報をできるだけ正確に集めておいた方が精神的にも安心です。

4．受験前日

これは当たり前のことかもしれませんが，当日持っていくものをきちんとチェックして，前日には確実に揃えておきます。特に，受験票を忘れる人がたまに見られるので，筆記用具とともに再確認して準備しておきます。

なお，解答カードには，「必ずHB，又はBの鉛筆を使用して下さい」と指定されているので，HB，又はBの鉛筆を2～3本と，できれば予備として濃い目のシャーペンと，消しゴムもできれば小さ目の予備を準備しておくと完璧です（試験中，机から落ちて“行方不明”になったときのことを考えて）。

目　次

まえがき…………3
本書の使い方…………4
受験に際しての注意事項…………5

第1編　物理に関する基礎知識

1　物質の状態の変化…………13
(1)　物質の三態について…………13
(2)　質量とは…………17
(3)　密度と比重について…………18
(4)　沸騰と沸点…………20
問題演習1－1…………23

2　気体の性質…………33
(1)　気体の圧力…………33
(2)　ボイル・シャルルの法則…………34
(3)　気体の状態方程式…………36
(4)　臨界温度と臨界圧力…………38
(5)　ドルトンの法則…………40
問題演習1－2…………42

3　熱について…………54
(1)　熱量の単位と計算…………54
(2)　熱の移動…………58
(3)　熱膨張について…………60
(4)　気体の断熱変化…………61
問題演習1－3…………62

4 静電気……73
(1) 静電気と帯電……73
(2) 静電気が発生しやすい条件……75
(3) 静電気対策……76
問題演習 1 − 4……78

第2編　化学に関する基礎知識

1 物質を構成するもの……87
(1) 原子……87
(2) 分子……95
(3) イオン……96
問題演習 2 − 1……99

2 化学結合……104
(1) イオン結合……104
(2) 共有結合……106
(3) 金属結合……109
(4) 結晶について……110
問題演習 2 − 2……112

3 物質の種類……118
(1) 純物質と混合物……118
(2) 単体と化合物……118
(3) まとめ……119
問題演習 2 − 3……121

4 物質量について……124
(1) 原子量と分子量……124
(2) モル（物質量）……125
問題演習 2 − 4……129

5 化学式と化学反応式……131
(1) 化学式……131
(2) 化学反応式……132
(3) 化学反応式が表す物質の量的関係……135
(4) 化学の基本法則……137
問題演習2－5……139

6 化学反応と熱……143
(1) 反応熱……143
(2) 熱化学方程式……144
(3) ヘスの法則……145
(4) 生成熱と結合エネルギー……146
問題演習2－6……149

7 化学反応の速さと化学平衡……151
(1) 反応速度……151
(2) 反応速度を支配する条件……152
(3) 反応速度式……152
(4) 活性化エネルギー……153
(5) 化学平衡……153
問題演習2－7……157

8 溶液……162
(1) 電気陰性度と分子の極性……162
(2) 溶液について……163
(3) 溶解について……164
(4) 溶解度……165
(5) 溶液の濃度……169
(6) 溶液の性質……170
(7) コロイド溶液……171
問題演習2－8……176

9 酸と塩基……182
(1) 酸と塩基について……182
(2) 酸と塩基の分類……184
(3) pH（水素イオン指数）……185
(4) 中和反応と中和滴定……188
問題演習 2 − 9……197

10 酸化と還元……215
(1) 酸化と還元……215
(2) 酸化数……217
(3) 酸化剤と還元剤……221
問題演習 2 −10……223

11 金属および電池について……232
(1) 金属のイオン化傾向……232
(2) 電池……233
(3) 金属の腐食……236
(4) その他金属一般について……238
問題演習 2 −11……240

12 有機化合物……249
(1) 有機化合物とは……249
(2) 有機化合物の特徴……250
(3) 有機化合物と炭化水素……252
(4) 有機化合物の分類……253
(5) 炭化水素について……259
Ⅰ鎖式炭化水素（脂肪族炭化水素）……259
Ⅱ環式炭化水素……273
(6) 官能基とその化合物について……278
問題演習 2 −12……295

第 1 編

物理に関する基礎知識

学習のポイント

気体の性質については，**臨界圧力**や**臨界温度**についての出題がごくたまにある程度ですが，**ボイル・シャルルの法則**については，出題はさほどあるわけではありませんが，物理の分野においては重要なポイントなので，法則から導かれる公式をよく理解し，計算問題にも慣れておく必要があります。

次に，**熱量の単位と計算**については，熱量を求めるやや高度な計算問題がたまに出題されている程度なので，計算のコツさえつかんでおけば，そう難しい分野ではないでしょう。

また，**熱の移動**や**熱膨張**などに関しては，基礎的な事項を中心に把握しておけば十分でしょう。

最後に**静電気**ですが，この分野は毎回のように出題されています。

ただ，その内容については，ほぼ乙種レベルの静電気の知識で解ける問題が多いので，乙種の問題集を利用するのもよいでしょう。

ただ，ごくたまに**放電エネルギー**などの少々ハイレベルな問題が出題されることもあるので，そのあたりのチェックは必要になるでしょう。

物質の状態の変化

（1）物質の三態について

たとえば，同じ水であっても，温度によって，水や氷，あるいは，水蒸気になったりします。つまり，液体（水）のときもあれば，固体（氷）や気体（水蒸気）のときもあるわけです。

このように，一般に物質は，温度や圧力の変化によって，**固体**，**液体**，**気体**の三つの状態に変化します。これを**物質の三態**といいます。

なお，この**「物質」**という言葉ですが，同じような言葉に**「物体」**というものがあります。 両者の違いは，物質が**モノの形や大きさ**などを考慮せず，その**性質や素材**に着目しているのに対し，物体は，逆に，その**性質や素材**を考慮せず，**モノの形や大きさ**などに着目しているところです。

このあたりをよく理解しておいてください。

1．融解と凝固　<固体と液体間の変化>

たとえば，氷は固体であり，それを構成するその原子や分子は互いに強い**分子間力**で引き合っているので，一定の形を保っています。

この固体の氷に熱を加えると，分子が激しく運動しだし，分子間力による結合があちこちで切れ始めます。

そうなると，分子が少し自由に運動できるようになるので，固体のような一定の形の束縛から外れ，色んな形をとることができるようになります。

これが**液体**であり，氷が水になるメカニズムになります。

このように，固体（氷）に熱エネルギーが加えられて液体（水）に変わる現象を**融解**といいます。

一方，水の入ったコップを冷凍庫に入れて冷やすと，逆に，水から氷，すなわち，液体から固体に変化します。

これは，水から熱を奪うことによって，上記，融解とは逆の現象が起きたからであり，このような液体（水）から熱エネルギーが放出されて固体（氷）に変わる現象を**凝固**といいます。

その熱エネルギーですが，融解の際に固体が吸収する熱エネルギーを**融解熱**，凝固の際に液体が放出する熱エネルギーを**凝固熱**といいます。

2．気化と凝縮　＜液体と気体間の変化＞

液体である水をヤカンで沸かすと，ある程度自由になった分子がさらに自由になり，やがて，水の表面から飛び出して水蒸気になります。

こうなると，分子どうしの結合はほとんどなくなり，自由に運動できるようになります。

このように，分子どうしの結合がなくなり，自由に運動できるような状態が**気体**であり，水が水蒸気になるメカニズムでもあります。

この，液体（水）に熱エネルギーが加えられて気体（水蒸気）に変わる現象を**気化（蒸発）**といいます。

一方，気体になった水蒸気が冷えたガラスコップに触れると，冷やされて水（水滴）になります。

これは，先ほどの気化とは逆の現象が起きたからであり，このような気体（水蒸気）から熱エネルギーが放出されて水（液体）に変わる現象を**凝縮**といいます。

また，気化の際に液体（水）が吸収する熱エネルギーを**気化熱（蒸発熱）**というのに対し，凝縮の際に気体（水蒸気）が放出する熱エネルギーを**凝縮熱**といいます。

3．昇華　＜固体と気体間の変化＞

1の融解と凝固，2の気化と凝縮の場合は，固体（氷）⇒液体（水）⇒気体（水蒸気）と，順に状態が変化しましたが，たとえば，ドライアイス（固体のCO_2）など一部の物質では，固体から直接気体になったり，あるいは，逆に気体から直接固体になる物質があります。

このように，固体から直接気体になったり，あるいは逆に気体から直接固体になる現象を**昇華**といい，この昇華の際に吸収あるいは放出する熱を**昇華熱**といいます。

なお，たとえば，氷を水に変える場合に熱を加えますが，熱を加えたからといってすぐに氷が水に変わるわけではありません。

氷が水に変わるまで，ずっと熱を加え続けて，内部にある分子間の結合状態を変える必要があります。

このように，固体⇒液体間のような状態を変化させるためだけに使われる熱を**潜熱**といい，昇華熱や気化熱，融解熱などがそれに該当します。（状態を変化させるために使われるので，当然，物質の温度は上昇しません。よって，潜熱が燃焼の際における点火源となることはありません。）

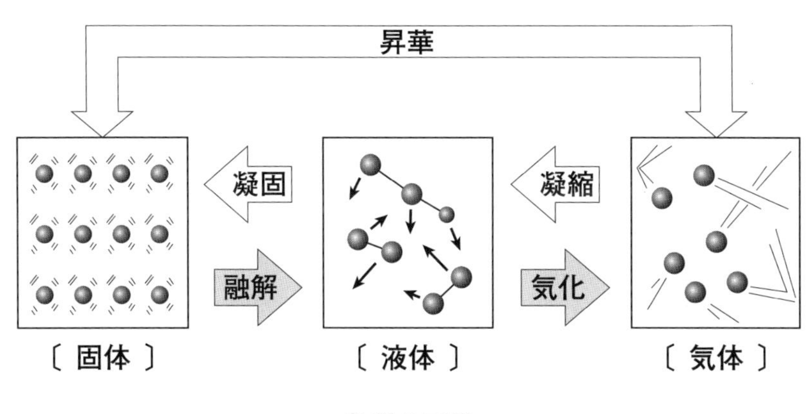

物質の三態

＜その他の物理現象＞

潮解

たとえば，塩を空気中に置いておくと，やがて空気中の湿気を吸ってベトベトになって溶けていきます。

このように，固体の物質が空気中の水分を吸水して，溶けていき，やがて水溶液になる現象を**潮解**といいます。

潮解は，固体の飽和水溶液の水蒸気圧が空気中の水蒸気の分圧よりも小さい場合に起こります。

潮解性を有する物質としては，水酸化ナトリウム（苛性ソーダ），水酸化カリウム（苛性カリ），シアン化カリウム（青酸カリ），シアン化ナトリウム（青酸ソーダ）などがあります。

風解

たとえば，炭酸ナトリウム十水和物（Na_2CO_3・$10H_2O$）は結晶水（$10H_2O$）を含んだ結晶状の物質（水和物）ですが，この物質を空気中に放置しておくと，水分が自然に蒸発して物質の水分が奪われ，粉末状になります。

このように，結晶水を含む物質が，その水分を失って粉末状になる現象を**風解**といいます。

風解性を有する物質としては，しゅう酸や硫酸銅，硫酸亜鉛などがあります。

（2）質量とは

（3）の密度や比重を学習する前に，重さに関する用語である**質量**と**重量**の違いを学習しておきたいと思います。

まず，ご存知のように，すべての物体どうしは，万有引力により互いに引き合っています。

当然，地球と地球上の物体どうしも互いに引き合っています。

その力の方向は，地球の中心に向かうわけですが，この中心に向かう引力が**重力**であり，**物体に働く重力の大きさ**が，一般的にいう「**重さ**」になります。

たとえば，カバンを持ったときに「重い」と感じるのは，カバンが地球の引力によって引っぱられ，その力が手に及んだためです。

これに対して質量とは，**その物体を構成している物質の原子や分子が持つ量すべてを単に足した量**で，地球上の重力などとは無関係に，**その物体が本来持つ量**になります。

従って，カバンを月に持って行ったとすると，月面では重力が地球の約$\frac{1}{6}$なので，重さも約$\frac{1}{6}$になりますが，質量の方は，地球上であろうと月面上であろうと不変で，同じになります。

なお，質量が 1 kg の物体にかかる重力は約**9.8 N**（ニュートン）となり，この力を**1 kgw**（キログラム重）または**1 kgf**と表します。

ただ，日常的に重さという場合は，wを省略して単に 1 kg と表記し，また，地球上の場合，ほぼ**質量＝重量**となります。

（３）密度と比重について

１．密度

たとえば，鉄とアルミニウムの重さを比べるとしたら，どうするでしょうか。近所の工場や製造所に行って，そのあたりにある鉄板とアルミニウムの板を適当に持って帰り，計りで計っただけで，はたして鉄とアルミニウムの重さを比べられるでしょうか。

鉄とアルミニウムにも，そのときどきの大きさがあるので，このような計り方だと，数値にバラつきが出て，本当の意味での比較にはなりません。

では，本当の意味で比較するためにはどうすればよいでしょうか。

それは，両者の大きさを揃えればよいのです。

具体的には，体積 1 cm^{3}あたりや 1 ℓ あたりの質量を比較すれば，真の意味での比較になります。

この 1 cm^{3}や 1 ℓ など，その大きさを表す 1 体積のことを**単位体積**といいます。

その単位体積，すなわち，1 cm^{3}や 1 ℓ あたりの質量を**密度**といいます。

言い換えると，単位体積あたりの物質の質量が**密度**になります。

密度は，物質の質量〔g〕をその体積〔cm^3〕で割れば求めることができます。

$$\text{密度} = \frac{\text{物質の質量〔g〕}}{\text{物質の体積〔cm}^3\text{〕}} \text{〔g/cm}^3\text{〕}$$

ちなみに，鉄とアルミニウムの密度は，それぞれ7.86［g/cm^3］と2.70［g/cm^3］なので，鉄の方が重いということがわかります。

2．比重

たとえば，アメリカという国の大きさを具体的に〜km^{2}と表現するより，「日本の国土の〜倍の大きさ」と表現した方が，その大きさをイメージとして把握しやすい場合があります。

この場合は大きさですが，物質の重さを表す場合も同じことがいえます。つまり，ある基準の物質を決めておき，その物質の質量の〜倍である，と表現した方がその物質の重さを具体的にイメージしやすくなります。

このような重さの表し方を「**比重**」といい，①固体，液体の場合と②気体の場合の表し方がありますが，一般的に比重という場合は，①の固体，液体の場合をさします。

① 固体，液体の場合（水比重ともいう）

固体，液体の場合の基準の物質は，「**4℃の水**」です。

従って，固体や液体の比重は，「その物質の重さが，同じ体積の4℃の水の重さの何倍か」で表します（下線部：正確には，1気圧で4℃の水）。

式で表すと，次のようになります。

$$比重 = \frac{物質の質量〔g〕}{物質と同体積の水の質量〔g〕}$$

この場合，分母と分子を物質の体積（cm^3）で割ると，分母，分子とも1 cm^{3}当たりのそれぞれの質量，すなわち，密度となるので，

$$比重 = \frac{物質の密度〔g/cm^3〕}{水の密度〔g/cm^3〕}$$

と表すことができます。

ここで，水の密度は１〔g/cm³〕なので，これを代入すると，

$$= \frac{\text{物質の密度〔g/cm}^3\text{〕}}{1\ \text{〔g/cm}^3\text{〕}}$$

＝物質の密度〔単位なし〕　となります。

すなわち，**比重＝密度**　となります。

上式からもわかるように，密度には単位がありますが，この比重には単位はありません。

たとえば，鉄の密度は，7.86〔g/cm³〕ですが，比重は，7.86となります。

逆に，比重＝7.86という数値しかわからない場合は，水の密度が１〔g/cm³〕なので，その7.86倍ということから，鉄の密度は，7.86〔g/cm³〕という具合に求めることができます。

②　気体の場合

気体の場合は，１気圧で０℃の空気の重さとの比で表します。

$$\textbf{蒸気比重} = \frac{\textbf{蒸気の質量〔g〕}}{\textbf{蒸気と同体積の空気の質量〔g〕}}$$

（４）沸騰と沸点

最近は透明の鍋などが売られていますが，その透明の鍋に水を入れてガスレンジにかけて点火すると，まず水面から蒸気が蒸発（気化）し始めていくのがわかります。

それをさらに加熱し続けると，今度は水面以外に内部の方からも泡（気泡）が発生してきます。つまり，内部で蒸発が発生しているわけです。

この液体内部からも気泡が発生して蒸発を始める現象を**沸騰**といい，その時の温度を**沸点**といいます。

この沸騰は，次の条件のときに発生します。

液体の蒸気圧 ＝ 外気圧

この蒸気圧（飽和蒸気圧）というのは，ある物質の液体状態と気体状態が平衡になるときの圧力のことを言います。

例えばコップに入った液体の水でも，水の表面の分子ひとつひとつを見ると，液体（水）から気体（水蒸気）になるものと，反対に水蒸気から水に戻るものとがあります。

この，水蒸気になる分子と水に戻る分子の数が等しくなるときの水蒸気の圧力を**蒸気圧**といい，水を加熱して蒸気圧が大きくなると，気体（水蒸気）になろうとする分子数が増えていき，蒸気圧が外気圧に等しくなったときにはついに液体内部からも蒸発が始まる（＝沸騰）というわけです。

沸騰　⇒　液体の飽和蒸気圧＝外圧（大気圧）　のときに発生
沸点　⇒　液体の飽和蒸気圧＝外圧の時の液温

たとえば，高い山に登ると気圧が低くなり，うまくお米が炊けなくなるのは，気圧が低いのでお米を炊くお湯の蒸気圧も通常の値より低い圧力で沸騰するからです。つまり，通常の100℃以下で沸騰するので，“芯”が残るのです。（富士山の頂上では，約90℃で沸騰してしまう）

なお，この沸騰と蒸発をたまに混同されている方がおられますが，蒸発というのは，単に液体の表面から液体が蒸気として大気中に気化する現象で，温度と直接関係はありません。

それに対して沸騰は，液体の温度（液温）が沸点以上になって初めて起こる現象で，いうなれば液体全体が気化する現象ということになります。

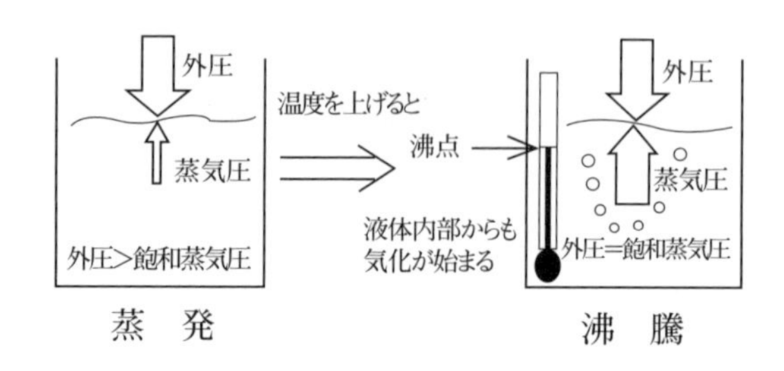

①　**標準沸点**とは，液体の飽和蒸気圧が 1 気圧となる時の液温のことをいい，一般に沸点といえばこの標準沸点のことをいいます。

②　各物質（液体）には，それぞれ固有の沸点があります。

③　**外圧が高くなると沸点も高くなり，低くなると沸点も低くなります。**

外圧（下向きの矢印⇒）が高い⇒沸騰させるためには液体の飽和蒸気圧（上向きの矢印⇒）もその分高くする必要がある⇒その分液体を加熱する必要がある⇒よって，沸点も高くなる…というわけです。

④　液体に砂糖や塩などの不揮発性物質を溶かすと沸点が上昇します。これを**沸点上昇**といいます。

これは，砂糖などを入れると蒸気圧が下がるので，沸騰するのにより多くの熱が必要となり，その分，沸点が上昇するからです。

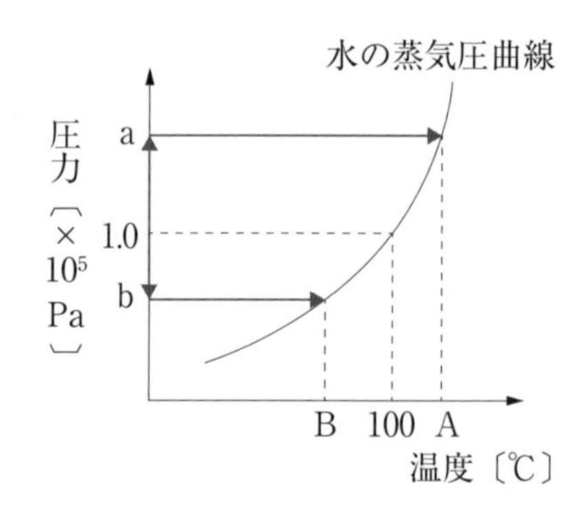

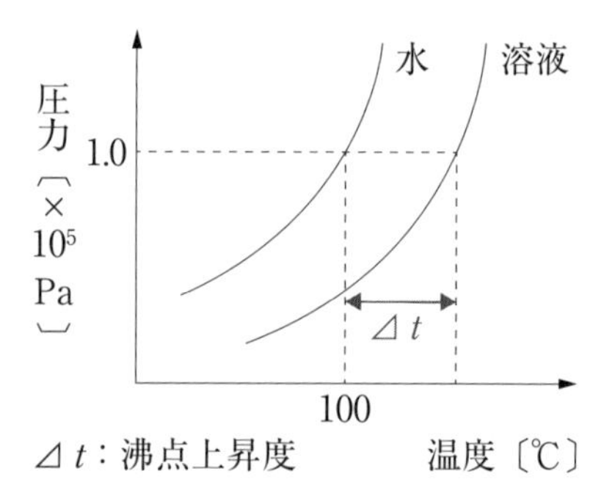

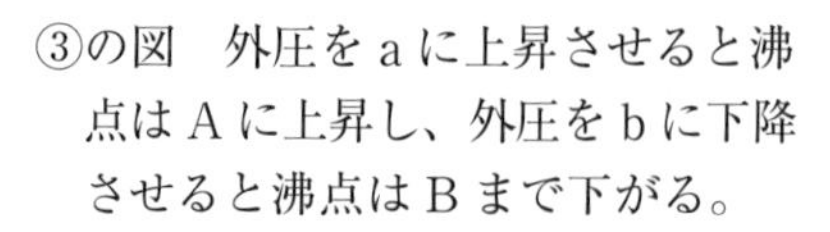
③の図　外圧を a に上昇させると沸点は A に上昇し、外圧を b に下降させると沸点は B まで下がる。

④の図　水だけの場合に比べて、不揮発性物質が溶けた溶液の方が⊿ t 分だけ沸点が上昇する。

問題演習　1－1．物質の状態の変化

【問題 1】

物質の状態変化について，次のうち誤っているものはどれか。

(1)　液体に熱エネルギーが加えられて気体に変わる現象を気化（蒸発）という。

(2)　固体に熱エネルギーが加えられて液体に変わる現象を融解という。

(3)　固体のナフタリンが直接気体になる変化は昇華である。

(4)　氷が解けて水になる変化は融解である。

(5)　二酸化炭素を－79℃以下にすると，固体のドライアイスになる現象は凝固である。

解説

(1)，(2)　正しい。

(3)　正しい。

固体から直接気体になったり，あるいは逆に気体から直接固体になる現象を**昇華**といいます。

(4)　正しい。

(5)　誤り。

気体の二酸化炭素が直接，固体のドライアイスになるということは，(3)の**昇華**になります。

【問題 2】

物質の状態について，次のうち誤っているものはいくつあるか。

A　物質には，一般的に，気体，液体，固体の 3 つの状態がある。

B　液体が気体になる際に必要とする熱を蒸発熱という。

C　一般に，気体の溶解度は圧力一定の場合，溶媒の温度が高くなると大きくなる。

D　物質の周囲温度や圧力が変化すると，状態が変わる場合がある。

E　0 ℃の水と 0 ℃の氷が存在するのは，蒸発熱のためである。

(1)　1 つ　　(2)　2 つ　　(3)　3 つ　　(4)　4 つ　　(5)　5 つ

解　答

解答は次ページの下欄にあります。

解説

Ａ，Ｂ　正しい。

Ｃ　誤り。

まず，固体の溶解度は，溶媒100 g に溶けることのできる溶質の最大質量（グラム：g）で表し，また，気体の溶解度は，一般に，溶媒１ mℓ に溶ける気体の体積(mℓ)を０℃１気圧に換算した値で表します。

その場合，固体や液体の溶解度は，溶媒の温度が高くなると，**大きく**なりますが，気体の場合は，温度が上昇するにつれて水溶液中の水分子や気体分子自身の運動が大きくなり，気体分子が溶液から飛び出しやすくなるので，逆に，**小さく**なります（固体や気体の溶解度については後ほど詳しく学習します）。

Ｄ　正しい。

Ｅ　誤り。

０℃の氷から０℃の水に状態が変化するためには，**融解熱**が必要になるので，**融解熱のため**，が正解です。

なお，０℃で水と氷が共存するのは，０℃が水の**凝固点**であり，また，氷の**融点**でもあり，氷から水へ状態が変化するのに**融解熱**が必要だからです。

というのは，状態が変化するその間は温度変化がなく，０℃のままになるからです（⇒出題例あり）。

従って，誤っているのは，Ｃ，Ｅの２つになります。

【問題３】

水の性質について，次のうち正しいものはどれか。

(1)　界面活性剤を添加すると，界面（表面）張力は小さくなる。
(2)　炭酸水素ナトリウムを溶解すると，蒸発しやすくなる。
(3)　ショ糖の溶解度は，水温が高いほど小さくなる。
(4)　食塩を溶解すると，沸騰しやすくなる。
(5)　炭酸カリウムを溶解すると，凍結しやすくなる。

解　答

【問題１】 (5)　　**【問題２】** (2)

解説

(1)　正しい。

なお，界面活性剤とは洗剤のように水にも油にも溶けることができる物質を指し，水の界面張力を小さくする性質を持つ物質です。

(2)　誤り。

液体に炭酸水素ナトリウムなどの**不揮発性物質**を溶かすと，蒸気圧が低くなるので，**蒸発しにくく**なります。

なお，この現象による沸点の上昇を**沸点上昇**といいます。

(3)　誤り。

前問のＣより，固体や液体の溶解度は，溶媒の温度（＝水温）が高くなると，**大きく**なります。

(4)　誤り。

(2)と同じ理由により，食塩を溶解すると，**沸騰しにくく**なります。

(5)　誤り。

不揮発性物質が溶けていると，凝固点が**降下**するので（⇒**凝固点降下**という），**凍結しにくく**なります。

【問題４】

図は，水が気体，液体，固体で存在する温度と圧力の領域を表したものである。次のＡ～Ｅのうち正しいものはいくつあるか。

Ａ　状態Ⅰは，気体を表している。

Ｂ　状態Ⅱは，固体を表している。

Ｃ　状態Ⅰから状態Ⅱへの変化は融解である。

Ｄ　点Ｏを三重点という。

Ｅ　状態Ⅲから状態Ⅰへの変化は凝縮である。

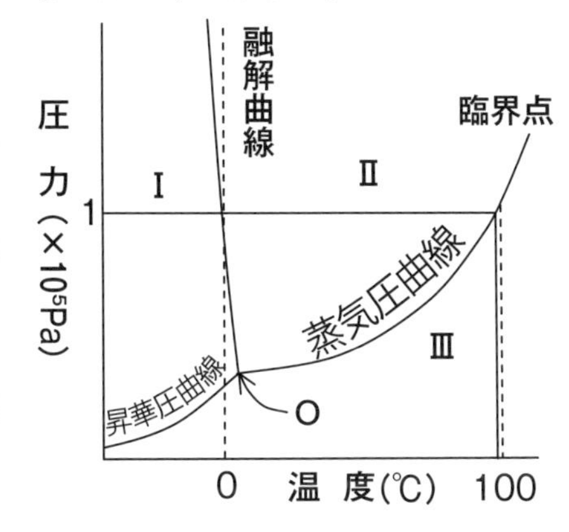

(1)　1つ　(2)　2つ　(3)　3つ　(4)　4つ　(5)　5つ

解　答

【問題３】　(1)

解説

A　誤り。

状態Ⅰは，**固体**を表しています。

B　誤り。

状態Ⅱは，中間にあるので，**液体**を表しています。

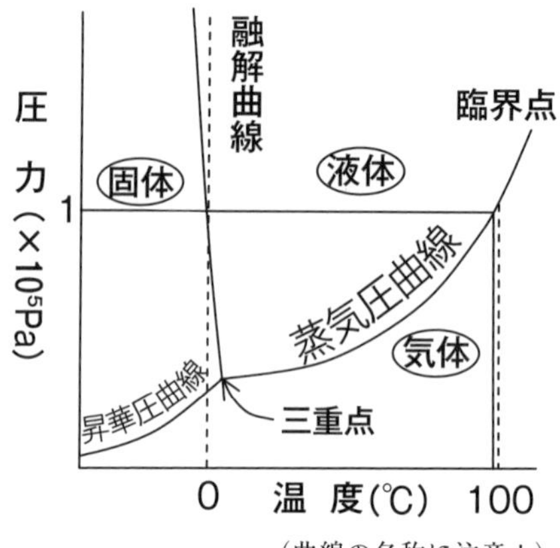

（曲線の名称に注意！）

C　正しい。

状態Ⅰから状態Ⅱへの変化は，**固体⇒液体**の変化なので，**融解**になります。

D　正しい。

3つの曲線の交点は，気体，液体，固体の3つの状態が共存しており，**三重点**といいます。

E　誤り。

状態Ⅲから状態Ⅰへの変化は，気体⇒固体の変化なので，**昇華**になります。

従って，正しいのは，C，Dの2つになります。

<密度と比重>

【問題5】

密度や比重などについて，次のうち誤っているものはどれか。

⑴　質量とは，その物体を構成している物質の原子や分子が持つ量すべてを単に足した量で，地球上の重力などとは無関係に，その物体が本来持つ量を表している。

⑵　比重が同じなら，同一体積の物体の質量は同じである。

⑶　密度とは，単位体積あたりの物質の質量のことをいう。

⑷　固体や液体の比重は，「その物質の重さが，同じ体積の4℃の水の重さの何倍か」で表す。

⑸　水の比重は，4℃のときが最も小さい。

解　答

【問題4】　⑵

解説

⑴　正しい。

なお，質量が 1 kg の物体にかかる重力は約9.8 N で，1 kgw または 1 kgf と表しますが，一般的には，単に 1 kg と表示しています。

⑵　正しい。

比重は，その物質の重さが同じ体積の 4 ℃の水の何倍の重さであるかを表したものであり，比重に（g/cm^3）をつけた値がその物質の**密度**になります。

従って，比重が同じということは密度も同じということになり，その物質が同一体積であるならば，「**密度×体積＝質量**」であるため，最終的な質量も同じとなります。

⑶，⑷　正しい。

⑸　誤り。

水は，4 ℃で体積が最小となります。ということは，密度は逆に**最大**になります。

従って，水の比重は，4 ℃のときが最も大きくなります（1 cm^3 の重さが 1 g になる）。

【問題 6】

ある金属75 cm^3の質量を測ったところ，672 g だったという。この金属の密度として正しいものは次のうちどれか。

⑴　0.11（g/cm^3）

⑵　2.33（g/cm^3）

⑶　4.54（g/cm^3）

⑷　6.75（g/cm^3）

⑸　8.96（g/cm^3）

解説

密度（g/cm^3）は，単位体積当たりの質量であり，**物質の質量（g）を体積（cm^3）**で割れば求めることができるので，

672（g）÷ 75（cm^3）＝ 8.96（g/cm^3）となります。

解　答

【問題 5】　⑸

【問題7】

密度が1.18（g/cm³）の硫酸が17.7gある。この硫酸の体積として正しいものはどれか。

(1)　0.067（cm³）

(2)　5.0（cm³）

(3)　9.9（cm³）

(4)　15（cm³）

(5)　19（cm³）

解説

求める硫酸の体積を x（cm³）とすると，前問の解説より，

密度＝$\frac{質量}{体積}$ なので，この式に問題の数値を当てはめると，

$$1.18 = \frac{17.7}{x}$$

となります。

両辺に x を掛け，

$$1.18x = 17.7$$

$$x = 15$$

以上より，15 cm³が解答となります。

【問題8】 重要！

下表のような組成ガスのうち，比重の最も大きいものはどれか。ただし，組成は体積%で示してある。

	CO	CO_2	H_2	CH_4	N_2
(1)	6	6	50	32	6
(2)	10	4	45	29	12
(3)	36	5	37	17	5
(4)	39	6	49	3	3
(5)	27	6	13	1	53

解　答

【問題6】　(5)

解説

本来，気体の比重は，1気圧で0℃の空気の重さとの比で表す必要がありますが，比重の大小は密度の大小に比例するので，結局，密度の大きいガスを選べばよい，ということになります（例えば，比重が2の気体よりも，比重が4の気体の方が，2倍密度が大きいと判断することができます）。

その密度ですが，$\frac{\text{物質の重さ}}{\text{物質の体積}}$ なので，体積は同じとすると，物質の重さの大小を比較すればよいことになります。

物質の重さの大小を比較するには，ガスの成分元素の分子量から各ガスの見かけの分子量（平均分子量）を求め，その大小を比較すればよいことになります。

ということで，見かけの分子量の計算を順にしていきます。

⑴ 分子量は CO = 28，CO_2 = 44，H_2 = 2，CH_4 = 16，N_2 = 28であり，各気体が6％，6％，50％，32％，6％含まれているので，

(CO × 6％) + (CO_2 × 6％) + (H_2 × 50％) + (CH_4 × 32％) + (N_2 × 6％)

= (28 × 0.06) + (44 × 0.06) + (2 × 0.5) + (16 × 0.32) + (28 × 0.06)

= 1.68 + 2.64 + 1 + 5.12 + 1.68

= 12.12

となり，この値が⑴の混合ガスの平均分子量になります。

同様に⑵～⑸の混合ガスの見かけの分子量を求めると，

⑵ 13.46，⑶ 17.14，⑷ 15.86，⑸ 25.46，となり，⑸の密度が最大である（最も比重が大きい）ことがわかります。

解答

【問題7】 ⑷

なお，本解説のように全ての混合ガスについて見かけの分子量を求める方法は，確実ではありますが，非常に煩雑でもあります。

そこで，計算過程をよく見ていただきたいのですが，**分子量の大きな気体**（二酸化炭素や一酸化炭素，窒素）の占める割合が多いガスでは見かけの分子量が大きくなり，逆に分子量の小さな気体（水素）の割合が多いガスでは見かけの分子量が小さくなる，ということがわかるかと思います。

この見方で本問の選択肢を見ていくと，分子量の小さな水素の含有率が最も少なく，かつ分子量が比較的大きい窒素の割合が最も多い(5)の比重が大きそうだと“見当をつける”ことができます。

> 気体の比重が大きいもの⇒**分子量が大きい気体の割合が多いガス**に見当をつける。

<沸騰と沸点>

【問題9】

沸点について，次のうち誤っているものはどれか。

(1)　一定圧における純粋な物質の沸点は，その物質固有の値を示す。
(2)　液体の飽和蒸気圧が外圧に等しくなるときの液温をいう。
(3)　沸点は，加圧すると降下し，減圧すると上昇する。
(4)　不揮発性の物質（砂糖など）が溶け込むと液体の沸点は変化する。
(5)　一般的に，沸点は分子間力の大きい物質ほど高い。

解説

(1),(2)　正しい。

(3)　誤り。

問題文は逆で，沸点は，**加圧すると上昇し，減圧すると降下します**（従って，高山のような気圧の**低い**ところでは，100℃より**低い**温度で沸騰する⇒減圧すると降下する)。

解　答

【問題8】　(5)

⑷ 正しい。

砂糖や塩などの不揮発性の物質が溶け込むと，液体の沸点は図のように上昇します。

⑸ 正しい。

液体を沸騰させて蒸発させるためには，外から熱エネルギーを加えて分子間力から解放させる必要があります。

従って，その分子間力が大きい

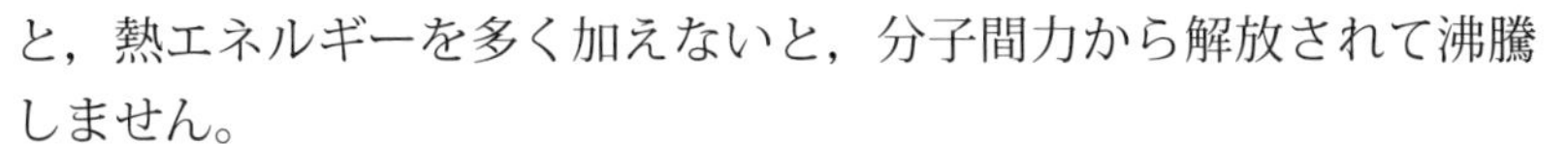
と，熱エネルギーを多く加えないと，分子間力から解放されて沸騰しません。

よって，その分，沸点は**高く**なります。

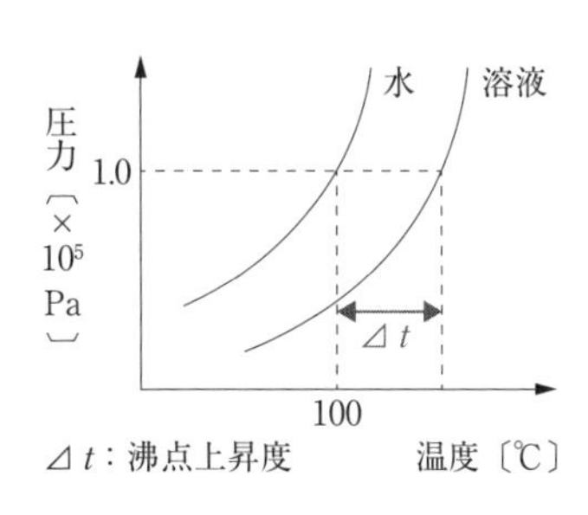

水だけの場合に比べて，不揮発性物質が溶けた溶液の方がΔt分だけ沸点が上昇する。

【問題10】

融点が－111 ℃で沸点が77 ℃である物質を－50 ℃および70 ℃に保ったときの状態について，次の組み合わせのうち正しいものはどれか。

	－50 ℃のとき	70 ℃のとき
⑴	液体	液体
⑵	液体	気体
⑶	固体	固体
⑷	固体	液体
⑸	気体	気体

解説

融点が－111 ℃なので，－111 ℃ですでに液体になっており，当然，それより温度が高い－50 ℃でも，**液体**です。

また，沸点が77 ℃なので，77 ℃にならないと気化せず，70 ℃では，まだ液体のままである，ということになります。

従って，－50 ℃のときも70 ℃のときも**液体**ということになります。

解　答

【問題９】 ⑶　　**【問題10】** ⑴

学習のヒント

スケジュールについて

どんな試験でもそうですが，スケジュールを立てた方が立てないよりは効率のよい受験勉強ができるものです。私たちが今勉強しているこの危険物取扱者試験でもその法則は当てはまります。

そのスケジュールですが，このテキストのように学習する部分と問題の部分がサンドイッチ式に交互になっている場合，全体を何か月で終了できそうであるかをまず考えます。

ここでは仮に２か月とすると，普通，テキストは繰り返し学習，または解くことによって自分の身に付きますから，2回目に取り掛かることを前提に話を進めますと，2回目は内容を大分把握していますので，1回目に比べて少し短めの期間で終了できるのが通常です。ここではそれを１か月半だと予測すると，その次の３回目はもっと短くなって，約１か月と予測できます。

つまり，最初のスタート地点から３回目を終了するまで４か月半かかるということになります。

従って，試験が８月の中旬にあるなら遅くとも４月に入った時点ではすでに学習をスタートしている必要があります（もっと繰り返す必要性を感じている方なら，もっと前にスタートしている必要があります）。

もちろん，学習部分は１回読めば終わり，という方なら後は問題のみですから，2回目以降の期間はもっと短くすることができます。

これらを大体想定して，スケジュールを立てておくと「時間が足りずに……」などという後悔をせずにすむわけです。

2 気体の性質

気体は分子間の距離が固体や液体に比べて**大きい**ので，分子間力はほとんど無視できる程度に**小さく**，分子は自由に運動できます。また，分子間の距離が大きいので，圧縮や膨張がしやすいという性質もあります。

（1）気体の圧力

上記のような性質をもつ気体を容器に閉じ込めると，どうなるでしょうか。

自由に飛び回ろうとする気体分子は，エネルギーが続く限り，容器の壁に衝突を繰り返します。

空気を入れたバレーボールを押すと，パンパンに張っている感触がするのは，無数の気体分子がボールの内壁に衝突を繰り返して力を及ぼしているからです。

この力が，**気体の圧力**で，**分子の運動エネルギーが大きい**ほど，または（単位体積当たりの）**分子数が多い**ほど大きな値になります。

その単位には，〔**Pa（パスカル）**〕や〔**N/m²**〕，〔**atm（アトム）＝気圧**〕などが用いられており，次のような関係になっています。

1気圧〔atm〕＝ 1.013×10^5〔Pa〕 ＊

＊ちなみに，天気予報でよく耳にする「hPa（ヘクトパスカル）」ですが，ヘクトは100を表しているので，
100〔Pa〕＝1〔hPa〕となり，
1気圧は，1.013×10^3〔hPa〕ともなります。

〔　補足　〕

1〔Pa〕というのは，1 Nの力が1 m²に働くときの力のことで，次式で表されます。

$$1\ \text{〔Pa〕} = 1\ \text{〔N/m}^2\text{〕}$$

また，N（ニュートン）という単位ですが，kgwで表すと，P17の「**（2）質量とは**」より，1 kgw ≒ 9.8 Nとなります。

逆に，1 N＝0.102 kgwとなるので，1 Nは0.102 kgwの重さと同じ，ということになります。

（2）ボイル・シャルルの法則

1．ボイルの法則

よく，高山にお菓子の袋をもっていくと，袋が破裂しそうなくらいにパンパンになることがあります。

これは，中の気体分子の数が魔法のように増えたからでしょうか。

そうではありません。気体には，**圧力が低くなると体積が大きくなる**という性質があるからです。つまり，**圧力と体積は反比例する**わけです（ただし，温度が一定という条件下）。

では，今度は逆に，その袋を深海のように圧力が高いところにもっていくとどうなるでしょうか。

テレビなどで，深海にもっていったバレーボールなどが小さくなった映像をご覧になったことがあるかもしれませんが，袋もこのボールと同じく，小さくへこんでしまいます。つまり，高山のときと同様，圧力と体積は反比例することがわかります。

このように，温度が一定のもとでは，一定量の**気体の体積は圧力に反比例**します。これを**ボイルの法則**といい，圧力をP，体積をVとすると，次式で表されます。

$$PV = k\ \text{（一定）}$$

2．シャルルの法則

1．の場合は温度を一定にしましたが，今度は圧力を一定にした場合の気体の性質について考えていきたいと思います。

結論から先にいうと，気体の体積は，温度（正確には絶対温度）に比例します。つまり，**温度を高くすれば気体の体積は増え**，逆に，温度を低くすれば気体の体積は減る，ということです。

たとえば，ピンポン玉がへこんだときに，火をあぶって温めると，“ポコッ”と元の大きさに戻るという体験はしたことはないでしょうか。

これは，熱で温めることにより中の気体が膨張したためです。

このように，気体の体積は，温度（絶対温度）に比例します。

正確に表現すると，**「一定量の気体の体積は，絶対温度に比例する。」**となり，絶対温度を T とすると，次の式で表されます。

$$\frac{V}{T} = k \text{（一定）}$$

これを**シャルルの法則**といいます。

なお，このシャルルの法則をもう少し詳しく説明すると，次のようになります。

まず，温度（この場合は，絶対温度ではない）の上昇または下降とともに，気体の体積は273分の１ずつ膨張または収縮します。

この現象をシャルルは，次のように定義しました。

「一定量の気体の体積は，温度が１℃上昇または下降するごとに，０℃のときの体積の273分の１ずつ膨張または収縮する。」

この「０℃のときの体積の273分の１」に注目してください。

温度を１℃下げると０℃のときの体積の273分の１ずつ減少していく，ということは，０℃から順に273分の１を減らしていくと，－273℃で体積は理論的には０になってしまいます。

この体積が理論的に０になる－273℃を０〔K〕とし，その際の温度差１Kを１℃に等しくとった温度目盛りのことを**絶対温度**といいます（⇒

従って，セ氏の０℃は273 K になります)。

単位は〔K（ケルビン)〕です。

この絶対温度における０ K というのは，分子の熱運動が停止する温度であり，これより低い温度は存在しません。

３．ボイル・シャルルの法則

以上の２つの法則をまとめると，次のようになります。

「一定量の気体の体積は圧力に反比例し，絶対温度に比例する。」

式で表すと次のようになります。

$$\frac{PV}{T} = \mathrm{k}\ (一定)$$

これを**ボイル・シャルルの法則**といいます。

(３)　気体の状態方程式

１．気体定数

ボイル・シャルルの法則より，

$$\frac{PV}{T} = \mathrm{k}\ (一定) \cdots\cdots\cdots\cdots\cdots\cdots ①$$

という関係式が求まりましたが，では，この k というのは一体どういう数値なのだろう，ということで求めてみたいと思います。

まず，０℃（＝273 K)，１気圧（1 atm）で 1 mol の気体の体積は 22.4 ℓなので，これらの数値を代入すると，

$$\frac{1\ [\mathrm{atm}] \times 22.4\ [\ell/\mathrm{mol}]}{273\ [\mathrm{K}]}$$

$$= \mathbf{0.082\ [atm \cdot \ell/mol \cdot K]}$$

となります。

（mol（物質量）については後ほど詳しく学習しますが，ここでは「あるひとかたまりを1単位とした物質の量」と考えてください）。

この数値を**気体定数**といい，記号 ***R*** で表します。

なお，本試験では，圧力の単位を**気圧〔atm〕**ではなく，**〔Pa〕**で出題されるケースが多いので，上の式に，

1気圧＝**1.013 × 10⁵〔Pa**（＝N/m²）〕を代入すると，

$$\frac{1.013 \times 10^{5}\ \text{〔Pa〕} \times 22.4\ \text{〔}\ell\text{/mol〕}}{273\ \text{〔K〕}}$$

$$= \mathbf{8.31 \times 10^{3}}\ \text{〔Pa・}\ell\text{/K・mol〕}$$

となります。

なお，この気体定数ですが，気体定数まで動員して問題を解くような出題例は，きわめて稀であるということだけは付け加えておきたいと思います。

【参考資料】

物理の分野では，圧力としてatmではなくこのPa（**N/m²**）を用いるので，1気圧＝1.013×10^{5}〔Pa（＝N/m²）〕を用い，また，体積22.4 ℓ を m³に換算すると，22.4×10^{-3}〔m³〕になるので，代入して計算すると，

$$\frac{1.013 \times 10^{5}\ \text{〔N/m}^2\text{〕} \times 22.4 \times 10^{-3}\ \text{〔m}^3\text{/mol〕}}{273\ \text{〔K〕}}$$

$$\fallingdotseq 8.31\ \text{〔(N/m}^2\text{)・(m}^3\text{/mol) /K〕}$$

$$= 8.31\ \text{〔N・m/mol・K〕}^{*}$$

$$= \mathbf{8.31}\ \text{〔J/mol・K〕}$$

という値および単位になります。

（＊〔N・m〕の単位について

物体を1 N（ニュートン）の力で1 m動かすときの仕事が1 J（ジュール）となるので，N × m ＝ J，

すなわち，**〔N・m〕＝〔J〕**と換算することができます。）

２．気体の状態方程式

１．の気体定数 R は気体分子が１〔mol〕のときの数値ですが，もし，その気体が n〔mol〕の場合は，気体定数 R を n 倍して計算する必要があります。

今，気体分子を n〔mol〕とすると，１の式は

$\frac{PV}{T} = nR$　となり，変形すると，

$PV = nRT$………②　となります。

この式を**気体の状態方程式**といいます。

この気体の状態方程式ですが，この式には先ほど説明したボイル・シャルルの法則が含まれているので，この式さえ覚えておけば，気体の圧力，体積，温度の問題を計算することができます。

なお，この気体の状態方程式は気体分子の物質量 n〔mol〕の際の式ですが，これをモル質量（１〔mol〕あたりの質量）で表す場合は，モル質量が M〔g/mol〕の気体が w〔g〕ある場合，

物質量 n〔mol〕は，$n = \frac{w}{M}$　で表されるので，これを②式に代入すると，

$PV = \left(\frac{w}{M}\right) \cdot RT$………③

という式になり，質量からモル質量（あるいはモル質量から質量）を求めることができます。

（４）臨界温度と臨界圧力

たとえば，二酸化炭素消火器の中には液化した二酸化炭素が充てんされています。この二酸化炭素を液化するためには圧力を加える必要があるのですが，その圧力を加えるときの温度に注意する必要があります。

というのは，圧力を加えて液化するには，「ある温度」以下でなければならないのです。この「ある温度」のことを**臨界温度**といいます。

臨界　⇒　物質の物理的性質が異なる境界をさす用語

たとえば，二酸化炭素の臨界温度は31.1 ℃なので，31 ℃では圧力を加えると液化しますが，32 ℃では，どんなに圧力を加えても液化しません。

また，加える圧力の方ですが，臨界温度の際に液化に必要な圧力を**臨界圧力**といいます。

従って，臨界温度より低い温度では，臨界圧力より小さな圧力でも液化します。

先ほどの二酸化炭素の臨界圧力は7.39 MPa なので，温度が臨界温度の31.1 ℃より低い31 ℃やそれ以下なら，7.39 MPa 以下でも液化する，ということです。

以上をまとめると，
「臨界温度で気体を圧縮すると，臨界圧力に達したとき完全に液化する。」
ということになります。

ちなみに，各温度，圧力下での二酸化炭素の状態は下図のようになります。

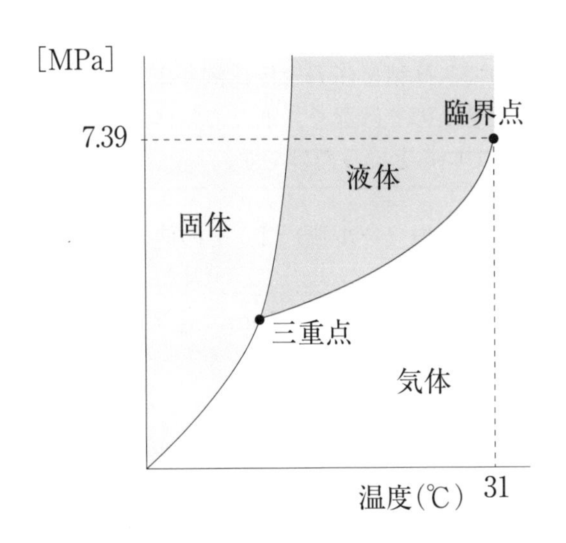

二酸化炭素の状態図

（５）ドルトンの法則

たとえば，ここに10 ℓの箱が２つあり，１つに酸素，もう１つに窒素が入っているとします（温度は同じ条件とします）。

空気のおおまかな組成は，酸素１に対して窒素が４なので，この箱にもその割合どおり，酸素１ mol，窒素４ molが入っているとします。ここで酸素の圧力を0.2 atmとすると，窒素の圧力はいくらになるでしょうか。答えは，0.8 atmとなります。

というのは，**アボガドロの法則**より，同温，同圧，同体積なら，その中に含まれる分子数（モル数）は，気体の種類に関係なく同じです。

この場合，同温で分子数（モル数）が４倍（１ mol → ４ mol）入っていると，圧力も４倍になっているはずです。

注：ボイルの法則の場合は，同じ気体で圧力や体積を変化させた際の法則なので，体積と圧力は反比例しますが，この場合は，状態を変化させたのではなく，別々の気体が同じ体積下で圧力が４倍になっているというだけです。

従って，圧力と物質量（モル数）は，その他の条件を同じにすれば比例することになるので，

酸素１ mol：窒素４ mol ＝酸素0.2 atm：窒素 x atm…とすると，x＝0.8 atmとなるわけです。

さて，ここで，箱Ｂの窒素４ molを酸素１ molが入っている箱Ａに押し込めると，それぞれの体積や圧力はどうなるでしょうか。

結論からいうと，酸素は0.2 atmのままで，窒素も0.8 atmのままとな

り，箱全体としては0.2＋0.8＝1.0 atm となります。

このように，混合気体の全圧は，各成分気体の分圧の和に等しくなります。これを**ドルトンの法則**（または分圧の法則）といいます。

ここで，各成分（酸素，窒素）の圧力（0.2 atm，0.8 atm）を成分気体の**分圧**といい，混合気体の示す圧力を**全圧**といいます。

なお，この場合，気を付けないといけないのは，分圧は，混合気体に混ざっている個々の気体が，**混合気体と同じ体積だったときに示す圧力**のことをいいます。

従って，このケースの場合は，もともと10ℓの箱のものを10ℓの箱に移したので，分圧も前と同じ数値になりますが，これが仮に5 ℓの箱に酸素と窒素が入れてあり，両者を10ℓの箱に移した場合は，同じ気体の体積が2倍になるので，ボイルの法則より，圧力（分圧）は逆に**2分の1**となります。

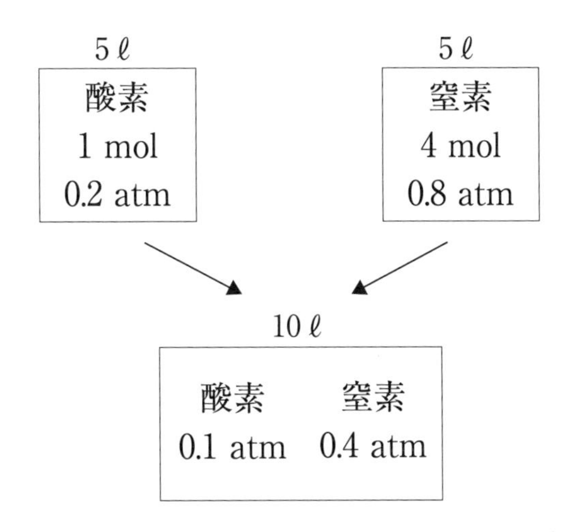

問題演習　1－2．気体の性質

【問題1】

気体の圧力について，次のうち誤っているものはどれか。

⑴　気体の圧力の単位には，〔Pa〕や〔N/m^2〕，〔atm（気圧）〕などが用いられている。

⑵　1 N の力が 1 m^2に働くときの力が 1〔Pa〕である。

⑶　1 気圧〔atm〕は1.013×10^3〔Pa〕である。

⑷　1〔Pa〕は 1〔N/m^2〕である。

⑸　1 kgw は約9.8 N である。

解説

1.013×10^3というのは，単位が〔**hPa**〕のときの 1 気圧であり，単位が〔Pa〕のときは，1 気圧〔atm〕＝ **1.013×10^5〔Pa〕**となります（h（ヘクト）＝ 100）。

【問題2】 難

一定量の単原子分子（理想気体とする）の体積と圧力を図のように変化させた。状態 A から状態 B への過程（定容変化）をア，状態 B から C への過程（等温変化）をイ，状態 C から状態 A への過程（定圧変化）をウとすると「気体の内部エネルギーが増加した過程」は，どれか。

⑴　ア

⑵　イ

⑶　ウ

⑷　アとウ

⑸　イとウ

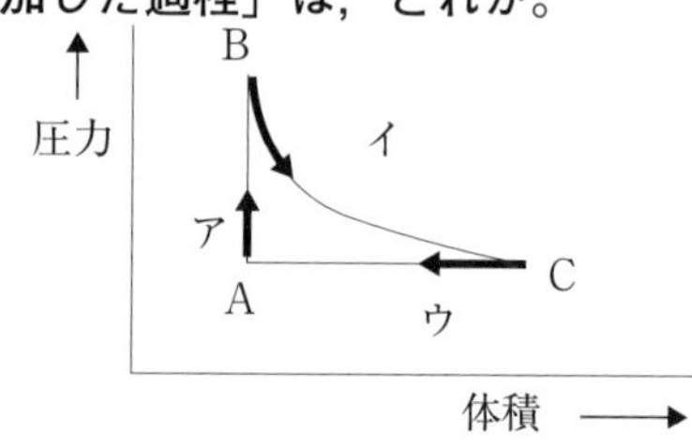

解説

気体の内部エネルギーは絶対温度に比例するので，それぞれの過程における温度変化を見ていきます。

解　答

解答は次ページの下欄にあります。

（ア）の定容変化は，**ボイル・シャルルの法則**（$\frac{PV}{T}$ ＝一定）より，体積（V）が変化しない場合，$\frac{P}{T}$ ＝一定となり，圧力と温度が比例関係になります。

従って，圧力（P）が増加する（ア）の過程は，温度（T）も増加するため，**内部エネルギーが増加する変化となり**，これが正解になります。

（イ）の等温変化では気体自身の温度が変化しないため，**内部エネルギーも変化しません**。（ウ）の定圧変化では圧力（P）が一定のため，シャルルの法則（$\frac{V}{T}$ ＝一定）が成り立ち，体積と温度が比例関係になります。

従って，体積が減少する変化の場合，**温度も減少**し，**内部エネルギーは減少します**。

【問題３】

次の理想気体の条件に関する記述について，誤っているものはどれか。

(1) 分子は無秩序に運動をしている。
(2) 分子間に働く力はファンデルワールス力のみで，他に特別な力は働いていない。
(3) 分子は質量をもつが，分子の大きさは無視できるほど小さい。
(4) 気体の状態量はボイル・シャルルの法則に従う。
(5) 分子間で衝突するときや，分子と容器壁が衝突するときは，完全弾性体としてふるまう。

解説

理想気体とは，「①気体分子自身の体積」と「②分子間に働く引力（ファンデルワールス力）」を無視できるような気体を指すので，**「分子の大きさと分子間力が共に０の気体」**ということになり，(3)の「分子の大きさは無視できるほど小さい」というのは正しい（体積は０ですが，質量は持っていると考えて構いません）。

また，(1)気体分子は無秩序に運動し，(4)体積や圧力などの状態量は

解　答

【問題１】 (3)　　**【問題２】** (1)

ボイル・シャルルの法則に従います。

さらに，理想気体は，(5)のように，分子の衝突によるエネルギー損失のない完全弾性体として振る舞いますが，冒頭の②より，**分子間に働く引力を無視する**ので，(2)の「分子間にファンデルワールス力が働く」という部分が誤りとなります。

なお，実際の気体分子には体積や分子間力が存在していますが，高温・低圧下や，気体が希薄で分子どうしの距離が離れているときには，理想気体に近い挙動を示します。

【問題 4】

ある気体を20 ℃で体積一定のまま加熱すると，圧力が 5 倍になった。そのときの温度として，次のうち正しいものはどれか。ただし，気体は理想気体とする。

(1)　926 ℃
(2)　972 ℃
(3)　1192 ℃
(4)　1365 ℃
(5)　1465 ℃

解説

ボイル・シャルルの法則より，

「一定量の気体の体積は圧力に反比例し，絶対温度に比例する」，

すなわち，$\dfrac{PV}{T}=k$（一定）という式が成り立ちますが，本問では体積 V が一定なので，$\dfrac{P}{T}=$ **一定**となります。

すなわち，圧力と絶対温度は比例関係にあります。

従って，圧力が 5 倍になれば絶対温度も 5 倍になります。

最初の温度20℃は絶対温度では，273 ＋ 20 ＝ 293 K になるので，その 5 倍は，293 × 5 ＝ 1465 K となります。

この絶対温度1465 K をセ氏温度

（⇒絶対温度（T）＝セ氏温度（t）＋ 273より）に直します。

解　答

【問題 3】 (2)

$t = T - 273$
$= 1465 - 273$
$= 1192$ ℃　となります。

【問題5】

20 ℓ で 3 気圧のある気体を温度一定の状態で容器に入れたところ，内部の圧力が 6 気圧になった。この容器の容積として，次のうち正しいものはどれか。ただし，気体は理想気体とする。

(1)　5 ℓ
(2)　10 ℓ
(3)　15 ℓ
(4)　20 ℓ
(5)　25 ℓ

解説

今度は，温度一定なので，ボイルの法則より，次式が成り立ちます。

PV = 一定

すなわち，**圧力と体積は反比例**します。

内部の圧力が 3 気圧から 6 気圧，つまり，2 倍になったので，体積（容積）は逆に $\frac{1}{2}$，すなわち，$20 \times \frac{1}{2} = 10$ ℓ になります。

【問題6】

20 ℃で 1 気圧の空気を圧縮して体積を $\frac{1}{3}$ にしたときの温度が60℃であった。そのときの圧力はおよそいくらになるか。

(1)　1.1 気圧
(2)　1.7 気圧
(3)　2.1 気圧
(4)　2.9 気圧
(5)　3.4 気圧

解　答

【問題4】　(3)

解説

ボイル・シャルルの法則の式 $\frac{PV}{T}$ に，求める圧力を P_xとして，左辺に圧縮前，右辺に圧縮後の値を当てはめると，

$$\frac{1 \times V}{273 + 20} = \frac{P_x \times \frac{1}{3} \times V}{273 + 60} \quad \text{（両辺の}V\text{を消去して）}$$

$$\frac{1}{293} = \frac{P_x \times \frac{1}{3}}{333}$$

$$P_x = \frac{333}{293} \times 3$$

$$= 3.409\cdots\cdots$$約3.4気圧となります。

【問題７】

２気圧で30℃のプロパン５mol の体積は，約何ℓか。

(1)　21ℓ

(2)　28ℓ

(3)　33ℓ

(4)　52ℓ

(5)　62ℓ

解説

気体の状態方程式，$PV = nRT$ を Vを求める式に変形し，問題で与えられた数値 $P = 2$（気圧），$n = 5$（mol），$R = 0.082$，$T = 273 + 30 = 303$（K）を代入すると，

$$V = \frac{nRT}{P}$$

$$= \frac{5 \times 0.082 \times 303}{2}$$

$$= 62.115\ell$$　となります。

解　答

【問題５】　(2)　　**【問題６】**　(5)

【問題8】

ある気体10ℓが427℃，2気圧で10gであった。この気体の分子量はいくらか。

(1) 17.507
(2) 21.02
(3) 28.7
(4) 31.2
(5) 39.2

解説

本問はmolではなく質量（w）と分子量（M）ということなので，気体の状態方程式，$PV = nRT$のnの代わりに$\frac{w}{M}$を代入した，

$PV = \left(\frac{w}{M}\right) \cdot RT$の式を使います。

求めるのは分子量Mなので，Mを求める式に変形すると，

$M = \frac{wRT}{PV}$となり，$w = 10$（g），$R = 0.082$，

$T = 273 + 427 = 700$（K），$P = 2$（気圧），$V = 10$（ℓ）

を代入すると，

$$M = \frac{10 \times 0.082 \times 700}{2 \times 10} = 28.7$$となります。

【問題9】

物質の状態変化について，次のうち正しいものはどれか。

(1) 気体を臨界圧力以上に圧縮すると，温度に関係なく液化する。
(2) 臨界温度より低い温度で気体を圧縮しても，気体は液化しない。
(3) 気体を臨界圧力以上に圧縮すると，いかなる温度であっても液化しない。
(4) 臨界温度で気体を圧縮すると，臨界圧力に達したとき完全に液化する。
(5) 臨界温度で気体を圧縮した場合，臨界圧力に達したとき気体と液体の区別がなくなる。

解　答

【問題7】 (5)

解説

⑴　誤り。

「温度に関係なく」が誤りで，気体が臨界圧力**以上**の場合，臨界温度**以下**であるならば液化します。

⑵　誤り。

臨界温度より**低い**温度で気体を圧縮すれば，気体は液化します。

なお，臨界温度**以上**の状態では，どんなに高い圧力をかけても液化はしません。逆に，臨界温度**以下**になれば，臨界圧力**以下**の圧力でも液化することができます。

⑶　誤り。

⑴の解説より，気体が臨界圧力**以上**の場合，臨界温度**以下**であるならば液化します。

⑷　正しい。

臨界温度で気体を圧縮した場合，完全に液化するときの圧力が**臨界圧力**です。

⑸　誤り。

⑷より，臨界温度で気体を圧縮した場合，臨界圧力に達したときに完全に液化します。

気体と液体の区別がなくなるのは，**超臨界**といって，水の場合，図の右上にある色の付いた斜線部分が該当します。

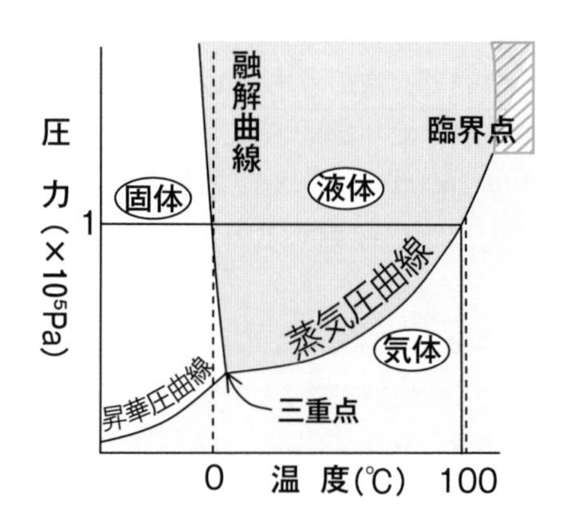

解　答

【問題８】　⑶　　　　**【問題９】**　⑷

【問題10】

下表から考えて，次の記述で誤っているものはどれか。
（圧力の単位は気圧）

	水	酸　素	水　素	アンモニア	二酸化炭素
臨界温度	374 ℃	−118 ℃	−240 ℃	132 ℃	31 ℃
臨界圧力	217.6	49.8	12.8	111.3	72.8

(1)　水は366 ℃では，液体の状態のときもある。
(2)　水の温度が100 ℃のときは，217.6気圧以下の圧力でも液化することができる。
(3)　水素や酸素は，二酸化炭素に比べると液化しやすい物質である。
(4)　アンモニアは，142 ℃では気体である。
(5)　アンモニアが132 ℃のときは，111.3気圧以上の圧力をかけると液化しやすい。

解説

(1)　正しい。
366 ℃は水の臨界温度以下なので，液体である場合もあります。
(2)　正しい。
100 ℃は水の臨界温度以下なので，臨界圧力の217.6気圧以下の圧力でも**液化**することができます。
(3)　誤り。
水素や酸素は，二酸化炭素に比べると臨界温度が非常に低いので，それだけ液化しにくい物質ということになります。
(4)　正しい。
142 ℃はアンモニアの臨界温度以上の温度なので，液体ではなく，気体の状態になります。
(5)　正しい。
132 ℃はアンモニアの臨界温度なので，臨界圧力である111.3気圧以上の圧力をかけると**液化**します。

解　答

解答は次ページの下欄にあります。

【問題11】

5 ℓの容器に2気圧の酸素が入っている。この容器に4気圧の窒素5 ℓが入った容器を接続した場合，接続後の容器内の圧力として正しいものは次のうちどれか。

(1)　1気圧

(2)　2気圧

(3)　3気圧

(4)　4気圧

(5)　5気圧

解説

ドルトンの法則より容器内の圧力，すなわち，混合気体の圧力は，容器内（10ℓ）における成分気体（酸素と窒素）の各圧力の和となります。

従って，10ℓにおける各分圧を求めるには，酸素，窒素とも5 ℓから10ℓに膨張したときの圧力（分圧）を求める必要があります。

よって，ボイルの法則より，

$P_1V_1 = P_2V_2$ だから，膨張後の分圧 P_2 は

$$P_2 = \frac{P_1V_1}{V_2}$$

酸素の分圧は，

$$P_2 = \frac{P_1V_1}{V_2} = \frac{2 \times 5}{10} = 1 \text{（気圧）}$$

窒素の分圧は，

$$P_2 = \frac{P_1V_1}{V_2} = \frac{4 \times 5}{10} = 2 \text{（気圧）}$$

従って，混合気体の圧力は，1＋2＝3（気圧）ということになります。

解　答

【問題10】　(3)

【問題12】

温度0℃で，3 ℓの容器には3×10^5 Paの酸素が，2 ℓの容器には2×10^5 Paの窒素が入っている。

この2つの容器を接続したときの酸素，窒素，それぞれの分圧と全圧の値として，次のうち，正しいものの組合せはどれか。

	酸素の分圧〔Pa〕	窒素の分圧〔Pa〕	全圧〔Pa〕
(1)	0.9×10^5	0.4×10^5	1.3×10^5
(2)	1.8×10^5	0.8×10^5	2.6×10^5
(3)	2.4×10^5	1.2×10^5	3.6×10^5
(4)	3.0×10^5	1.6×10^5	4.6×10^5
(5)	3.6×10^5	2.0×10^5	5.6×10^5

解説

まず，温度が一定なので，**ボイルの法則（PV ＝一定）**で計算します。

3×10^5 Paの酸素3 ℓが混合後の5 ℓになった場合の圧力P_Oは，上記ボイルの法則より，

$$3 \times 10^5 \times 3 = P_O \times 5$$

$$P_O = \frac{3 \times 10^5 \times 3}{5}$$

$$= \mathbf{1.8 \times 10^5\ Pa}$$

一方，窒素の場合の圧力P_Nは，

$$2 \times 10^5 \times 2 = P_N \times 5$$

$$P_N = \frac{2 \times 10^5 \times 2}{5}$$

$$= \mathbf{0.8 \times 10^5\ Pa}$$

従って，全圧は，$P_O + P_N = 1.8 \times 10^5 + 0.8 \times 10^5$

$= \mathbf{2.6 \times 10^5\ Pa}$となります。

解　答

【問題11】 (3)

【問題13】

水素6.0ｇと，メタン16.0ｇをある容器に入れたところ，０℃で全圧が0.2 MPa となった。このときの各成分気体の分圧，容器の体積として，次のうち，正しい組合わせのものはどれか。

	水素の分圧	メタンの分圧	容器の体積
(1)	0.15 MPa	0.05 MPa	45.4 ℓ
(2)	0.12 MPa	0.08 MPa	44.8 ℓ
(3)	0.10 MPa	0.10 MPa	42.2 ℓ
(4)	0.08 MPa	0.12 MPa	40.02 ℓ
(5)	0.04 MPa	0.16 MPa	39.8 ℓ

解説

分圧の法則より，密閉容器内における混合気体の分圧は，各気体の分子数に比例します。

水素の分子量は，H_2 = 2なので，
水素６ｇは6 ÷ 2 = 3 mol。
メタンの分子量は，CH_4 = 16なので，
メタン16 g は，16 ÷ 16 = 1 mol。

従って，この容器中における水素とメタンの分圧比は，３：１。
容器の全圧は0.2 MPa なので，

水素分圧は$0.2 \times \frac{3}{4}$ = **0.15 MPa,**

メタン分圧は$0.2 \times \frac{1}{4}$ = **0.05 MPa** となります。

容器の体積については，０℃*で0.2 MPa の状態における気体４mol（水素＋メタン）の体積を求めればよいので，
（*絶対温度では T = 273〔K〕⇒ P 54参照）
気体の状態方程式 ***PV* = *nRT*** を思い出します。

解　答

【問題12】 (2)

この場合，注意しなければならないのは，圧力の単位が **MPa** なので，SI 単位系となり，気体定数は，

8.31×10^3[Pa・ℓ/(K・mol)]の方を用います。

なお，問題の圧力の単位は MPa なので，

0.2 MPa ＝ 0.2×10^6 Pa に換算しておく必要があります。

よって，$P = \mathbf{0.2 \times 10^6}$，$n = \mathbf{4}$，$R = \mathbf{8.31 \times 10^3}$，

$T = \mathbf{273}$　を式に代入すると，

$$0.2 \times 10^6 \times V = 4 \times 8.31 \times 10^3 \times 273$$

$$V = \frac{4 \times 8.31 \times 10^3 \times 273}{0.2 \times 10^6}$$

$\fallingdotseq$ **45.4 ℓ**　となります。

解　答

【問題13】　(1)

3　熱について

（1）熱量の単位と計算

1．絶対温度について

もう，すでに出てきましたが，温度を表す単位には通常用いられるセ氏の他に，**セ氏の－273℃を０Ｋとした絶対温度**があります。その単位は，K（ケルビン）で，セ氏温度を t，絶対温度を T とすると，両者の関係は

$T = t + 273$〔K〕となります。

2．熱量の単位について

① **熱量とは**

たとえば，ドラム缶風呂というのがありますが，そのドラム缶風呂に熱くした金属の玉を入れて沸かすとします。

その場合，100℃まで熱したパチンコ玉と60℃まで熱した大砲の玉とでは，どちらの方が水の温度を上げることができるでしょうか。

当然ながら，60℃まで熱した大砲の玉の方が水の温度を上げることができます。

温度はパチンコ玉の方が高いのに，なぜ，大砲の玉を入れた方がお湯が沸くのでしょうか。それは，熱の量が多いからです。

すなわち，物質の質量が多いほど熱の量が多く，水の温度をより上昇させることができるからです。

この熱の量を**熱量**または**熱エネルギー**といい，単位は**ジュール〔J〕**または**キロジュール〔kJ〕**を用います（1 kJ = 1,000 J）。

ちなみに，1〔J〕は，1 N の力で物体を 1 m 動かすときの仕事量になります。

② **カロリー〔caℓ〕について**

①のジュール〔J〕は，一般的に用いられているSI単位系（国際単位系）という単位系で，それ以外に，従来より使用されているカロリー〔caℓ〕という単位があります。

その定義は，水1 gの温度を1 ℃上げるのに必要な熱量を1 caℓとするもので，ジュール〔J〕との関係は，

1 caℓ = 約4.19 J，となります。

3．比熱と熱容量

2で説明した熱量は，ドラム缶風呂にしろ，パチンコ玉や大砲の玉にしろ，その物質全体の熱量についての話です。

その物質**全体**の温度を1 ℃上昇させるのに必要な熱量を**熱容量（C）**といいます。

単位は〔J/K〕で表します。

一方，その物質**1 g**の温度を1 ℃上昇させるのに必要な熱量を**比熱（c）**といいます。

単位は〔J/(g・K)〕で表します。

物質全体が熱容量で，1 gあたりが比熱なので，比熱（c）にその物質の質量（m）を掛けると，熱容量（C）になります。

式で表すと，次のようになります。

$C = mc$ （熱容量 = 物質の質量×比熱）

なお，この熱容量と比熱の記号については，熱容量が大文字のCなのに対して，比熱が小文字のcなので，間違わないようにしてください。

4．熱量の計算　重要！

3では，物質全体の温度を1 ℃上昇させるのに必要な熱量を熱容量（C）といいました。

ということは，その物質を10 ℃上昇させるには，10 × Cの熱量が必要になります。

温度の上昇分を△（デルタ）tと表すと，$\triangle t \times C$の熱量が必要ということになります。

従って，熱量をQ，その単位を〔J〕で表すと，次式が成り立ちます。

$$Q = C \triangle t \text{〔J〕}$$

すなわち，**熱量＝熱容量×温度差**　となります。

また，熱容量は，質量×比熱（$C = mc$）でもあるので，比熱を用いて表すと，次式となります。

$$Q = mc \triangle t \text{〔J〕} = \text{質量} \times \text{比熱} \times \text{温度差}$$

【例題1】

100 gの水を10 ℃から50 ℃に上昇させるのに必要な熱量はいくらか。

解説

水の比熱cは約4.19〔J/（g・K)〕，mは100 g，$\triangle t$は$50 - 10 = 40$ K

したがって，

$$
\begin{aligned}
Q &= m \times c \times \triangle t \\
&= 100 \times 4.19 \times 40 \\
&= 16760 \text{〔J〕} \\
&= 16.76 \text{〔kJ〕}
\end{aligned}
$$

となります。

解答　16.76〔kJ〕

5．熱量保存の法則

高温と低温の物体を接触させると，高温の物体から低温の物体へ熱エネルギーが移動し，やがて，両方の温度が等しくなって熱平衡の状態になります。

このとき，**高温の物体が失った熱量は低温の物体が得た熱量に等しく**なります。これを**熱量保存の法則**といいます。

【例題２】

70 ℃の銅200 g を10 ℃の水1000 g の中に入れて，よくかき混ぜたところ，全体の温度が t ℃になった。この t ℃はいくらか。

ただし，熱の流れは銅と水の間のみで行われ，銅の比熱は0.40 J/(g・K) であるとする。

解説

熱エネルギー保存の法則より，銅が失った熱量＝水が得た熱量なので，

銅が失った熱量＝ $0.40 \times 200 \times (70 - t)$

水が得た熱量＝ $4.19 \times 1000 \times (t - 10)$

$80 \times (70 - t) = 4190 \times (t - 10)$

$5600 - 80t = 4190t - 41900$

$47500 = 4270t$

$t = 11.124$……約11 ℃となります。

解答　11 ℃

(2) 熱の移動

熱の伝わり方には，次のように**伝導**，**対流**，**放射**（**ふく射**）の3種類があります。

1．伝導

火にかけた鍋の取っ手を掴んで“熱い！”という経験をした方は多いのではないかと思います。

しかし，そもそも，火にかけている箇所は鍋の底なのに，なぜ，直接火に当たっていない取っ手が熱くなるのでしょうか。

伝　導

それは，私達の日頃の経験から，何となく，熱が鍋の底から取っ手に伝わっていったんだな，と理解しているのではないかと思います。

つまり，物質中で温度の高い部分と低い部分があると，温度の高い部分から低い部分に熱が移動するんだな，というわけです。

このように，物質そのものが移動したわけではないのに，温度の高い部分から低い部分へ熱が移動する現象を**伝導**といい，固体における熱の移動は，この伝導によります。

その伝導ですが，分子的にみると，温度が高いと分子の運動エネルギーが大きくなります。分子の運動エネルギーが大きくなると，隣の分子と衝突をするようになりますが，それによって，熱エネルギーが次から次へと伝わっていく現象が伝導といえます。

一方，その熱伝導のしやすさを表したものに**熱伝導率**というものがあり，次のような特徴があります。

<熱伝導率の特徴>

① 熱伝導率の値は物質によって異なります。
② 熱伝導率の数値が大きいほど熱が伝わりやすくなります。
③ 熱伝導率の大きさは，**固体＞液体＞気体**の順になります。

2．対流

対 流

たとえば，風呂を沸かすと水の表面から熱くなっていきますが，これは加熱された部分が膨張して密度（比重）が小さくなり，軽くなって上昇をしたからです。

上昇したあとには周囲の重く冷たい部分が流れ込み，それが，やがて同じように暖められて上昇する…という循環を繰り返して全体が暖められていきます。このような流体（気体，液体）の熱の移動の仕方を**対流**といいます。

対流は，固体に比べて液体や気体の分子が自由に動き回ることができるために起こる熱伝達の現象です。

3．放射（ふく射）

放 射

たとえば，太陽と地球は約 1 億5000万 km，光の速さでも約 8 分かかるくらい離れています（時速300 km の新幹線でも50年以上かかる）。

そのような太陽の熱がどうして地球に伝わるのでしょうか。

それは，太陽の表面からは光も含めて熱が**電磁波**として放射されており，その電磁波が地球に到達すると物質の分子を振動させ，その振動によって熱が発生するから暖かい，と感じるわけです。

この太陽の例のように，高温物体から発せられた放射熱が，中間にある介在物（空気など）に関係なく，直接ほかの物質に移動する現象を**放射（ふく射）**といいます。

電子レンジは，この放射を利用した電気製品で，電磁波の 1 種であるマイクロ波が物体内の分子を振動させることにより熱を発生するしくみになっています。なお，放射は物体に当たってはじめて熱を発生するので，何もない真空の宇宙空間では熱を発生しません。

（３）熱膨張について

たとえば，真夏に鉄道の線路が熱によって伸びるように，物体に熱を加えると，分子の運動が激しくなり，分子間距離が大きくなります。

分子間距離が大きくなると，長さや体積も大きくなります。

このように，物体の温度が上昇するにつれてその長さや体積が増加する現象を**熱膨張**といいます。

この熱膨張には，体積が増加する**体膨張**と長さが増加する**線膨張**があるのですが，液体や気体の熱膨張については体膨張のみで，固体の熱膨張については，体膨張と線膨張の２つがあります。

また，液体の場合における増加した体積は，次式で求めます。

増加体積＝元の体積×体膨張率＊×温度差

（＊体膨張率：温度が１℃上昇した場合に体積が膨張する割合で，固体<液体<気体の順に大きくなっていきます。）

こうして覚えよう！

増加体積＝元の体積×体膨張率×温度差

たい　ぼ　お(待望)の体積増加

体積　膨張率　温度差

ちなみに，気体の場合は，シャルルの法則で学習しましたように，
「一定量の気体の体積は，温度が１℃上昇または下降するごとに，０℃のときの体積の273分の１ずつ膨張または収縮する」
となります。

（４）気体の断熱変化

気体が外部と熱のやりとりをしない状態で行う変化を**断熱変化**といいます。（気体を熱の出入りがない不良導体の材料で作った容器に入れた場合など）

この場合，気体が膨張するときの変化を**断熱膨張**，圧縮するときの変化を**断熱圧縮**といいます。

断熱膨張の場合，気体は外部にプラスの仕事をするので，その分，内部エネルギーを消費するため**温度が下がり**ます。

この原理は冷蔵庫や冷房に利用されています。

一方，断熱圧縮の場合は外部からプラスの仕事を受けるので，その分，内部エネルギーが増加し**温度が上がり**ます。

こちらの原理は暖房やディーゼルエンジンの点火に利用されています。

- 断熱膨張すると気体の**温度は下がる**。
- 断熱圧縮すると気体の**温度は上がる**。

問題演習　１－３．熱について

<熱量の単位と計算>

【問題１】

次の熱についての説明のうち，誤っているのはどれか。

(1)　物質１gの温度を１K上げるのに必要な熱量を比熱という。

(2)　比熱の単位は〔J/（g・K)〕である。

(3)　比熱の小さな物質は，温まりやすく，冷めにくい。

(4)　熱容量は比熱にその物質の質量を掛けた値である。

(5)　熱容量の単位は〔J/K〕である。

解説

比熱は，物質１gの温度を１K上げるのに必要な熱量であり，その値が小さいということは，少しの熱で温度が上昇するので，「温まりやすい」というのは正しい。

しかし，温度が下がるときも少しの放熱で下がるので，「**冷めやすい**」というのが正解になります。

【問題２】

熱について，次のうち誤っているものはどれか。

(1)　固体と液体とでは液体の方が熱伝導率が大きい。

(2)　一般に熱伝導率の大きなものほど熱を伝えやすい。

(3)　一般に金属の熱伝導率は，他の固体に比べて大きい。

(4)　水は比熱が大きいので冷却効果が大きい。

(5)　熱伝導率の値は物質によって異なる。

解説

熱伝導率の大きさは，**固体＞液体＞気体**の順になるので，固体の方が熱伝導率が大きくなります。よって，(1)が誤りです。

(4)は，水は他の液体に比べて比熱が大きいので，冷却効果の方も大きくなります。

解　答

解答は次ページの下欄にあります。

【問題 3】

熱容量 C を表す式として，次のうち正しいものはどれか。
ただし，比熱を c，質量を m とする。

(1)　$C = mc$

(2)　$C = \dfrac{m}{c}$

(3)　$C = mc^2$

(4)　$C = m^2c$

(5)　$C = \dfrac{c}{m}$

解説

熱容量は比熱 c にその物質の質量 m を掛けた値なので，(1)の $C = mc$ が正解です。

【問題 4】

比熱が c，質量が m の物体の温度を t ℃上昇させる際に必要な熱量 Q を求める式として，次のうち正しいものはどれか。

(1)　$Q = mct$

(2)　$Q = \dfrac{mt}{c}$

(3)　$Q = \dfrac{mc}{t}$

(4)　$Q = m^2ct$

(5)　$Q = mc^2t$

解説

熱量 Q を求める式は，比熱の単位を見ればわかります。

【問題 1】の(2)より，比熱の単位は〔J/（g・K)〕となっています。この分母にある g で表された質量 m と，K で表された温度差 t を比熱 c に掛ければ，分子にある熱量 Q の単位である J（ジュール）を求めることができます。

従って，熱量 $Q = mct$　となります。

解　答

【問題 1】 (3)　　【問題 2】 (1)

【問題5】

ある液体20 g の温度を10 ℃から50 ℃まで上昇させるのに必要な熱量はいくらか。

ただし，この液体の比熱を2.5〔J/（g・K)〕とする。

(1)　0.8 kJ

(2)　1.0 kJ

(3)　2.0 kJ

(4)　2.5 kJ

(5)　5.0 kJ

解説

前問の式，熱量 $Q = mct$　に数値を代入すると，

$$
\begin{aligned}
Q &= mct \\
&= 20 \times 2.5 \times (50 - 10) \\
&= 50 \times 40 \\
&= 2{,}000\ \mathrm{J} \\
&= 2\ \mathrm{kJ}
\end{aligned}
$$

となります。

【問題6】

10 ℃のなたね油50 g に4.2 kJ の熱量を加えた場合，この液体の温度は何度になるか。

ただし，なたね油の比熱を2.1〔J/（g・K)〕とする。

(1)　35 ℃

(2)　40 ℃

(3)　45 ℃

(4)　50 ℃

(5)　60 ℃

解説

今回は，前問の式，$Q = mct$　の温度差 t を先に求め，その t に10 ℃を足せば，温度上昇後の温度が求められます。

従って，まず，式を変形します。

解　答

【問題3】 (1)　　【問題4】 (1)

$$t = \frac{Q}{mc}$$

$$= \frac{4200}{50 \times 2.1}$$

＝40〔℃〕となります。

つまり，40℃上昇したのであるから，それに元の温度である10℃を足すと，上昇後の温度は，

10＋40＝50〔℃〕となります。

【問題7】

ある液体10gの温度を10℃から30℃まで上昇させるのに，440Jの熱量を要した。この液体の比熱として，次のうち正しいものはどれか。

(1) 0.88〔J/（g・K)〕
(2) 1.1〔J/（g・K)〕
(3) 2.2〔J/（g・K)〕
(4) 3.6〔J/（g・K)〕
(5) 4.4〔J/（g・K)〕

解説

$Q = mct$ に問題の数値を代入します。

440＝10×c×（30－10）
　＝200×c

よって，$c = \frac{440}{200}$

＝2.2〔J/（g・K)〕となります。

【問題8】

熱容量が300〔J/K〕のビーカーに20℃で1000gの油が入っている。この中に，100℃に熱した400gの金属球を入れたところ，全体の温度は25℃になった。油の比熱cを求めよ。

ただし，ビーカーと油の温度は同じであり，熱は油，ビーカー，金属球の間だけで移動し，金属の比熱は0.4〔J/（g・K)〕とする。

解　答

【問題5】 (3)　　**【問題6】** (4)

(1)　1.05〔J/（g・K)〕
(2)　2.1　〔J/（g・K)〕
(3)　3.05〔J/（g・K)〕
(4)　4.20〔J/（g・K)〕
(5)　4.45〔J/（g・K)〕

解説

ビーカーと油に金属球を入れたら最終的には25 ℃になったのだから，ビーカーと油が得た熱量は金属球が失った熱量になります。

①　ビーカーが得た熱量 Q_1

ビーカーの熱容量に温度差（$\triangle t$）を掛けた値になります。

$Q_1 = C \triangle t$
$= 300 \times (25 - 20)$
$= 1{,}500$ J

②　油が得た熱量 Q_2

$Q_2 = mc \triangle t$
$= 1{,}000 \times c \times 5$
$= 5{,}000 \times c$

③　金属球が失った熱量 Q_3

$Q_3 = mc \triangle t$
$= 400 \times 0.4 \times (100 - 25)$
$= 160 \times 75$
$= 12{,}000$ J

$Q_1 + Q_2 = Q_3$
$1{,}500 + 5{,}000 \times c = 12{,}000$
$5{,}000 \times c = 10{,}500$
$c = 2.1$〔J/（g・K)〕となります。

解　答

【問題７】 (3)

<熱の移動>

【問題９】

熱の移動について，次のうち誤っているのはどれか。

⑴ 熱による物質の比重の変化によって物質が移動し，その結果として熱が移動する現象を対流という。

⑵ 熱が物質中を次々と隣の部分に移動していく現象を伝導という。

⑶ 熱が伝導する度合いを数値として表したものを熱伝導率という。

⑷ 温度が一定の状態における熱伝導率は，物質の種類によらず一定である。

⑸ 一般に，熱せられた物体からの電磁波が直接，他の物体に熱を与える現象を放射（ふく射）という。

解説

熱伝導率の値は**物質によって異なり**，固体，液体，気体で比較すると，**固体＞液体＞気体**の順になります。

【問題10】

熱の移動の仕方には伝導，対流および放射の３つがあるが，次のＡ～Ｅのうち，伝導によるものはいくつあるか。

Ａ 鉄棒を持って，その先端を火の中に入れたら手元のほうまで次第に熱くなった。

Ｂ 天気の良い日に屋外で日光浴をしたら身体が暖まった。

Ｃ アイロンをかけたら，その衣類が熱くなった。

Ｄ ガスコンロで水を沸かしたところ，水の表面から暖かくなった。

Ｅ ストーブで灯油を燃焼していたら，床面よりも天井近くの温度が高くなった。

⑴ １つ ⑵ ２つ ⑶ ３つ ⑷ ４つ ⑸ ５つ

解説

Ａ 鉄棒の熱が高温部（先端）から低温部（手元）へと移動して次第に熱くなったので，**伝導**になります。

Ｂ 日光浴は，太陽（高温の物体）から発せられた電磁波が空間を直

解 答

【問題８】 ⑵

進して身体を暖めるので，**放射**になります。

C　熱が高温部（アイロン）から低温部（衣類）へと移動して熱くなったので，**伝導**になります。

D，E　「水の表面から暖かくなった」や「天井近くの温度が高くなった」は，流体（空気または水）内にできた高温部ということになるので，**対流**になります。

従って，伝導はA，Cの２つということになります。

【問題11】

熱伝導率について，次のうち誤っているものはいくつあるか。

A　一般に，可燃性固体の燃焼に熱伝導率が大きく影響するのは，熱の散逸速度が燃焼の持続に重要な要因となるからである。

B　熱をよく伝導する物質を良導体という。

C　熱伝導率が大きい物質は燃焼しやすい。

D　熱伝導率の数値が小さいほど熱が伝わりやすい。

E　同じ物質でも粉末状にすると燃えやすくなるのは，見かけ上の熱伝導率が小さくなるからである。

(1)　なし　　(2)　１つ　　(3)　２つ　　(4)　３つ　　(5)　４つ

解説

A　正しい。

B　正しい。

熱をよく伝導する物質，すなわち，熱伝導率が大きい物質を**良導体**，逆に，熱伝導率が小さい物質を**不良導体**といいます。

C　誤り。

熱伝導率が大きい物質は**熱が伝わりやすく**，熱がすぐに“逃げて”しまいます。

従って，温度が上昇しにくくなり，逆に**燃焼しにくく**なります。

D　誤り。

熱伝導率の数値が小さいほど**熱が伝わりにくく**なります。

E　正しい。

従って，誤っているのはC，Dの２つになります。

解　答

【問題９】　(4)　　　**【問題10】**　(2)

【問題12】

常温（20℃）において，熱伝導率が最も大きいものは次のうちどれか。

(1) アルミニウム
(2) 木材
(3) 水
(4) 空気
(5) 銅

解説

熱伝導率の大きさは，**固体＞液体＞気体**の順になっているので，まず，(3)の液体である水と(4)の気体である空気は除きます。

また，金属と木材では金属の方が熱が伝わりやすいので，(2)の木材も除きます。

最後に残ったのは(1)のアルミニウムと(5)の銅となりますが，アルミニウムの熱伝導率が236〔W/（m・K)〕なのに対し，銅の熱伝導率は386〔W/（m・K)〕なので，銅の方が熱伝導率が大きいということになります。

【問題13】 重要!

1000ℓのドラム缶に15℃のガソリンが満たされている。周囲の温度が上昇して液温が45℃となった場合，ドラム缶からあふれだす量として正しいのは次のうちどれか。

ただし，ガソリンの体膨張率を1.35×10^{-3}とし，ドラム缶自体の膨張とガソリンの蒸発は考えないものとする。

(1) 12.5ℓ
(2) 36ℓ
(3) 40.5ℓ
(4) 42ℓ
(5) 52.5ℓ

解　答

【問題11】 (3)

解説

ドラム缶にガソリンが満たされているので，あふれだす量は温度上昇による増加体積のみとなります。

増加体積は，元の体積×体膨張率×温度差で求まるので，計算すると，

増加体積＝元の体積×体膨張率×温度差

$= 1{,}000 \times 1.35 \times 10^{-3} \times (45 - 15)$

$= \cancel{1{,}000} \times 1.35 \times \cancel{10^{-3}} \times 30$

$= 1.35 \times 30$

$= 40.5\,\ell$　となります。

【問題14】

10℃で1000ℓのガソリンがある。このガソリンを放置しておいたところ，30℃になった。膨張後の体積として，次のうち正しいものはどれか。

ただし，ガソリンの体膨張率を1.35×10^{-3}とする。

(1)　1002.7ℓ

(2)　1007.2ℓ

(3)　1027.0ℓ

(4)　1072.2ℓ

(5)　1135.0ℓ

解説

増加体積＝元の体積×体膨張率×温度差

$= 1000 \times 1.35 \times 10^{-3} \times (30 - 10)$

$= 1000 \times 1.35 \times 10^{-3} \times 20$

$= 27\,\ell$

膨張後の体積は，元の体積にこの増加した体積を足せばよいので，

$1{,}000 + 27 = 1{,}027\,\ell$　となります。

解　答

【問題12】 (5)　　**【問題13】** (3)

【問題15】

200ℓのドラム缶にガソリンが10％の空間容積を残して密封されている。このガソリンの液温が40℃上昇したとき，ドラム缶の空間容積として，次のうち最も近い値はどれか。

ただし，ガソリンの体膨張率を1.35×10^{-3}とし，ドラム缶自体の膨張とガソリンの蒸発は考えないものとする。

(1)　8.88ℓ

(2)　9.12ℓ

(3)　10.28ℓ

(4)　12.51ℓ

(5)　20.02ℓ

解説

200ℓのドラム缶にガソリンが10％の空間容積を残して密封されているので，最初の空間容積は$200 \times 0.1 =$ **20ℓ**になり，ガソリンは$200 - 20 = 180$ℓあることになります。

このガソリンの液温が40℃上昇したときの増加体積は，

増加体積＝元の体積×体膨張率×温度差

$= 180 \times 1.35 \times 10^{-3} \times 40$

$= 7200 \times 1.35 \times 10^{-3}$

$= 7.2 \times 1.35$

$=$ **9.72ℓ**　となります。

従って，液温が40℃上昇したときのドラム缶の空間容積は，元の20ℓからこの増加体積である9.72ℓを引けばよいので，

$20 - 9.72 = 10.28$ℓとなります。

解　答

【問題14】　(3)

【問題16】

気体の断熱変化に関する説明として，次のうち不適切なものはどれか。

(1)　気体が外部と熱のやりとりをしない状態で行う変化をいう。

(2)　気体が外部と熱のやりとりをしない状態で物質が膨張するときの変化を断熱膨張という。

(3)　気体が外部と熱のやりとりをしない状態で物質が圧縮するときの変化を断熱圧縮という。

(4)　断熱膨張すると，気体の内部エネルギーは減少する。

(5)　断熱圧縮すると，気体の温度は下がる。

解説

気体を**断熱膨張**すると，気体の内部エネルギーは減少して温度は下がり，**断熱圧縮**すると，気体の内部エネルギーが増加して**温度は上がります**。

解　答

【問題15】　(3)　　**【問題16】**　(5)

静電気

(1) 静電気と帯電

下敷きで髪の毛をこすると，髪の毛が下敷きに引きつけられて立ってしまうことはよく知られています。

これは，静電気によって髪の毛が（＋）に，下敷きが（－）に帯電し，（＋）に帯電した髪の毛が（－）に帯電した下敷きに引きつけられるからです。

ここで**帯電**という言葉が出てきましたが，文字通り電気を帯びることを指し（電気を帯びた物体を**帯電体**という），下敷きで髪の毛をこすることにより，髪の毛の電子（－）が下敷きに移動するので，その結果，髪の毛が（＋）に，電子を得た下敷きが（－）に帯電するわけです。

このように，不導体（電気を通さない物体）同士を摩擦することにより一方の物体には正（＋），他方の物体には負（－）に帯電する電気を**静電気**（または**摩擦電気**）といい，その電気量を**電荷**といいます。

これを本試験的な表現で説明すると，

「静電気は異種物体の接触やはく離によって，一方が正，他方が負の電荷を帯びるときに発生する。」

または**「2つ以上の物体が接触分離を行う過程では静電気が発生す**

る。」となります。

なお，この静電気という名称ですが，家電製品などの作動に必要な“動く”電気（電荷）は**電流**というのに対して，表面にとどまって動かない静かな電気ということで，**静電気**というわけです。

この静電気には，正（プラス）と負（マイナス）の2種類があるわけですが，プラスとマイナスのように，異種の電荷間には**吸引力**，プラスとプラス，マイナスとマイナスのように，同種の電荷間には**反発力**が働きます。

このような電荷間に働く力を**静電気力（クーロン力）**といいます。

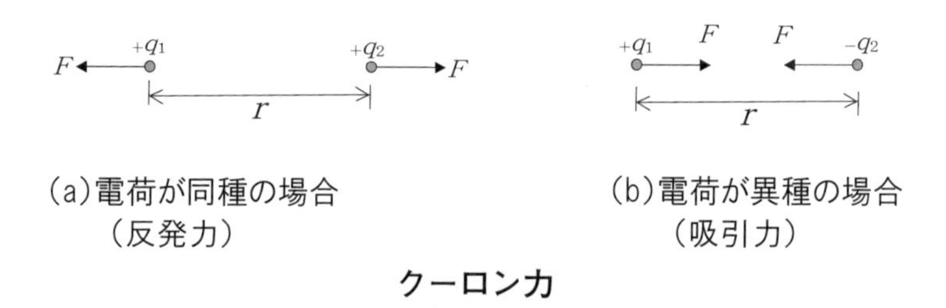

クーロン力

静電気は，発生して蓄積された状態だけであるならすぐに危険というわけではありませんが，何らかの原因で放電するとその静電気火花によって，付近に滞留する可燃性蒸気に引火して爆発し，火災が発生する危険性があります。

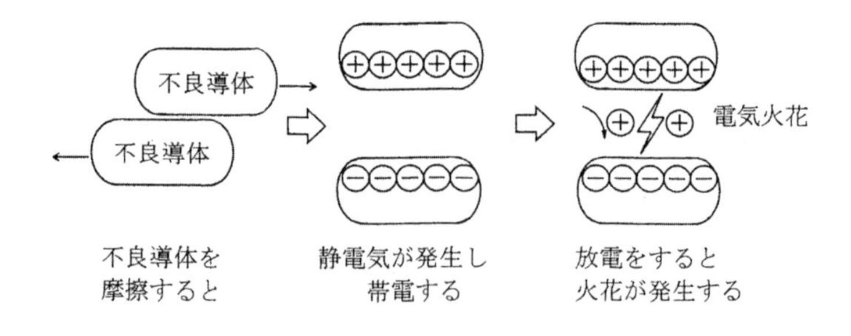

① 静電気は人体をはじめとして，すべての物質に発生します。
② 静電気による火災には**燃焼物に適応した消火方法**をとる必要があります。

(2) 静電気が発生しやすい条件

静電気が発生しやすい条件を考える場合，(1)の静電気が発生するメカニズムを考えると，理解しやすくなります。

すなわち，静電気は，**不導体**同士が**接触**，あるいは**分離**を行う過程で発生します。 従って，不導体が不導体であるほど，つまり，物体の**絶縁抵抗が大きい**ほど，また，接触や分離の頻度が大きい，つまり，流体であれば，その**速度が大きい**ほど発生しやすくなります。

ということで，結論からいいますと，次のような条件のときに静電気が発生しやすくなります。

① 物体の**絶縁抵抗が大きい**ほど（＝不良導体であるほど＝電気抵抗が大きいほど）発生しやすい。
② ガソリンなどの石油類が，**配管**や**ホース内**を流れる時に発生しやすく，また，その**流速が大きい**ほど，発生しやすい
③ **湿度が低い**（乾燥している）ほど発生しやすい。
④ **合成繊維の衣類**（ナイロンなど）を着用していると発生しやすい。

③の湿度ですが，湿度が低いということは乾燥しているということであり，空気中の水分が少なくなっている状態では，帯電した静電気の“逃げ場”がなくなるので，静電気が溜まりやすくなります（一般的に，湿度20％以下，気温25℃以下になると静電気が発生しやすくなり，また，湿度が60％以上になると，気温が多少低くても電気が分散するので，静電気がほとんど発生しなくなるといわれています）。

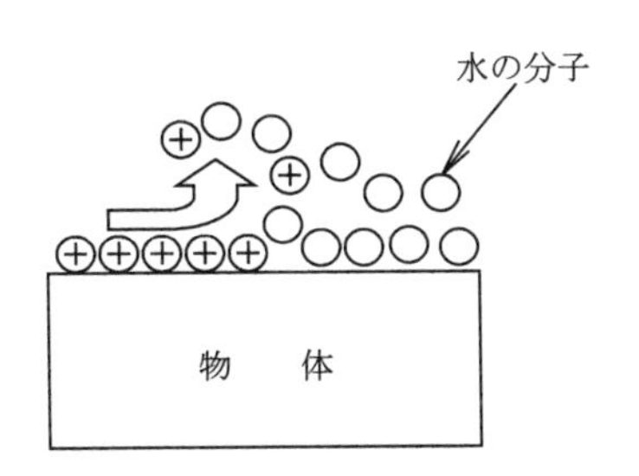

湿度が高いと静電気が水分へ分散し，発生しにくくなる。

また，④の衣類ですが，衣類は動くたびに摩擦するので，摩擦そのものを低減することは現実問題として不可能ですが，衣類の組み合わせによって静電気を発生しにくい状況を作ることはできます。

たとえば，プラスの電気が帯電しやすい素材のナイロンやレーヨンとマイナスの電気が帯電しやすい素材であるポリエステルやポリエチレンなどを組合わせると，先ほど説明した下敷きで髪の毛をこする例と同様に，静電気が蓄積しますので，例の“バチッ”という放電が起こるおそれがあります。

従って，プラスどうしやマイナスどうしの素材，つまり，素材が同じものを組み合わせると，電子が移動しなくなり，そのような放電を防ぐことができます。

なお，静電気を，その帯電する原因から分類すると，次のようになり，本試験でもたまに出題されています。

- **接触帯電**：２つの物質を接触させて分離する際の帯電
- **流動帯電**：配管内を液体が流れる際に生じる帯電
- **沈降帯電**：流体中を他の液体や固体が沈降する際の帯電
- **破砕帯電**：固体を破砕する際に生じる帯電
- **摩擦帯電**：２種類の物質を摩擦した際に生じる帯電
- **噴出帯電**：液体がノズルなどから噴出する際の帯電

（3）静電気対策

引火性液体を取り扱う上で，静電気の発生を抑えるためには，（2）の発生しやすい条件の逆をすればよいことになります。

よって，（2）の①～④について検討すると，

① 物体の**絶縁抵抗が大きい**ほど発生しやすい。

対策 ⇒ 引火性液体を取り扱う**容器**や**配管**などに絶縁抵抗の大きくない，すなわち，**導電性の高い材料**を用いる。

② ガソリンなどの石油類が，**配管**や**ホース内**を流れる時に発生しやすく，また，その**流速が大きい**ほど，発生しやすい。

対策 ⇒ 配管やホースについては，①と同じ対策で，流速については，速いほど発生しやすいので，**配管径を大きくする**などして，**流速を遅く**すればよいことになります。

③ **湿度が低い**（乾燥している）ほど発生しやすい。

対策 ⇒ 水を撒いたり，水蒸気を発生させたりして**湿度を高く**し，発生した静電気を空気中の水分に逃がせばよい。

④ **合成繊維の衣類**を着用していると発生しやすい。

対策 ⇒ 合成繊維の衣類を着用せず，吸湿性のある**木綿**の衣類などに替える。

以上をまとめると，次のようになります。

- **導電性の高い**材料を用いる（容器や配管など）。
- **流速を遅く**する（配管径を大きくしたり，給油の際にゆっくり入れる）。
- **湿度を高く**する（発生した静電気を空気中の水分に逃がす）。
- 合成繊維の衣服を避け，**木綿の服**などを着用する。

そのほか，次のような対策もあります。

- 摩擦を**少なく**する。
- 室内の空気を**イオン化**する（空気をイオン化して静電気と中和させ，除去する）

など。

問題演習　１－４．静電気

【問題１】　重要!　重要!

静電気について，次のうち誤っているものはどれか。

(1)　２つの異なる物質が接触して離れるときに，片方には正（＋）の電荷が，他方には負（－）の電荷が生じる。

(2)　静電気は，固体だけでなく液体にも発生する。

(3)　接触面積や接触圧は，静電気の発生しやすさに関わる要因の１つである。

(4)　静電気は，導電性の高いものほど蓄積しやすい。

(5)　静電気が蓄積すると，放電火花が生じる場合がある。

解説

物体の導電性が高いと電気が通りやすくなるので，静電気が発生しても放電されてしまい，蓄積しにくくなります。

【問題２】

静電気に関する次の記述について，誤っているものはどれか。

(1)　帯電とは，プラスやマイナスの電気を帯びることをいう。

(2)　電気を帯びた物体を帯電体という。

(3)　静電気は摩擦電気ともいい，その有する電気量を電荷という。

(4)　静電気の異種の電荷間には反発力が働く。

(5)　電荷間に働く力を静電気力（クーロン力）という。

解説

静電気の異種の電荷間には**吸引力**，同種の電荷間には**反発力**が働きます。

解　答

解答は次ページの下欄にあります。

【問題3】

静電気に関する次の記述について，誤っているものはA～Eのうちいくつあるか。

A　作業場所の床や靴の電気抵抗が大きいほど，静電気が人体に蓄積する量は多くなる。

B　接触分離する2つの物体の種類や組合わせによって，発生する静電気の大きさや極性が異なる。

C　静電気は湿度が高いほど帯電しやすい。

D　静電気による火災には，感電のおそれがあるので，注水消火は厳禁で，電気火災に準じた方法をとる。

E　物体に発生した静電気はすべて物体に蓄積され続ける。

(1)　1つ　　(2)　2つ　　(3)　3つ　　(4)　4つ　　(5)　5つ

解説

A：正しい。

電気抵抗が大きいほど，静電気が放電しにくくなるので，人体に蓄積する量が**多く**なります。

B：正しい。

C：誤り。

湿度が高いほど，静電気が水分に逃げやすくなるので，**帯電しにくく**なります。

D：誤り。

静電気による火災だからといって感電のおそれがある，というのは誤りです（静電気による火災というのは，あくまでも火災の原因であり，火災が電気設備等で発火した場合に感電のおそれがあります）。

また，消火方法については，**燃焼物に対応した消火方法**をとります。

E：誤り。

物体に発生した静電気は，そのすべてが物体に蓄積され続けるのではなく，一部は**放電**されるので，誤りです。

従って，誤っているのは，C，D，Eの3つになります。

解　答

【問題1】　(4)　　**【問題2】**　(4)

【問題4】

静電気に関する次の記述のうち，正しいものはいくつあるか。

A　ガソリンが配管中を流れる場合，流速が大きいほど静電気の発生量は多い。

B　静電気が蓄積すると，放電火花を生じることがある。

C　静電気が蓄積すると，発熱し，蒸発しやすくなる。

D　静電気は，電気が流れやすい物体ほど発生しやすい。

E　帯電した物体が放電するときのエネルギーの大小は，可燃性ガスの発火には影響しない。

(1)　なし　　(2)　1つ　　(3)　2つ　　(4)　3つ　　(5)　4つ

解説

A　正しい。

ガソリンなどの引火性液体は，**流速が大きい**ほど静電気の発生量が多くなります。

B　正しい。

静電気が蓄積すると，雷のように，放電火花を生じることがあります。

C　誤り。

静電気が蓄積したからといって発熱するようなことはありません。

D　誤り。

電気が流れやすい物体というのは，問題1の(4)より，**導電性が高い**物体ということになります。導電性が高いと電気が通りやすくなるので，静電気が発生しても放電されてしまい，**発生しにくく**なります。

E　誤り。

放電エネルギーが大きいほど可燃性ガスが発火（着火）しやすくなり，逆に，小さいほど発火しにくくなるので，エネルギーの大小は影響します。

従って，正しいのは，A，Bの2つになります。

解　答

【問題3】　(3)

【問題５】

静電気が発生しやすい条件に関する次の説明のうち，誤っているものはいくつあるか。

A　ガソリンは非水溶性なので，水溶性のアルコールなどに比べて静電気が帯電しにくい。

B　配管中を流れる引火性液体は，その流速が大きいほど，静電気が発生しやすい。

C　静電気は冬より夏のほうが帯電しやすい。

D　石油類のような可燃性液体は，その液温が低いほど静電気が発生しやすい。

E　一般的に，合成繊維の衣類は木綿の衣類より，摩擦等によって静電気が発生しやすい。

(1)　1つ　　(2)　2つ　　(3)　3つ　　(4)　4つ　　(5)　5つ

解説

A：誤り。

非水溶性であるほど電気を通しにくい，つまり，電気絶縁性が高いので，静電気は**蓄積しやすく**なります。

B：正しい。

なお，配管中を流れる引火性液体については，その他，**配管の内壁の表面の粗さが多いほど**，また，**流れが乱れているほど**，流体同士や流体と壁の摩擦が多くなるので，静電気が発生しやすくなります。

C：誤り。

冬の方が湿度が低く乾燥しているので，夏より**帯電しやすく**なります。

D：誤り。

液温が低いからといって静電気が発生しやすくはなりません。

E：正しい。

従って，誤っているのは，A，C，Dの３つになります。

解　答

【問題４】　(3)

【問題6】

静電気が蓄積するのを防止する方法として，次のうち誤っているものはどれか。

(1)　接地（アース）をして静電気を大地に流す。
(2)　空気中の温度を低くする。
(3)　空気をイオン化する。
(4)　容器や配管などに導電性の高い材料を用いる。
(5)　空気中の湿度を高くする。

解説

空気中の温度を低くしたからといって，静電気の蓄積を防止することはできないので，誤りです。

【問題7】

静電気の帯電体が放電するとき，その放電エネルギー E 及び帯電量 Q は，帯電電圧を V，静電容量（電気容量）を C とすると次の式で与えられる。

$$E = \frac{1}{2}QV \qquad Q = CV$$

このことについて，次のうち誤っているものはどれか。

(1)　帯電電圧 $V = 1$ のときの放電エネルギー E の値を最小着火エネルギーという。
(2)　帯電量 Q は帯電体の帯電電圧 V と静電容量 C の積で表される。
(3)　帯電量 Q を変えずに帯電電圧 V を大きくすれば，放電エネルギーも大きくなる。
(4)　静電容量 $C = 2.0 \times 10^{-10}$ F の物体が10,000 V に帯電したときの放電エネルギー E は，1.0×10^{-2} J となる。
(5)　放電エネルギー E の値は，帯電体の静電容量 C が同一の場合，帯電電圧 V の 2 乗に比例する。

解説

(1)　誤り。
　着火（発火）エネルギーは，可燃性物質の着火に必要なエネル

解　答

【問題5】 (3)

ギーのことをいい，これは可燃性物質の**濃度**によりその値は異なります。

最小着火エネルギーは，その値が最小となる臨界濃度の際の着火エネルギーのことをいうので，帯電電圧 $V=1$ のときの放電エネルギーの値ではありません。

(2)　正しい。

帯電量 Q は問題文で提示された $\boldsymbol{Q=CV}$ という式より，C と V の積で表されます。

(3)　正しい。

放電エネルギー E は，$\boldsymbol{E=\frac{1}{2}QV}$　なので，帯電電圧 V を大きくすれば，当然，放電エネルギー E も大きくなります。

(4)　正しい。

問題で提示された式より，放電エネルギー E は，$E=\frac{1}{2}QV$ であり，帯電量（電気量）Q は，$Q=CV$　という式で表されます。

Q の式をEの式に代入すると，$\boldsymbol{E=\frac{1}{2}CV^2}$ となります。

この式に $C=\mathbf{2.0\times10^{-10}}$〔F〕と $V=10{,}000$〔V〕$=\mathbf{10^4}$〔V〕を代入すると，

$$E=\frac{1}{2}CV^2=\frac{1}{2}\times2.0\times10^{-10}\times(10^4)^2$$

$$=\frac{1}{2}\times2.0\times10^{-10}\times10^8$$

$$=\frac{1}{2}\times2.0\times10^{-2}$$

$=1.0\times10^{-2}$ となるわけです。

(5)　正しい。

(4)で，求めた式，$E=\frac{1}{2}CV^2$ より，放電エネルギー E の値は，帯電電圧 V の2乗（V^2）に比例します。

解　答

【問題6】　(2)　　**【問題7】**　(1)

第2編

化学に関する基礎知識

学習のポイント

化学については，「物理学及び化学」の分野においては最も重要な分野であり，出題数も10問中５問前後毎回出題されています。

従って，この化学を押さえておかないと，この分野の合格点を“いただけない”ということになります。

その出題内容ですが，乙種に比べて格段に深く，また，広い知識を要求されています。

たとえば，物質の種類では，単体などについて乙種と同レベルの問題も出題されていますが，乙種ではあまり出題されていない**空気**や**一酸化炭素**および**二酸化炭素**あるいは**炭素**などの性状を問う問題も出題されています。

従って，化学では，乙種の知識は一応「基本」として押さえる必要はありますが，新たに甲種の化学を学習する，という認識をもって臨む必要があるでしょう。

なお，化学では，毎回同じような問題が繰り返して出題される，という傾向は比較的少なく，毎回多種多様な問題が繰り出されているので，地道に１歩１歩，学習するのが基本的な学習スタイルとなります。

といっても，やはり，“ある程度”の傾向はあるので，本文の重要マークおよびその数によって重要度や傾向を判断し，ポイントとなる部分を把握しながら１歩１歩学習をすすめていくことが「効率的学習」ということになるでしょう。

 物質を構成するもの

物質を限りなく細くしていくと，最終的には，**原子**か**分子**，または**イオン**という粒子にいきつきます。

分子は2個以上の**原子**が結合したものであり，イオンは，正または負の**電気を帯びた原子**（または原子団）のことをいいます。

物質はこれらのうちのいずれかの粒子で構成されているわけですが，この分類と混同しやすいものに，**単体**，**化合物**，**混合物**といわれる分類があります。

こちらの分類方法は，物質の構成成分ではなく，いわば，物質の構成方法とでもいうべき分類の仕方です。

つまり，物質が何から出来ているか，ではなく，物質がどのようにして成り立っているか，という分類の仕方です。

従って，これらの違いをよく確認しながら，学習を進めていってください。

（1）原子

1．原子の構造

① 原子を構成するもの

物質を限りなく細くしていくと，最終的には，**原子**という非常に小さな粒子にいきつきます（約1億分の1 cm）。

どのくらい小さいかというと，たとえば，原子とゴルフボールの大きさを比べた場合，ちょうど，ゴルフボールと地球の大きさを比べたのと同じくらいの割合になります（⇒次頁の図参照）。

そのくらい小さな原子ですが，その中心には，さらに小さな粒子である**原子核**があり，その周囲を**電子**が回っています（次ページの図参照）。また，原子核は，さらに正の電荷をもつ**陽子**と電荷をもたない**中性子**からなっています。

従って，原子核全体としては正（＋）の電気を帯びていることになります（中性子が電荷をもたないため）。

一方，電子の方は，負（－）の電荷を帯びているので，原子全体としては，電気的に**中性**ということになります。

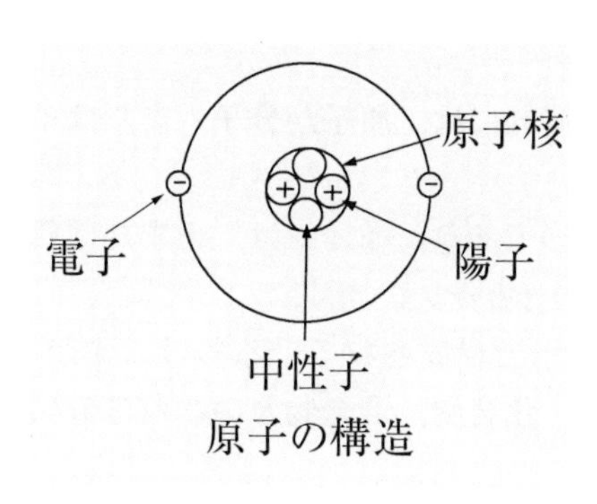

原子の構造

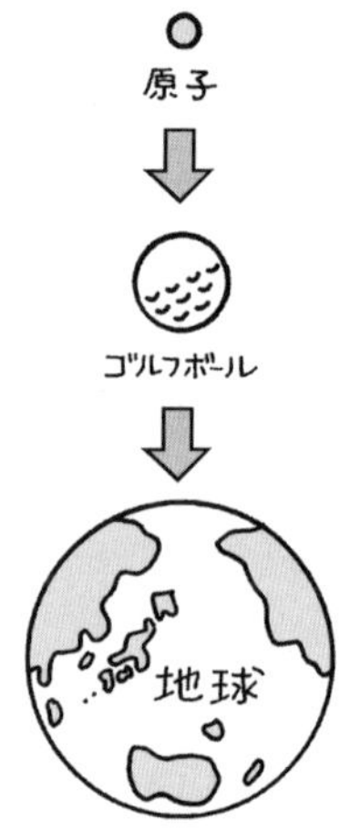

② **質量数**

陽子の数と中性子の数の和を**質量数**といいます。

たとえば，ヘリウムの原子核には，陽子が2個，中性子が2個あるので，質量数は4となります。

なぜこのような数値を考えるかというと，詳しくは第4章の物質量で説明しますが，原子の質量は，ほぼ原子核の質量に等しく（電子の質量は陽子や中性子に比べてはるかに小さいので無視できる），その原子核は**陽子**と**中性子**からなるので，陽子の数と中性子の数の和を質量数として原子の重さの目安とするためです。

なお，この質量数と次項2の原子番号を元素記号を用いて表す場合は，2の②のように表記します（この質量数は，第4章の物質量で）。

ポイント1

原子　⇒　**原子核**と**電子**からなっている。
原子核　⇒　正の電荷をもつ**陽子**と電荷をもたない**中性子**からなっている。

質量数＝陽子数＋中性子数

2．元素と原子番号および同位体

①　元素

1では，物質を構成する最も基本的な成分（粒子）を**原子**である，といいましたが，たとえば，水素にも原子があるのと同様，酸素にも原子があります。両者は当然，異なります。

つまり，物質が違えば，それを構成する成分であるところの原子も異なります。

要するに，原子にも色んな種類があるわけで，その場合のそれぞれの物質を構成する成分を**元素**といい，それを表す記号を**元素記号**（または**原子記号**ともいう）といいます。

たとえば，水素の元素記号はH，炭素の元素記号はC，同じく窒素はN，酸素はO……という具合です。

この元素じゃが，いわば，原子の種類に付けた名前で，ちょうど，**原子**を国家を構成する基本的な要素を表す言葉である“国民”にたとえたとすると，**元素**はアメリカ国民，日本国民……などという国民の種類を表すことになるんじゃ。

このあたりの違いに注意するんじゃぞ。

（注：この元素は，単体，化合物の項目で出てきますので，注意してください。）

②　原子番号

その原子の種類……つまり，元素の数ですが，巻末資料の「元素の周期表」からもわかるように，現在，118種類が確認されています。

その118種類の元素記号の横には番号が打ってありますが，これは**原子番号**といわれるもので，各元素の原子核に含まれる**陽子の数**を表しています。

この陽子の数は**電子の数**でもあるのですが（**陽子数＝電子数**），その数は，各元素によって決まっており，たとえば，陽子の数が1個のものは水素であり，8個のものは酸素である，という具合です。

すなわち，**原子の種類は陽子の数によって決まる**わけです。

ポイント２

原子番号　＝　陽子数（＝電子数）

以上，この原子番号と１の②で取り上げた質量数を元素記号を用いて表すと，下図のようになります。

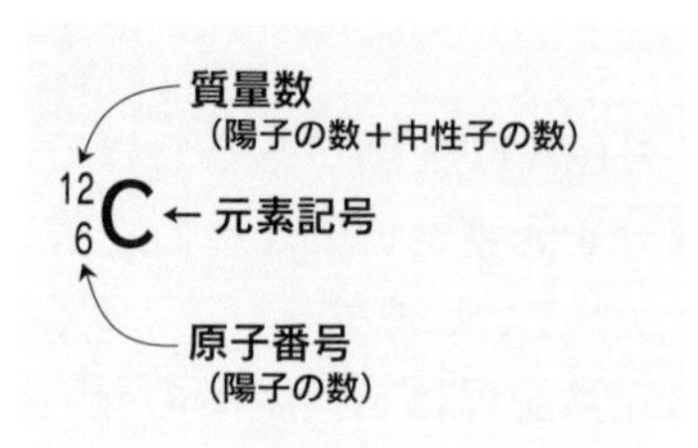

③　同位体

原子番号，すなわち，陽子数が同じでも中性子の数が異なるため，質量数が異なる原子どうしを**同位体（アイソトープ）**といい，多くの元素には何種類かの同位体が存在します。

たとえば，よく例に出されるものに**水素**と**重水素**があります。

水素の場合，原子核には陽子が１個しかありませんが，重水素には，陽子のほかに中性子も１個あります。

従って，水素の質量数は１で重水素の質量数は２となり，互いに同位体ということになります。

元素記号は，ともにＨになりますが，区別をするために，水素を $^{1}_{1}H$，重水素を $^{2}_{1}H$ という具合にして表します。

なお，同位体どうしは，質量数は異なっても**化学的性質は同じ**です。

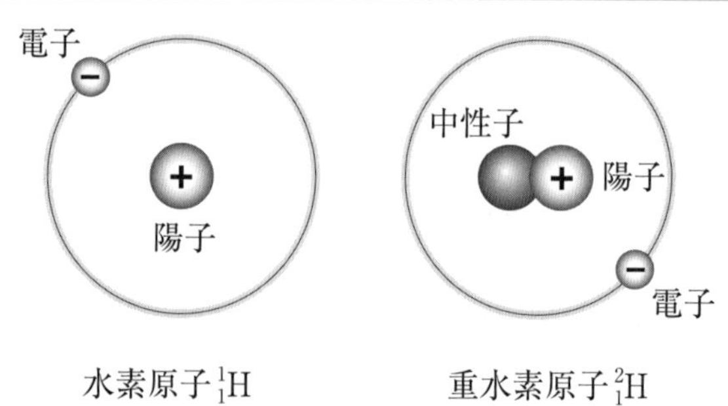

水素原子 $^{1}_{1}H$　　　重水素原子 $^{2}_{1}H$

3．原子の電子配置

①　電子殻

1の①では，原子の中心には**原子核**があり，その周囲を**電子**が回っている，と説明しましたが，もう少し詳しく説明すると，たとえば，ここに電子の数が18個の原子（アルゴン）が存在するとします。その18個の電子は，ただやみくもに，おのおのバラバラに原子の周りを回っているのではありません。

結論としていえば，下の図のように，原子核に近い空間にまず2個，その次の空間に8個，さらにその次の空間に残りの8個が入って運動をしています。

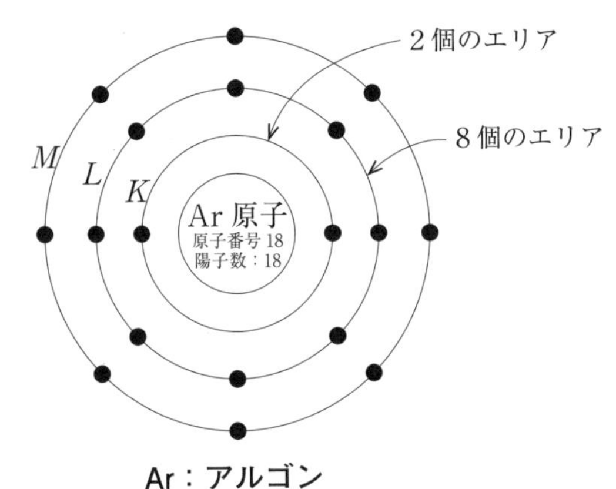

Ar：アルゴン

これは，原子核内の陽子には正の電荷があり，その静電気力の強い内側より収容されていくからで，このように，電子は原子核より近い空間から順に定められた数だけ入っていきます。

この空間の層を**電子殻**といい，原子核より近い内側より順に，**K殻**，**L殻**，**M殻**，**N殻**……と呼びます。

その電子殻ですが，各電子殻ごとに収容することができる数が決まっており，K殻には**2個**，L殻には**8個**，M殻には**18個**，N殻には**32個**……と収容することができます。

（ただし，原子番号が20番のCa（カルシウム）までは，最外殻電子の数は8個までしか入らないので，本来は18個まで入るM殻に8個入ると，次の電子はN殻に入っていきます。）

さて，原子核から1番目の電子殻に2個，2番目には8個，3番目には18個……ということは，n番目の電子殻に入ることができる電子の最大数は，**$2n^2$**という式で表すことができます。

②　電子配置

原子を原子番号の順に並べて，電子殻に入っている電子の数を下の表のように示したものを**電子配置**といいます。

表1　電子配置

原子番号	元素記号	元素名	電子殻				
			K	L	M	N	O
1	H	水素	**1**				
2	He	ヘリウム	2				
3	Li	リチウム	2	**1**			
4	Be	ベリリウム	2	**2**			
5	B	ホウ素	2	**3**			
6	C	炭素	2	**4**			
7	N	窒素	2	**5**			
8	O	酸素	2	**6**			
9	F	フッ素	2	**7**			
10	Ne	ネオン	2	8			
11	Na	ナトリウム	2	8	**1**		
12	Mg	マグネシウム	2	8	**2**		
13	Al	アルミニウム	2	8	**3**		
14	Si	ケイ素	2	8	**4**		
15	P	リン	2	8	**5**		

表の太字の数字は一番外側にある電子で，**最外殻電子**といい，原子からの引力が弱いので，原子がイオンになったり，あるいは，他の原子と結合する際に重要な働きをする電子ということで，特に**価電子**と呼びます。

元素の化学的性質は，この**価電子の数**によって決まります。

その最外殻電子ですが，表の2のヘリウムまたは10のネオンのところを見てください。

これらのヘリウムやネオンなどは，**希ガス元素**と呼ばれますが，その最外殻電子が電子殻の定員どおりに入っているのがわかると思います。

そのため，他の原子と反応することはほとんどなく，逆にいうと，1つの原子のままで存在する**安定した元素**である，ということがいえます。

（前ページの表のHeとNeの電子殻の数字のところが太字になっていないのは，以上の理由から，最外殻電子が他の原子と反応を起こさないので，「価電子」とは呼ばないためです。⇒**希ガス元素に価電子は無い**）

③　元素の周期表

a. 族と周期

前ページの表1を見ると，一番右側にある価電子の数が規則的に変化しているのがわかります。

その数が同じものどうしは化学的性質が似ています。

このように，元素を原子番号順に並べると，化学的性質がよく似た元素が周期的に現れる性質を元素の**周期律**といいます。

そこで，巻末資料の元素の周期表を見てください。

この表は，元素を原子番号順に横に並べていき，かつ，先ほどの周期律を利用して，化学的性質がよく似た元素が縦に並ぶように配列したもので，大きく飛んだりしているのは，電子配置を考慮した結果です。

この化学的性質がよく似た元素の縦の列を**族**，また，その元素どうしを**同族元素**と呼び，左から順に1族，2族，3族……と数えていきます。

一方，横の列は，**周期**と呼び，電子殻の数が1個のもの，すなわち，K殻だけのものを第1周期，K殻とL殻の2個のものを第2周期，K殻，L殻，M殻の3個のものを第3周期といいます。

b. 特徴的な同族元素

同族元素のなかには，次のように，特別な名称で呼ばれるものがあります。

アルカリ金属	**1族の元素（ただし，Hは除く） 陽性の元素で，単体は反応性に富んでいる。**
アルカリ土類金属	**2族の元素（ただし，Be，Mgは除く） 陽性の元素で，単体の反応性はアルカリ金属よりやや弱い。**
ハロゲン	**17族の元素 陰性の元素で，単体は反応性に富んでいる。**
希ガス元素	**18族の元素 常温では気体で，化学的に安定した元素である。**

c. 金属元素と非金属元素

元素には，周期表からもわかるように，**金属元素**と**非金属元素**があります。

金属元素	**金**，**銀**，**銅**などの元素のことで，巻末資料の周期表を見ていただければすぐにわかるように，その大部分がこの金属元素となっています。 　この金属元素は，電子を放出しやすく**陽イオン**になろうとする傾向があります（**⇒陽性が強い**）。
非金属元素	水素や酸素，窒素などの元素のことで，周期表の右上に集まっています。 　この非金属元素は，金属元素とは逆に電子を受け取って**陰イオン**になろうとする傾向があります（⇒**陰性が強い**）。

d．典型元素と遷移元素

・**典型元素：**

K殻やL殻などの電子殻において，内側から順番に（最大8個まで）電子が入っていく元素で，基本のルールどおり入っていくという意味で“典型”元素といいます。

周期表では，両側にある1族，2族と12～18族の元素がこれに該当し，族を表す数値の1の位の数値は最外殻電子数を表しています（18族のヘリウムは除く）。

この典型元素には，**金属元素**と**非金属元素**があります。

・**遷移元素：**

遷移という言葉には“移り変わる”という意味があるのですが，この遷移元素はその言葉どおり，不規則な順番で電子が入っていきます。

たとえば，原子番号20のカルシウム（典型元素）は，M殻には既に8個の電子が入っているため，最外殻電子はN殻に存在していますが，原子番号21のスカンジウム（遷移元素）の場合，新たな電子は順番通りとなるN殻には入らず，それより内側のM殻に入っていきます。

周期表では，3～11族の元素が該当し，全て**金属元素**になります。

（2）分子

物質を限りなく細くしていくと，**原子**という小さな粒子になる，と（1）では説明しましたが，その粒子はあくまでも，その物質を構成する最も基本的な成分というだけで，その物質の性質を持っているかといえば，そうではありません。

たとえば，酸素は通常，酸素原子Oが2個結合したO_2という状態で存在しますが，Oが1個の原子の状態では，物質としての酸素の性状は示しません。O_2という状態ではじめてその物質の性質を示します。

このように，いくつかの原子が結合して，物質としての性質を示す最小の粒子となったものを**分子**といいます。

その場合，酸素のように，同じ原子どうしが結合した分子もあれば，水のように，酸素原子１個と水素原子２個という，異なる原子どうしが結合した分子もあります。

（注：例外として，不活性ガスと呼ばれるヘリウム He やネオン Ne などは，１つの原子で分子として存在しており，これらを**単原子分子**といいます）

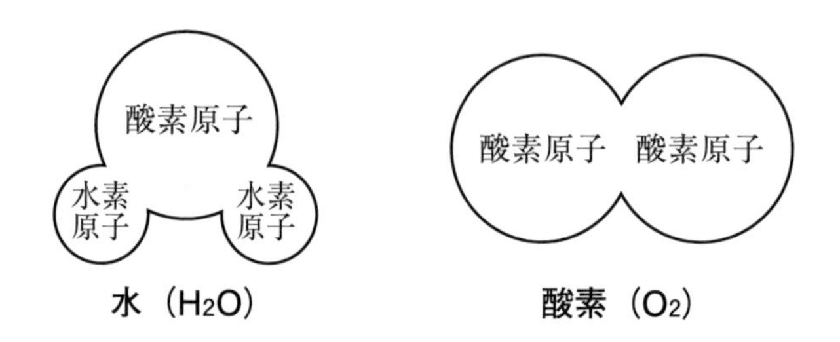

水（H_2O）　　**酸素（O_2）**

（３）イオン

１．イオンとは

P 87（１）の原子の構造では，原子は電気的に中性である，と言いましたが，何らかの原因で最外殻にある**電子を失う**と，原子としては**正の電荷**を持つようになります（⇒正の電気を帯びる）。

これは，中性である原子が負（マイナス）の電荷を持った電子を失うことによって，逆に正（プラス）の電荷となるためです。

一方，何らかの原因で**電子を得る**と，原子としては**負の電荷**を持つようになります。

これは，原子が負（マイナス）の電荷を持った電子を得たことによるためです。

このように，電荷をもった原子（または原子団）を**イオン**といい，電子を失って正の電荷を持った原子を**陽イオン**，電子を得て負の電荷を持った原子を**陰イオン**といいます。

2．イオンの価数と表し方

1の下線部において，失った電子の数，あるいは得た電子の数を**イオンの価数**といいます。

たとえば，電子を1個失った原子を**1価の陽イオン**，電子を1個得た原子を**1価の陰イオン**……という具合に表します。

また，イオンを表す際は，元素記号の右上にイオンの価数と正の電荷ならそのあとに**＋**，負の電荷なら**－**の符号を付します（これをイオン式という）。

たとえば，1個の価電子を失ったナトリウム原子の場合なら，Na^{+}（1個の場合はNa^{1+}などのような1の数値は付さない），2個の電子を得た酸素原子の場合ならO^{2-}，という具合です。

なお，イオンには，硫酸イオン（SO_4^{2-}）などのように，原子団（一定の結合で結ばれた原子の集団）が電荷を持った多原子イオンもあります。

3．イオンの生成

P 92の②では，ヘリウムやネオンなどの希ガス元素は安定した元素である，と言いましたが，原子は，その原子の原子番号に最も近い希ガス元素の原子と同じ電子配置をとって**安定した状態**になろうとする傾向があります。

たとえば，P 92，表1の電子配置を見てください。

原子番号11のナトリウムと原子番号12のマグネシウムの場合，それらに最も近い希ガス元素はネオンになります。

この表を見てもわかるように，ナトリウムのM殻にある電子1個を放出するとネオンと同じ電子配置になるので，Na^{+}になりやすく，また，同じく，原子番号12のマグネシウムも，電子2個を放出して，Mg^{2+}になりやすくなります（次図参照）。

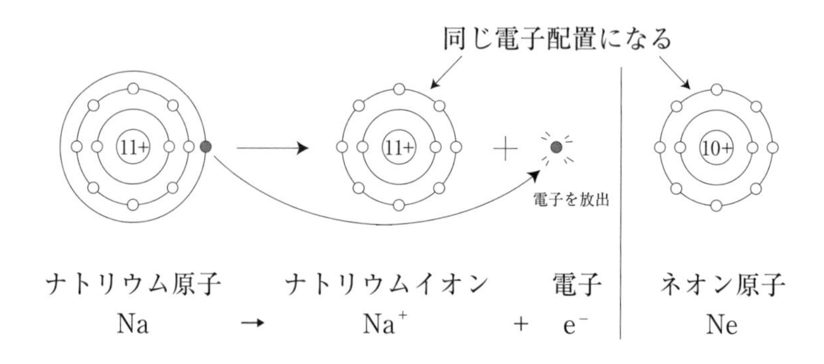

このように，価電子の少ない原子は，その価電子を放出して陽イオンになろうとする性質があり，このような原子の性質を**陽性である**，といいます（⇒ P 94の C の金属元素参照）。

一方，巻末の周期表より，塩素原子の場合，電子 1 個を外部から得れば希ガス元素であるアルゴンと同じ電子配置になるので Cl^-になりやすく，また，酸素原子は，2 個を外部から得ればネオンと同じ電子配置になるので，O^{2-}になりやすくなります（下図参照）。

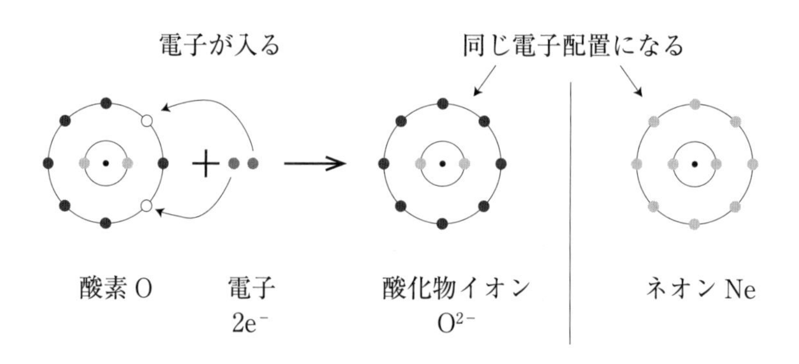

このように，価電子の多い原子は，電子を得て陰イオンになろうとする性質があり，このような原子の性質を**陰性である**，といいます（⇒ P 94の C の非金属元素参照）。

問題演習　2－1．物質を構成するもの

【問題1】

原子に関する次の記述のうち，誤っているものはどれか。

(1)　原子の中心には原子核があり，その周囲を電子が運動している。
(2)　原子核は，正の電荷をもつ陽子と電荷をもたない中性子から構成されている。
(3)　原子核全体としては負（－）の電気を帯びている。
(4)　原子全体としては，電気的に中性である。
(5)　原子の質量は，ほぼ原子核の質量に等しい。

解説

(1)，(2)　正しい。
(3)　(2)より，原子核には，**正の電荷をもつ陽子**と**電荷をもたない中性子**があるので，(3)の原子核全体としては，**正（＋）の電気**を帯びていることになります。
(4)　原子核全体は正（＋）の電気を帯びていて，そのまわりを負（－）の電荷を帯びている電子が運動しているので，原子全体としては，電気的に**中性**ということになります。
(5)　電子の質量は，原子核を構成する陽子や中性子の質量に比べてはるかに小さいので，原子全体の質量としては，ほぼ原子核の質量に等しくなります。

【問題2】

原子について，次のうち誤っているものはどれか。

(1)　元素の原子核に含まれる陽子の数を原子番号という。
(2)　陽子の数と電子の数は等しい。
(3)　原子番号は等しいが，中性子の数が異なるため，質量数が異なる原子どうしを同位体（アイソトープ）という。
(4)　同じ元素からなる単体でも性質が異なる物質どうしを同素体という。
(5)　同位体の化学的性質は同じではない。

解　答

解答は次ページの下欄にあります。

解説

⑷　1種類の元素のみからなる物質を単体といいますが，同じ元素からなっていても性質が異なる物質どうしを**同素体**といいます。

⑸　たとえば，原子核が1個の陽子と1個の中性子からなる**重水素**と1個の陽子のみからなる**水素**は互いに同位体ですが，**化学的性質は同じ**です。

【問題3】

次の物質中，互いに同素体でないものはどれか。

（A）　酸素とオゾン
（B）　水素と重水素
（C）　エタノールとジメチルエーテル
（D）　黄りんと赤りん
（E）　黒鉛とダイヤモンド

⑴　AとB　　⑵　AとC
⑶　BとC　　⑷　BとD
⑸　CとE

解説

（B）の水素と重水素は，**同位体**であり，また，（C）のエタノールとジメチルエーテルは**異性体**です（異性体については，のちほど詳しく学習します）。

【問題4】

質量数を求める式として，次のうち正しいものはどれか。

⑴　陽子数＋電子数
⑵　電子数＋中性子数
⑶　原子量＋電子数
⑷　陽子数＋中性子数
⑸　原子量＋陽子数＋中性子数

解説

原子の質量数は，**陽子の数と中性子の数の和**になります。

解　答

【問題1】　⑶　　**【問題2】**　⑸

たとえば，ヘリウム原子の場合，その原子核には，陽子が 2 個と中性子が 2 個あるので，質量数は 4 ということになります。

【問題 5】

原子の電子配置等に関する次の記述のうち，誤っているものはどれか。

⑴ 最外殻電子は，他の原子と結合する際に重要な働きをする電子ということから，特に価電子と呼ばれている。

⑵ 元素の化学的性質は，価電子数によって決まる。

⑶ 化学的性質がよく似た元素が周期的に現れる性質を元素の周期律という。

⑷ 電子殻のうち，K 殻には 2 個，L 殻には 6 個，M 殻には12個の電子を収容することができる。

⑸ 元素のうち，金属元素は陽性が強く，電子を放出しやすい。

解説

電子殻に収容することができる電子の数は，**K 殻に 2 個，L 殻に 8 個，M 殻には18個**になります。

たとえば，ナトリウム原子の場合，原子番号が11なので，K 殻に 2 個，L 殻に 8 個の電子が入り，M 殻には最後の 1 個が入ることになります。

【問題 6】

元素の周期表に関する次の記述のうち，誤っているものはどれか。

⑴ 周期表の縦の列を族，その元素どうしを同族元素といい，表の左から順に 1 族， 2 族， 3 族……という具合に数えていく。

⑵ 1 族の元素（ただし，水素は除く）をアルカリ金属といい，陽性の元素で，単体は反応性に富んでいる。

⑶ 2 族の元素（ただし，ベリリウム，マグネシウムは除く）をアルカリ土類金属といい， 1 族同様，陽性の元素であるが，単体の反応性はアルカリ金属よりやや弱い。

⑷ 17族の元素をハロゲンといい，陰性の元素で，単体は反応性に富んでいる。

解 答

【問題 3】 ⑶　　**【問題 4】** ⑷

⑸　18族の元素を希ガス元素といい，常温では気体で，化学的に不安定な元素である。

解説

ヘリウムやネオン，アルゴンなどの希ガス元素の最外殻電子数は8個で，これらの電子は化学結合にはあずからない電子であり，そのため，化学的にはきわめて**安定した元素**になります。

【問題7】

分子およびイオンに関する次の記述のうち，誤っているものはどれか。

⑴　ヘリウムHeやネオンNeなどは，1つの原子で分子として存在しており，これらを単原子分子という。

⑵　電子を失って正の電荷を持った原子を陽イオンという。

⑶　電子を得て負の電荷を持った原子を陰イオンという。

⑷　電子を1個失った原子を1価の陰イオンという。

⑸　原子が陽イオンまたは陰イオンになろうとするとき，その原子番号に最も近い希ガス元素の原子と同じ電子配置になろうとする傾向がある。

解説

⑷　電子を1個失った原子は，1価の**陽イオン**になります。

⑸　たとえば，P92の表1より，ナトリウムから電子1個を放出すると，希ガス元素であるネオンと同じ電子配置になるので，電子1個を放出してNa^{+}となります。

一方，原子番号8の酸素の場合は，電子2個を得るとネオンと同じ電子配置になるので，電子2個を取り入れて，O^{2-}となります。

【問題8】

原子の構造等について，次のうち誤っているものはどれか。

⑴　原子核の質量は，それを構成する陽子や中性子などの核子の質量の総和より小さい。

⑵　原子の中心は正電荷を帯びているため，α粒子が原子核の近くを通過するとき，進路が大きく曲げられる。

解　答

【問題5】　⑷

⑶　中性子数が等しく陽子の数が異なる原子を互いに同位体といい，化学的性質は同じである。
⑷　陽子は水素の原子核であって，プラスの電荷をもつ粒子であり，中性子より質量がわずかに小さい。
⑸　ボーアによれば，原子核の周囲の電子の軌道の大きさは任意のものではなく，あるとびとびの値だけが許される。

解説

この問題は，過去問題であり，原子についての深い知識がないと，理解できない内容がほとんどで，戸惑うかも知れませんが，結果からいうと，同位体の内容を知っていれば解答できる問題であり，⑶以外は参考程度に目を通すだけでよいでしょう。

⑴　正しい（陽子や中性子の質量の一部が，それらが結合するためのエネルギーに変換することにより「陽子＋中性子」の質量が減少する ⇒ 質量欠損という）。
⑵　正しい（α 粒子とは，放射線のひとつ α 線のことで，陽子 2 個，中性子 2 個から成る，プラスの電荷を持つヘリウム原子核のこと）
⑶　陽子数と中性子が逆になっています。
　同位体（アイソトープ）は，**陽子数が等しく中性子数が異なる**原子どうしのことをいいます。
⑷　正しい。
⑸　正しい（ボーア：1885－1962。デンマークの理論物理学者。）

解　答

【問題 6】 ⑸　　【問題 7】 ⑷　　【問題 8】 ⑶

化学結合

ダイヤモンドのように非常に固い物質にしろ，あるいは，水のような液体にしろ，物質が成り立つためには，その物質を構成する原子やイオンなどの粒子が結びつかないと，当然ながら存在することはできません。

その粒子どうしの結合方法には，**イオン結合**，**共有結合**，**金属結合**の３通りがあります。

（１）イオン結合

１．イオン結合とは

陽性の強い**金属元素**と陰性の強い**非金属元素**（⇒Ｐ97の３．イオンの生成参照）の結合で，陽性の強い金属元素から陰性の強い非金属元素に価電子を放出することによって，それぞれ陽イオンと陰イオンとなり，そのイオン間に働く静電気力（クーロン力）により結合をします。

金属元素と**非金属元素**　⇒　すべて**イオン結合**

たとえば，次ページの図のように，塩化ナトリウム（NaCl）におけるイオン結合は，ナトリウム（Na）の価電子が塩素（Cl）の最外殻電子が１つ足りない部分に入ることにより，それぞれナトリウムイオン（Na^+）と塩化物イオン（Cl^-）になります。

そのナトリウムイオン（Na^+）の正の電荷と塩化物イオン（Cl^-）の負の電荷が引き合う力（**静電気力**）によってイオンどうしが結合し，それらが規則正しく整列することによって，結晶ができあがるわけです。

イオン結合　⇒　陽イオンと陰イオン間に働く**静電気力**による結合

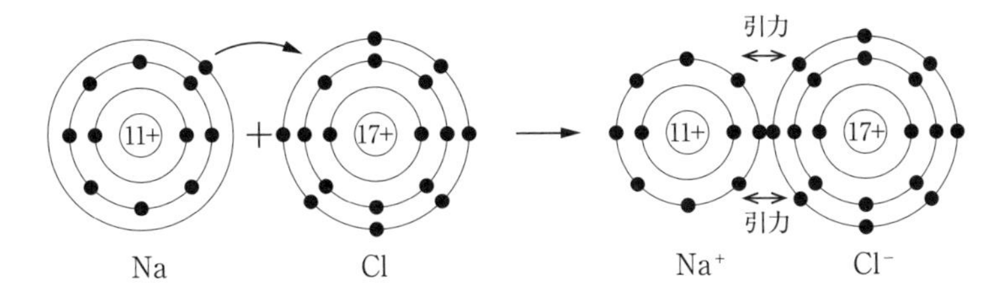

（注：イオン結合でも，NH_4Cl（塩化アンモニウム）だけは例外で，非金属元素と非金属元素の結合になります。この場合，NH_4^+の陽性が強いので，金属イオンの働きをするわけです。）

2．イオン結晶

多数の陽イオンと陰イオンが静電気力で引き合って，規則正しく配列した固体を**イオン結晶**といいます。

このイオン結晶の**結合力は強く**，それを引き離すエネルギーも多く必要となるので，**融点**，**沸点も高く**なります。

また，常温（20℃）では，固体ですが，一般に**水に溶けやすく**，その際，陽イオン，陰イオンが離れて動き出すので，電気をよく導きます（**電解質**である）。

3．イオン結合の表示法

KCl（塩化カリウム）のように，**陽イオンを先に，陰イオンを後に書き**，読む場合は，塩化カリウムのように，**陰イオンを先に，陽イオンを後に読み**ます。

なお，イオン結合の物質には，特定の分子がないので，KClのように，その物質を構成している元素の原子数を最も簡単な比で表した**組成式**で表します。

その場合，イオン全体の電荷が0になるようにして組成式を作ります。

例） KCl⇒（＋1）＋（－1）＝0

（2） 共有結合

1．共有結合とは

金属と非金属元素の結合はイオン結合でしたが，非金属どうしの結合がこの**共有結合**になります。

非金属どうしの結合　⇒　**共有結合**

この共有結合というのは，下図のように，同じ数の最外殻電子（価電子）を共有することによって2つの原子が結びつく結合で，共有する価電子のペアを**共有電子対**といいます。

なぜ，最外殻電子（価電子）を共有することまでして原子が結合するかというと，原子は希ガス元素の電子配置，すなわち，**最外殻電子が8個（水素の場合は2個）**になって安定した状態になろうとするからです。

たとえば，下図の水素と酸素の結合では，水素は希ガス元素のヘリウムと同じ電子配置を取るためには，もう1個の電子が必要です。

一方，酸素の最外殻電子は6個なので，ネオンと同じ8個になるためには，もう2個の電子が必要になります。

従って，2個の水素原子がそれぞれの1個の電子を酸素と共有し，酸素の方も1個ずつ電子を水素と共有すれば，それぞれの最外殻電子が2個と8個の安定した配置になります。

この結合により，水分子（H_2O）が形成されるわけです。

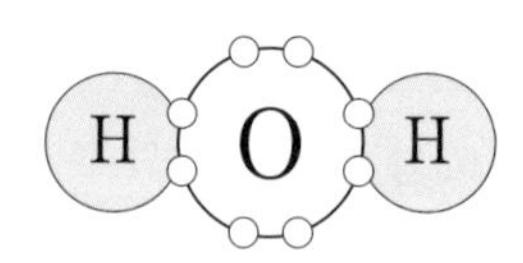

つまり，共有電子対の2個の電子は，水素のものでもあり，酸素のものでもあるので，**共有**結合となるわけです。

2．電子式で表した共有結合

最外殻電子を「・」で表した化学式を**電子式**といいます。

上の水分子の結合をこの電子式で表すと，次のようになります。

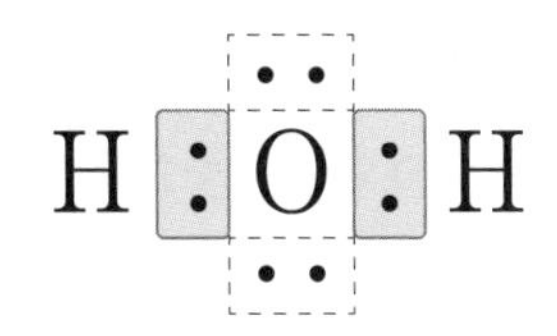

[・・] 共有電子対　[・・] 非共有電子対

1で説明した共有電子対は，図の 青色 で囲んだ電子対で，それ以外の上下にある電子のペアは結合に関与しない電子対で，このような電子対を**非共有電子対**といいます。

3．価標で表した共有結合

共有電子対を，下図のように1本の線で表したものを**価標**といい，その価標を用いて表した化学式を**構造式**といいます。

$$H-O-H$$

この場合，非共有電子対は価標を用いて表す必要はありません。

4．二重結合について

水分子における水素と酸素の結合は，1組の共有電子対による結合なので，このような結合を**単結合**（一重結合）といい，1本の価標を用いて表します。一方，酸素分子の場合は，状況が少し異なります。

というのは，酸素原子の最外殻であるL殻の電子配置は下図のようになります。

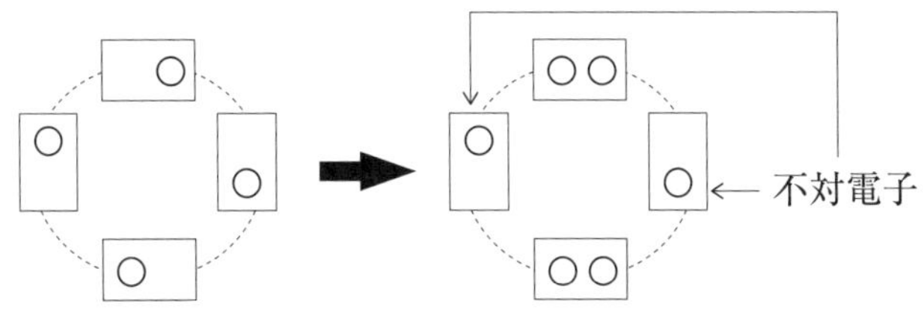

まず、1個ずつ入る

つまり，2個ずつのペアで4つの部屋に収まるようになっています。

この場合，まず，4つの部屋に1個ずつ入り，そのあとに1個ずつ収まるので，2つの部屋に1個ずつの空きができます。

このような空きがある，ペアでない電子対が不対電子であり，その空きを埋めようとして，この2個の不対電子が別の酸素原子の不対電子と2個の共有電子対を形成して結合するのを**二重結合**といいます。

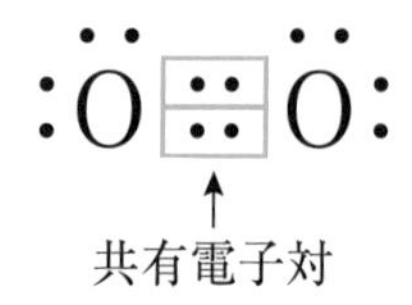

図では，共有電子対の電子4個がそれぞれペアになっているかのように表示されていますが，上の図より，各1個ずつは不対電子であることを確認しておいてください。

5．三重結合について

窒素分子（N_2）の場合，5個ある価電子のうち，3個が不対電子になります。従って，下図のように，それぞれ3個の不対電子どうしが3つの共有電子対を形成して，ネオンと同じ電子配置になろうとして結合をします。

このような結合を**三重結合**といいます。

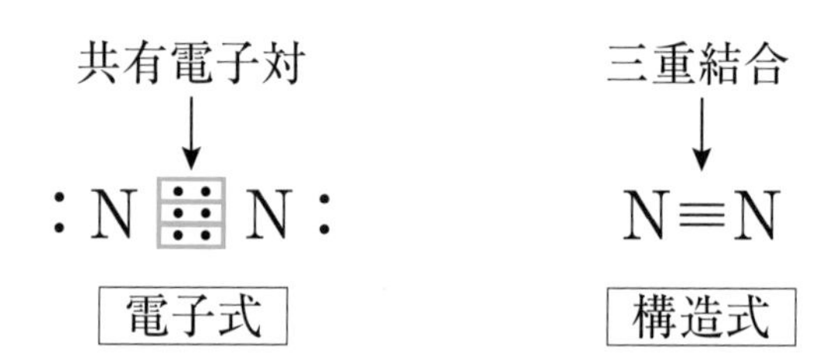

（3） 金属結合

1．金属結合とは

ナトリウムなどの金属元素は，イオン化エネルギーが小さいため，価電子が原子から離れやすくなり，その価電子が原子間を自由に動きまわっています。このような価電子を**自由電子**といいます。

つまり，共有結合の場合は，電子が特定の原子に共有されているのに対し，金属結合の場合は，そのような制限はなく，金属原子間を自由に動き回っています。

この金属原子間を自由に動き回っている自由電子と金属の陽イオンとのクーロン力による結合を**金属結合**といいます。

2．自由電子と金属結合

金属を引き伸ばすことを延性といいますが，このようなことができるのは，自由電子による結合には**方向性がない**ため，原子の配列がずれても結合を維持できるからです。

また，金属が電気をよく通すのは，この自由電子が金属原子間を自由に動き回れるからです（電子の流れが電流になる）。

以上，結合について，説明してきましたが，まとめると次のようになります。

イオン結合：陽性の**金属元素**から陰性の**非金属元素**に価電子を放出して陽イオン，陰イオンとなり，そのクーロン力によって結合する。

共有結合：**非金属元素どうし**が互いの価電子を共有することによって結合する。

金属結合：**金属元素どうし**が近づいたとき，それぞれの価電子が原子間を自由に動きまわり，その自由電子と金属の陽イオンとのクーロン力によって結合する。

(4) 結晶について

粒子（原子，分子，イオン）が規則正しく並んでいる固体を**結晶**といい，次の４種類があります。

1．イオン結晶

イオン結合（金属と非金属の結合）による結晶で，金属と非金属の結晶であれば，すべてこのイオン結晶になります。

その特徴としては，結合力が強いので，一般に**固く**，**融点**，**沸点も高い**のですが，自由電子がないので，固体の状態では**電気は通しません**。

しかし，融解したり，水に溶かすと，陽イオン，陰イオンが自由に動けるようになるので，電気を通すようになります。

（注：融解とは，氷が熱によって水になるように，熱によって液体になることをいい，水に溶かす方は，塩を水に溶かして塩水になるように，水溶液になることをいいます。）

例：塩化ナトリウム，酸化カルシウム

2．分子結晶

分子からなる物質には，水素（H_2）や水（H_2O）などがありますが，

それらの原子どうしは**共有結合**によって結合して分子を形成しています。

その分子どうしが**ファンデルワールス力**（分子間に働く弱い力）によって規則正しく配列してできた結晶を**分子結晶**といいます。

その特徴としては，ファンデルワールス力が弱いので，一般に融点が低くて柔らかく，また，電気は通さず，昇華性を示すものがあります。

例）水，メタン，二酸化炭素

3．金属結晶

金属結合による結晶で，電気や熱をよく通し，延性，展性（広げること）があります。

例）鉄，ナトリウム，銅…などの金属単体

4．共有結合の結晶

多数の非金属原子が**共有結合**によって結合したもので，共有結合の結合力は非常に強いため**融点が非常に高く**，また，極めて**硬い結晶**ですが，**電気は通しません**。

例）ダイヤモンド，ケイ素（シリコン）など少数しかない。

問題演習　2－2．化学結合

【問題１】

イオン結合について，次のうち誤っているものはどれか。

⑴　金属元素と非金属元素の結合である。

⑵　イオン間に働く静電気力（クーロン力）により結合している。

⑶　イオン結合によって多数の陽イオンと陰イオンが規則正しく配列した固体をイオン結晶という。

⑷　一般に，イオン結晶の融点や沸点は低い。

⑸　水に溶けるものは，電気を通しやすい。

解説

⑴　イオン結合は，陽性の強い**金属元素**と陰性の強い**非金属元素**の結合なので，正しい。

⑵　イオン結合は，陽性の強い**金属元素**から陰性の強い**非金属元素**に価電子を放出して陽イオンと陰イオンとなり，そのイオン間に働く**静電気力（クーロン力）**により結合しているので，正しい。

⑶　正しい。

⑷　誤り。

イオン結晶の結合力は強く，それを引き離すエネルギーも多く必要なので，**融点，沸点も高く**なります。

⑸　正しい。

【問題２】

次の物質のうち，イオン結合でないものはどれか。

⑴　KCl

⑵　$MgCl_2$

⑶　CaO

⑷　CCl_4

⑸　$NaOH$

解　答

解答は次ページの下欄にあります。

解説

イオン結合は，**金属元素**と**非金属元素**の結合なので，それ以外のものを探します。

⑴　K（カリウム）は**金属元素**，Cl（塩素）は**非金属元素**なので，○。

⑵　Mg（マグネシウム）は**金属元素**，Cl（塩素）は**非金属元素**なので，○。

⑶　Ca（カルシウム）は金属元素，O は非金属元素なので，○。

⑷　C（炭素）は**非金属元素**，Cl（塩素）も**非金属元素**なので，共有結合となり，×。なお，CCl_4は四塩化炭素（しえんか）です。

⑸　Na（ナトリウム）は**金属元素**，O，H は**非金属元素**なので，○。

【問題３】

共有結合に関する次の文中の（　）内に当てはまる語句として，適当なものはどれか。

「電子は１つの電子軌道（電子が原子核のまわりを運動する軌道）に２個まで入ることができるが，２個入っている電子の対（ペア）を電子対，１個だけで対になっていない電子を（A）という。

水素原子の場合，電子殻（K 殻）に電子が１個しかないので，この電子は（A）である。

しかし，２個の水素原子が近づくと，両者の電子殻（K 殻）が一部重なり，それぞれの価電子がお互いの原子に共有されて，それぞれの水素原子はヘリウム原子と同じ電子配置になって結合する。

このときの電子対を（B）という。

このように，陰性である非金属元素どうしが近づいたとき，互いの電子を共有することによって，希ガス元素（この場合はヘリウム）と同じ安定した電子配置をとろうとする結合の仕方を（C）という。」

	（A）	（B）	（C）
⑴	単電子	対電子	イオン結合
⑵	不対電子	共有電子対	共有結合
⑶	単電子	共有電子対	金属結合
⑷	不対電子	対電子	対結合

解　答

【問題１】　⑷　　**【問題２】**　⑷

解説

正解は次のようになります。

「電子は1つの電子軌道（電子が原子核のまわりを運動する軌道）に2個まで入ることができるが，2個入っている電子の対（ペア）を電子対，1個だけで対になっていない電子を**不対電子**という。

水素原子の場合，電子殻（K殻）に電子が1個しかないので，この電子は不対電子である。

しかし，2個の水素原子が近づくと，両者の電子殻（K殻）が一部重なり，それぞれの価電子がお互いの原子に共有されて，それぞれの水素原子はヘリウム原子と同じ電子配置になって結合する。

このときの電子対を**共有電子対**という。

このように，陰性である非金属元素どうしが近づいたとき，互いの電子を共有することによって，希ガス元素（この場合はヘリウム）と同じ安定した電子配置をとろうとする結合の仕方を**共有結合**という。」

（注：この問題3と次の問題4は選択肢が⑷までしかありません）

【問題4】

共有結合に関する次の記述のうち，誤っているものはどれか。

⑴　2個の原子が1組の共有電子対によって結合しているとき，この結合を単結合という。

⑵　2個の原子が2組の共有電子対によって結合しているとき，この結合を二重結合という。

⑶　2個の原子が3組の共有電子対によって結合しているとき，この結合を三重結合という。

⑷　2個の原子によって共有されている電子対は共有電子対であるが，共有されていない電子対は不対電子という。

解説

2個の原子によって共有されていない電子対は**非共有電子対**です（不対電子は，対になっていない1個だけの電子のことをいいます）。

解　答

【問題3】　⑵

【問題５】

次の物質のなかで，共有結合のものはいくつあるか。

「アンモニア，塩化ナトリウム，二酸化炭素，メタノール，塩化カルシウム，黒鉛」

(1) なし　(2) １つ　(3) ２つ　(4) ３つ　(5) ４つ

解説

共有結合は**非金属どうしの結合**なので，金属と非金属の結合である**塩化ナトリウム**と**塩化カルシウム**のみ除外になります（両者とも**イオン結合**）。

アンモニアは**窒素**と**水素**，二酸化炭素は**炭素**と**酸素**，メタノールは**炭素**と**水素**，酸素，黒鉛は**炭素どうし**の**共有結合**から成っています。

【問題６】

次の文中の（　）内に当てはまる語句として，適当なものはどれか。

「金属結合は，金属原子と（Ａ）の結合で，原子間を自由に動きまわる自由電子（価電子）と（Ｂ）との間に働く静電気力（クーロン力）によって結合している。」

	（Ａ）	（Ｂ）
(1)	非金属原子	原子核
(2)	金属原子	金属陰イオン
(3)	非金属原子	中性子
(4)	金属原子	金属陽イオン
(5)	非金属原子	金属陽イオン

解説

正解は次のようになります。

「金属結合は，金属原子と**金属原子**の結合で，原子間を自由に動きまわる自由電子（価電子）と**金属陽イオン**との間に働く静電気力（クーロン力）によって結合している。」

解　答

【問題４】 (4)

【問題7】

次の物質のうち，イオン結晶どうしの組合せはどれか。

「メタン，カリウム，二酸化炭素，塩化ナトリウム，アルミニウム，酸化カルシウム」

(1)　塩化ナトリウム，メタン
(2)　アルミニウム，酸化カルシウム
(3)　二酸化炭素，カリウム
(4)　塩化ナトリウム，酸化カルシウム
(5)　カリウム，メタン

解説

問題の物質をイオン結晶，分子結晶，金属結晶の別に分類すると，次のようになります。

イオン結晶：塩化ナトリウム，酸化カルシウム
分子結晶　：メタン，二酸化炭素
金属結晶　：カリウム，アルミニウム

従って，イオン結晶どうしの組合せは，(4)の塩化ナトリウムと酸化カルシウムになります。

【問題8】

化学結合および分子間力について，次のA～Dのうち，正しいものはいくつあるか。

A　共有結合……………………2個の原子間で電子の対をつくり，それを共有することによって結合する。
B　イオン結合…………………陽イオンと陰イオンとが静電気的に引き合うことによって結合する。
C　金属結合……………………自由電子による原子間の結合
D　ファンデルワールス力……分子間に働く引力

(1)　なし　　(2)　1つ　　(3)　2つ　　(4)　3つ　　(5)　4つ

解　答

【問題5】　(5)　　　　**【問題6】**　(4)

解説

この問題も過去問題です。

A　共有結合は，2個の原子間で互いに電子を共有して**電子対**をつくり，安定化しようとして結合することをいうので，正しい。

B　イオン結合は，陽イオンと陰イオン間に働く**静電気力（クーロン力）**によって引き合うことによる結合なので，正しい。

C　金属結合は，金属原子間を自由に動き回る**自由電子**による結合のことをいうので，正しい。

D　ファンデルワールス力は，**分子間に働く**（弱い）**引力**のことをいうので，正しい。

従って，正しいのは，4つということになります。

解　答

【問題7】 (4)　　**【問題8】** (5)

3　物質の種類

(1) 純物質と混合物

第1章では，物質を構成するものを考えました。つまり，物質を細くして，その構成粒子を確認したわけですが，今度は，その物質を構成されている状態で分類してみると，まず，**純物質**と**混合物**に分けられます。

純物質というのは，それ以上，他の物質に分離することができない単一の物質からなるもので，混合物はいくつかの物質に分離できる物質のことをいいます。

たとえば，海水は，水のほか，塩化ナトリウムや塩化マグネシウムなどが単に混ざった**混合物**ですが，その構成物質である水は，それ以上**分離**することができないので，**純物質**となります（この「分離」に注意）。

(2) 単体と化合物

純物質である水は，確かに普通の方法では分離できませんが，化学的な方法を使うと**水素**と**酸素**という物質に分けることができます。

つまり，**分解**はすることができるわけで，このように，2種類以上の物質（元素）に**分解**することができる純物質を**化合物**といいます。

逆にいうと，**2種類以上の元素が結合した物質が化合物**である，ということもできます。

また，水を分解して得た水素と酸素は，1種類の元素からできており，もうこれ以上は分解できません。このような物質を**単体**といいます。この単体には，**同素体**，化合物には**異性体**というものがありますが，詳しくは，次の（3）のまとめで説明いたします。

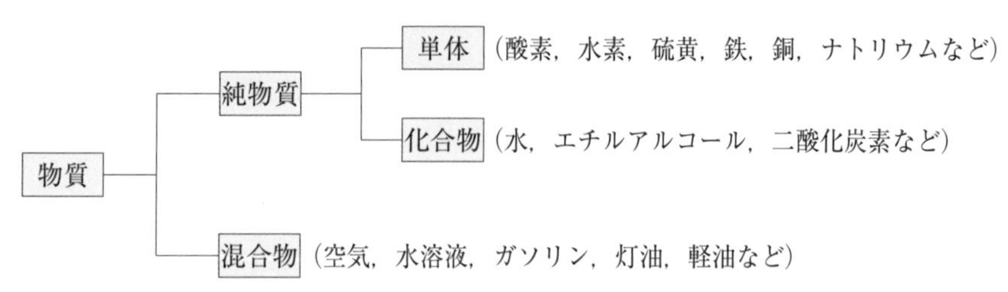

（3）まとめ

1．物質の種類

物質には，**純物質**と**混合物**があり，また，純物質には，**単体**と**化合物**がある。

2．単体

単に**1種類の元素のみ**からなる物質のこと。

〔同素体〕

ダイヤモンドと黒鉛を構成している粒子を調べると，ともに炭素しかないので，単体というのがわかります。

同じ炭素のみから成り立っているので，両者は同じ性質かというと，ずいぶん異なります。

このように，同じ元素からなる単体でも性質が異なる物質どうしを**同素体**といいます。

なお，すでに学習した同位体とは，混同しやすいので，注意してください（⇒ P 90，③）。

◆ 主な同素体

① **硫黄（S）**
- 斜方硫黄　・単斜硫黄　・ゴム状硫黄

② **炭素（C）**
- ダイヤモンド　・黒鉛

③ **酸素（O）**
- 酸素　・オゾン

④ **りん（P）**
- 赤りん　・黄りん

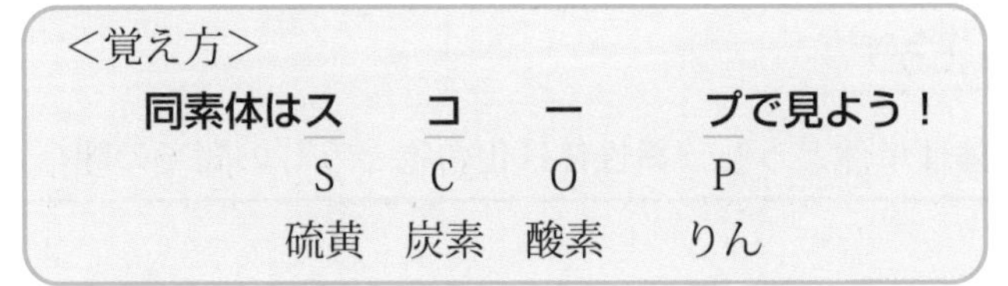

〔**同位体**〕

陽子の数と電子の数が同じで，中性子の数が異なる原子どうしのこと。

3．化合物

２種類以上の物質に**分解**することができる物質，または，２種類以上の元素が結合してできた物質。

〔**異性体**〕

この異性体については，のちほど学習する有機化合物のところでもう一度学習しますので，ここでは，目を通す程度でかまいません。

さて，その**異性体**ですが，**分子式**が同じ化合物であっても分子の構造が異なるためにその性質まで異なる物質どうしをいいます。

この異性体には，次のように構造異性体や立体異性体などがあります。

a.　構造異性体：

図のように，分子式が同じでも炭素原子の骨格が異なっているものを構造異性体といいます。

〔例〕　C_2H_6O

```
      H   H              H       H
      |   |              |       |
  H - C - C - OH     H - C - O - C - H
      |   |              |       |
      H   H              H       H
```

CH_3CH_2OH　　CH_3OCH_3

エチルアルコール　　ジメチルエーテル

b.　立体異性体：

分子式が同じでも分子の立体構造が異なっているものを立体異性体といいます。

立体異性体には，さらに，幾何異性体と光学異性体があります。

注意しよう！

同素体は単体どうし，**異性体**は化合物どうしの間での呼び方です。

問題演習 2－3．物質の種類

【問題1】

単体と化合物について，次のうち誤っているものはどれか。

(1) 単体と元素は同じ名称で呼ばれることが多い。

(2) 単体は実際に存在する物質を表すのに対し，元素は物質を構成する成分を表す。

(3) 同じ元素からなる単体で，性質が異なる単体どうしを同素体という。

(4) 単体は1種類の元素でできている純物質であるが，化合物は2種類以上の元素からできている混合物である。

(5) 化合物の成分元素の質量比は一定である。

解説

(1)，(2) 単体と元素を比較する際の例として，**水素**と**酸素**を使って説明します。たとえば，水は**水素**と**酸素**からなりますが，これは水を構成する**成分**としての**水素元素**と**酸素元素**を表しているので，**元素**となります。一方，水を電気分解して，水素と酸素が発生したときの**水素**と**酸素**の場合は，**気体物質**としての**水素**と**酸素**を表しているので，**単体**を表していることになります。

(3) 正しい。

(4) 化合物も単体と同じく，2種類以上の元素からできている**純物質**です。

(5) 正しい。

【問題2】

物質の単体，化合物，混合物について，次のうち誤っているものはどれか。

(1) 単体は金属，非金属に大別される。

(2) 化合物のうち，無機化合物は酸素，窒素，硫黄などの典型元素のみで構成されている。

解答

解答は次ページの下欄にあります。

⑶　単体は物質によって１種類だけのこともあるが，同素体が存在するものもある。
⑷　混合物は，蒸留，ろ過などの簡単な操作によって２種類以上の純物質に分けることができる。
⑸　単体はすべて分解することができない。

解説

たとえば，第２類危険物の硝酸銀（$AgNO_3$）は無機化合物ですが，化合物中の Ag は**遷移元素**です（無機化合物と有機化合物については，のちほど詳しく学習します）。

【問題３】

物質の単体，化合物，混合物について，次のうち正しいものはどれか。
⑴　単体は，純物質でただ１種類の元素のみからなり，通常の元素名とは異なる。
⑵　化合物は，分解して２種類以上の別の物質に分けることができない。
⑶　混合物は，混ざり合っている純物質の割合が異なっても，融点や沸点などが一定で，固有の性質を持つ。
⑷　気体の混合物は，その成分が必ず一組であるが，溶液の混合物は必ずしもその成分がすべて液体であるとは限らない。
⑸　有機化合物を構成する主な元素には，炭素，水素，酸素，窒素，硫黄などがある。

解説

⑴　単体は，純物質でただ１種類の元素のみからなり，一般的には，通常の**元素名で呼ばれています**。
⑵　化合物は，分解して２種類以上の別の物質に分けることができます。
⑶　混合物は，混ざり合っている純物質の割合が異なると，**融点や沸点なども異なります**。
⑷　気体の混合物は，その成分が一組とは限らず，どんな気体どうしでも混ぜることができます。また，溶液の混合物の成分は，すべて

解　答

【問題１】　⑷

液体です。

(5) 正しい。

【問題4】

単体，化合物，混合物の組合わせとして，次のうち正しいものはどれか。

	単体	化合物	混合物
(1)	水素	二酸化炭素	硫黄
(2)	エタノール	塩素	塩酸
(3)	ダイヤモンド	希硫酸	海水
(4)	赤りん	水酸化カルシウム	灯油
(5)	鉄	ベンゼン	プロパン

解説

(1) 水素，二酸化炭素については正しいですが，硫黄は**単体**です。

(2) エタノールは**化合物**，塩素は**単体**です。

(3) ダイヤモンドは単体，海水は混合物で正しいですが，希硫酸は硫酸と水の**混合物**です（硫酸は化合物）。

(4) 正しい。

(5) プロパン（$CH_3CH_2CH_3$）は**化合物**です。

解　答

【問題2】 (2)　**【問題3】** (5)　**【問題4】** (4)

物質量について

これまで原子や分子などを学んできましたが，これらはいずれも非常に小さな微粒子で，その質量を表そうものなら，0.000000…と0がいくつも並び，非常に不便です（質量数が12の炭素の質量は，約 2×10^{-23} g となり，小数点以下，0が22個も並びます）。

そこで登場するのがP 88の②で学習した**質量数**です。

（1）原子量と分子量

1．原子量

冒頭で説明しましたように，原子の質量は非常に小さいので，質量数が12の炭素C…，すなわち，陽子の数と中性子の数の合計が12の炭素の重さを，そのまま「12」と最初に決めるのです。

あとは，その質量数12の炭素の何倍か，で他の原子の重さを表すのが**原子量**になります（ちょうど，液体そのものの重さを表すより，水の重さの何倍か，で表す比重と同じような考え方です）。

たとえば，水素原子1個の質量は，1.7×10^{-24} g になります。

一方，質量数が12の炭素の質量は，冒頭の文より，2×10^{-23}g となるので，水素原子1個の質量と炭素原子1個の質量の割合を求めてみます。計算すると，1.7×10^{-24} g $\div$ 2×10^{-23} g $=$ 0.17×10^{-23} g（1.7を0.17とすることにより，10^{-24}を10^{-23}とした）$\div$ 2×10^{-23} g $= 0.17 \div 2 = 0.085$（倍）…となります。

質量数12の炭素の0.085倍なので，$12 \times 0.085 = 1.02$となります（原子量に単位はありません）。

すなわち，水素原子の原子量は，約1である，ということになります。

このようにして各元素の原子量を求めていくわけです。

また，質量数（陽子と中性子の数の合計）が12の炭素の原子量を12と決めているため，各元素の原子量は，その原子の質量数とも近い値になります（水素の場合，質量数は1（中性子を持たず陽子1個のみを持つ）で，やはり原子量の約1と近い値になります）。

表　主な元素の原子量

元素	H	C	N	O	Na	Mg	Al	P	S	Cl	K	Ca	Fe	Cu
原子量	1	12	14	16	23	24	27	31	32	35.5	39	40	56	63.5

よく，四国の面積を1とすると，九州は2，北海道は4，本州は12という比較をするじゃろう。原子量もこれと同じように考えればよいわけじゃ。
つまり，四国が炭素であり，本州や九州，北海道などが炭素以外の他の元素，というわけじゃ。

2．分子量

分子は，いくつかの原子が結合したものであり，その原子の原子量をすべて足したものを**分子量**といいます（原子量と同じく単位はありません）。

例えば，水（H_2O）の分子は水素原子2個と酸素原子1個からなりますが，Hの原子量は1.0，酸素の原子量は16なので，1×2と16を足して，水の分子量は**18**，ということになります。

（2）モル（物質量）

1．アボガドロ数について

質量数が12の炭素原子1個の質量は，約2×10^{-23} gというのは（1）で既に説明しました。

これは，正確には，1.993×10^{-23} gになります。

この原子量12の炭素にg（グラム）が付けられたら，（ここでは詳しく説明しませんが）いろいろと便利な使い方ができるようになるのです。つまり，12 gの炭素，という言い方です。

その12 gの炭素には，炭素原子がいくつ含まれているでしょうか。

先ほど，炭素原子1個の質量は，1.993×10^{-23} gといいましたので，それで割ればよいことになります。

計算すると，

$$\frac{12\,\mathrm{g}}{1.993\times10^{-23}\,\mathrm{g}} = \mathbf{6.02\times10^{23}}\text{（個）}$$

となります。

この6.02×10^{23}という数を**アボガドロ数**といいます。

すなわち，質量数が12の炭素原子を6.02×10^{23}個集めれば12 g になる，ということです。

原子量が質量数12の炭素原子を基準にしたのと同じく，この質量数が12の炭素原子を基にしたアボガドロ数も色んなケースで基準となっていきます。

２．モル

原子や分子，あるいはイオンなどの粒子がアボガドロ数集まった集団を**１モル（mol）**といいます。

これは，たとえば，ビールや卵などが12揃ったものを１ダースというのと同じ考え方で，とにかく粒子が6.02×10^{23}個集まった集団を１モルというのです。

従って，6.02×10^{23}個の２倍の数が集まっていれば２モルとなります。

また，１モルの質量は，**分子量に g をつけたもの**になります。

たとえば，水素原子の原子量は１なので，水素分子（H_2）１モルは１＋１＝２g であり，また，水（H_2O）の分子量は18なので，水１モルは18 g になる，という具合です。

ただし，単原子分子*または単原子分子扱いのもの（＝炭素，リン，硫黄，金属類）の場合は，**原子量に g をつけます。**

このように，モルによって表した物質の量を**物質量**といい，また，１モルあたりの質量を**モル質量**（g/mol）といいます。

＊単原子分子：

１個の原子からなる分子でヘリウム，ネオン，アルゴンなどの希ガスのこと。

3．気体のモル

気体には，固体や液体などに比べて分子間力（ファンデルワールス力）が働きにくいので，温度や圧力で体積が変化してしまいます。

そこで，その温度と圧力および体積を固定した場合，つまり，**同温，同圧，同体積**の場合，その中に含まれる**分子の数は，気体の種類に関係なく同じ**になります。

これを**アボガドロの法則**といいます。

たとえば，温度が0℃で1気圧の状態を**標準状態**といいますが，この**標準状態（温度と圧力が同じ状態）における1 molの気体の体積は，気体の種類に関係なく，すべて22.4 ℓ**となります（この22.4 ℓは，計算の結果ではなく，実測値です）。

> 0℃，1気圧の標準状態における1 molの気体の体積は，気体の種類に関わらず，すべて**22.4 ℓ**である。

2では，分子などの粒子がアボガドロ数集まった集団を**1モル**になる，といいましたが，その22.4 ℓの1 molの気体の中には，気体の種類に関係なくアボガドロ数（6.02×10^{23}）の気体分子が含まれている，ということになります。

ただし，その質量については，それぞれの気体の1 molの分子量になるので，気体の種類によって異なります。

たとえば，1 molの水素（H_2）は2 gですが，酸素（O_2）は32 gです。両者の1 molあたりの質量は異なりますが，標準状態でこの両者を放置しておいたとすると，ともに22.4 ℓとなり，その中に6.02×10^{23}個の気体分子が含まれている，ということになるわけです。

1 mol の粒子数と質量

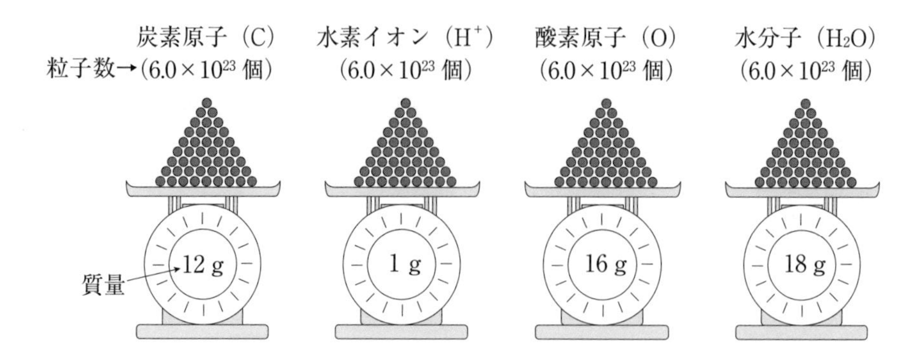

それぞれの原子量や分子量などに g を付けると 1 mol の質量になる。

問題演習 2－4．物質量について

【問題1】

メタン（CH_4）の分子量は，次のうちどれか。
ただし，炭素の原子量は12，水素の原子量は1.0とする。

(1) 13.0
(2) 14.0
(3) 15.0
(4) 16.0
(5) 17.0

解説

計算すると，$CH_4 = 12 + 1.0 \times 4 = 16$ となります。

【問題2】

水（H_2O）9gの物質量として，次のうち正しいものはどれか。
ただし，H＝1.0，O＝16とする。

(1) 0.1 mol
(2) 0.3 mol
(3) 0.5 mol
(4) 1.0 mol
(5) 2.0 mol

解説

水1 molの分子量は，$(1.0 \times 2) + 16 = 18$ となるので，$\frac{9}{18} = 0.5$ molとなります。

解　答

解答は次ページの下欄にあります。

【問題3】

0℃，1気圧において，二酸化炭素（CO_2）5.6ℓの物質量として，次のうち正しいものはどれか。

(1)　$\frac{1}{4}$ mol

(2)　$\frac{1}{2}$ mol

(3)　1 mol

(4)　2 mol

(5)　4 mol

解説

すべての気体は，0℃，1気圧において1 molが22.4ℓの体積を占めるので，5.6ℓの場合は，$\frac{5.6}{22.4} = \frac{1}{4}$ molとなります。

【問題4】

前問において，二酸化炭素の気体中に含まれる分子数として，次のうち正しいものはどれか。

(1)　1.51×10^{23} 個

(2)　3.01×10^{23} 個

(3)　6.02×10^{23} 個

(4)　9.03×10^{23} 個

(5)　12.04×10^{23} 個

解説

0℃，1気圧における1 molの気体分子中には，6.02×10^{23}個の分子が存在するので，$\frac{1}{4}$ molだと，$6.02 \times 10^{23} \times \frac{1}{4} = 1.51 \times 10^{23}$個の分子数となります。

解　答

【問題1】(4)　**【問題2】**(3)　**【問題3】**(1)　**【問題4】**(1)

化学式と化学反応式

まず，**化学式**とは，水素をH_2，酸素をO_2，水をH_2Oと表すように，物質を構成する原子の種類や割合を元素記号を用いて表した式のことをいいます。

一方，**化学反応式**というのは，その化学式を用いて化学反応の様子を表したもので，たとえば，水素と酸素が化合して水を生じた場合，その過程を記号で表すと，次のようになります。

$$2H_2 + O_2 \rightarrow 2H_2O$$

（1）化学式

化学式には，表す目的によって次のような種類があります。

分子式	一般的によく用いられているもので，**分子を構成している原子の数（1の場合は省略）を元素記号の右下に表示した化学式**のこと。
組成式（実験式）	**化合物を構成している原子の種類とその割合を最も簡単な整数比で表した化学式**のこと。 たとえば，過酸化水素の分子式はH_2O_2ですが，組成式では**HO**となります。また，**イオン結晶（NaCl）**や**分子結晶**なども，この組成式で表します。
示性式	**分子式の中にある官能基**（ヒドロキシ基－OHなどのように化合物の性質を決める原子，または原子団のこと）**を取り出して，特にそれを表示した化学式**のこと（メタノール…CH_3OHなど）。
構造式	**分子内での原子の結合の仕方（単結合や二重結合など）を表した化学式**のこと。

酢酸を例にとるとそれぞれ次のように表されます。

分子式	組成式	示性式	構造式
$C_2H_4O_2$	CH_2O	CH_3COOH	H–C(H)(H)–C(=O)–O–H （＝は二重結合です）

（２）化学反応式

化学反応式は，次のような手順で作っていきます。

手順１　左辺に**反応前の物質の化学式**，右辺に**反応後の物質の化学式**を書き，両辺を矢印（→）で結ぶ。

手順２　反応の前後における原子の数は等しいので，左辺と右辺の**原子の数**が等しくなるように係数を定める。

この場合，係数は最も簡単な整数の比になるようにする。

この係数の定め方については，水素と酸素から水が生じる反応を例にして説明します。

①　**手順１** より，

水素 H_2 と酸素 O_2 を左，水 H_2O を右に置いて矢印で結びます。

$$H_2 + O_2 \rightarrow H_2O$$

②　まず，

左右両辺で明らかに異なるのは O の数なので，この O の数に注目します。すると，左辺が 2 個（O_2）で右辺が 1 個（H_2O）なので，右辺の H_2O の係数を 2 にすると，両辺の O は 2 個ずつとなります。

$$H_2 + O_2 \rightarrow 2H_2O$$

③　次に，

Hの数に注目すると，左辺が2個（H_2）で右辺が4個（$2H_2O$）となっているので，左辺のH_2の係数を2にすると，Hは4個ずつとなります。

$$2H_2 + O_2 \rightarrow 2H_2O$$（完成）

以上を**暗算法**といいますが，実際の化学反応式は，上記の式よりもっと複雑なものが多いので，そのような場合は，次の未定係数法という方法を用いて係数を求めます。

【未定係数法による方法】

これは，さきほどの水素と酸素から水が生じる反応を例にすれば，まず，求める係数を，順にa，b，c，d……と仮において，次のような反応式をつくります。

$aH_2 + bO_2 \rightarrow cH_2O$……(1)

この両辺の原子数は等しいことから，仮においたa，b，cの係数を求めていきます。

まず，Hの原子数については，両辺ともH_2なので，aとcは同じになり，

$a = c$……(2)となります。

一方，Oの原子数については，$b \times (2 \times O) = c \times O$となり，両辺のOを消去すると，

$2b = c$……(3)となります。

以上，2つの方程式が出来上がりましたが，方程式が2つで，未知数が3個なので，いずれかの未知数を仮に1と置きます。

ここではaを1とすると，(2)式より，cも1となります。

また，$c = 1$を(3)式に代入すると，$2b = 1$となるので，$b = \frac{1}{2}$となります。

これらを(1)式に代入すると，

$H_2 + \frac{1}{2}O_2 \rightarrow H_2O$　となります。

この式を最も簡単な整数比とするために，全体を2倍にすると，先ほどの式，$2H_2 + O_2 \rightarrow 2H_2O$　となるわけです。

以上は，水素と酸素から水が生じる反応でしたが，甲種危険物試験では，有機化合物を燃焼させたときの反応式まで求める必要がある出題がたまにあります。

その際の反応式の求め方は，**「有機化合物を燃焼させると，二酸化炭素と水になる」**という“公式”から求めることができます。

たとえば，メタノール（CH_4O）の反応式を作成するには，左辺にメタノールと燃焼時に結合する相手である**酸素**を書き，右辺には，生成物である**二酸化炭素**と**水**を書き，メタノールの係数を仮に１とし，酸素の係数をａ，二酸化炭素の係数をｂ，水（水蒸気）の係数をｃとそれぞれ置きます。

$$CH_4O + a\,O_2 \rightarrow b\,CO_2 + c\,H_2O$$

左右の原子数を比較すると，

①　Ｃ原子に着目，$1 = b \times 1$ より，$b = 1$

②　Ｈ原子に着目，$4 = c \times 2$ より，$c = 2$

③　Ｏ原子に着目，$1 + a \times 2 = b \times 2 + c \times 1$ より，

$$1 + 2a = 2b + c$$

$b = 1$，$c = 2$ を代入し，

$$1 + 2a = 2 + 2$$

$$2a = 3$$

$$\mathbf{a = \frac{3}{2}}$$

よって，$a = \frac{3}{2}$，$b = 1$，$c = 2$　となり，反応式は

$$CH_4O + \frac{3}{2}O_2 \rightarrow CO_2 + 2H_2O$$

係数を最も簡単な整数の比になるようにするため，両辺を２倍します。

$$\mathbf{2\,CH_4O + 3\,O_2 \rightarrow 2CO_2 + 4H_2O}$$

という具合に求めることができます。

（3）化学反応式が表す物質の量的関係

化学反応式は，単に化学式を用いて化学反応を表しただけではなく，この式から，各物質間の量的関係も知ることができます。

たとえば，先ほどの水を生成する反応式からは，次のように，**質量**(g)，**物質量**（mol で表したもの），**体積**などの関係を知ることができます。

	$2H_2$	＋ O_2	→ $2H_2O$
質量	2×（1×2）g	16×2g	2×（1×2＋16）g
物質量	2 mol	1 mol	2 mol
体積	2×22.4ℓ	1×22.4ℓ	2×22.4ℓ

（注：体積は0℃，1気圧の場合）

⇒　この化学反応式より，**質量**では

「**4gの水素**が**32gの酸素**と反応して（＝燃焼して）**36gの水**（水蒸気）になる」

また**物質量**（mol）では

「**2 molの水素**と**1 molの酸素**が反応して**2 molの水**（水蒸気）になる」

また，**体積**では，

「**44.8ℓの水素**と**22.4ℓの酸素**が反応して**44.8ℓの水**（水蒸気）になる」という事がわかります。

【例題】

0℃，1気圧で16gのメタノール CH_4O を完全燃焼させるには，何ℓの酸素が必要か。

解説

まず，前ページで学習した未定係数法で化学反応式を作ります。その際，有機化合物を燃焼させると二酸化炭素と水になるので，次のような式となります。

$$aCH_4O + bO_2 \rightarrow cCO_2 + dH_2O$$

左右の原子数を比較すると，

① C原子に着目，$a \times 1 = c \times 1$ より，$a = c$

② H原子に着目，$a \times 4 = d \times 2$ より，$4a = 2d$

③ O原子に着目，$a \times 1 + b \times 2 = c \times 2 + d \times 1$ より，
$a + 2b = 2c + d$

例によって，$a = 1$ と置くと，①より，$c = 1$，②より，$d = 2$（$4 = 2d$ より），③より，$1 + 2b = 2 + 2$ だから，$b = \frac{3}{2}$

従って，$CH_4O + \frac{3}{2}O_2 \rightarrow CO_2 + 2H_2O$

簡単な整数比にするため，全体を2倍にすると，

$2CH_4O + 3O_2 \rightarrow 2CO_2 + 4H_2O$　となります。

この式より，メタノール2 molを燃焼させるには3 molの酸素が必要，ということがわかります。

メタノール（CH_4O）1 molの質量は，$12 + 4 + 16 = 32$ gだから，

16 gは $\frac{1}{2}$ molとなります。

従って，メタノール2 molで酸素3 molだから，メタノール $\frac{1}{2}$ molでは，その $\frac{1}{4}$ となるので，酸素3 molの $\frac{1}{4}$ ということで，$3 \times \frac{1}{4} = \frac{3}{4}$ molの酸素が必要ということになります。

酸素1 molの体積は22.4 ℓなので，$\frac{3}{4}$ molでは，

$22.4 \times \frac{3}{4} = 16.8$ ℓの酸素，ということになります。

（答）16.8 ℓ

（4） 化学の基本法則

1．質量保存の法則

「反応の前後において物質の総質量は不変である。」

つまり，化学反応式において，矢印の左辺の質量と右辺の質量は等しい，ということです。

たとえば，今は炭火焼肉店あたりに行かないと見れなくなった木炭ですが，この木炭（炭素なので，Cになる）を燃やしていくと，やがて灰になって消滅してしまいます。

これは，木炭が酸素と結びついて（＝燃焼して）消滅したのではなく，木炭と酸素が結びついて二酸化炭素という別の物質（気体）に変わっただけで，その反応前後における物質の総質量は，変わっていない，ということです。

式で表すと，$C + O_2 \rightarrow CO_2$となり，当然，左辺と右辺の**質量の合計は同じ**です。

要するに，化合反応が起こった場合，物質がそれによって消滅したり，あるいは，新たに原子が造られたりするようなことはない，ということです（原子の総数は，反応の前後で同じになる）。

2．定比例の法則

「化合物を構成する成分元素の質量比は，常に一定である。」

たとえば，化合物の例として二酸化炭素（CO_2）を考えた場合，CとO_2の質量比は，Cの原子量が12でO_2が$16 \times 2 = 32$より，
$12 : 32 = 3 : 8$となります。

この$3 : 8$という質量比は，たとえば，このCO_2が，COからCO_2になった二酸化炭素であっても，また，CとO_2からCO_2になった二酸化炭素であっても，常に$3 : 8$になる，といっているわけです。

3．倍数比例の法則

たとえば，同じ元素CとOからなる化合物に一酸化炭素（CO）と二酸化炭素（CO_2）があります。

この場合，同じ炭素12gと化合する酸素（O）の質量を比較すると，

CO は酸素１個で16 g，CO_2は酸素２個で32 g となります。

つまり，１：２となります。

このように，**AとBの元素が化合した複数の化合物があるとき，Aの一定量と化合するBの質量間には簡単な整数比が成り立ちます。これを倍数比例の法則といいます。**

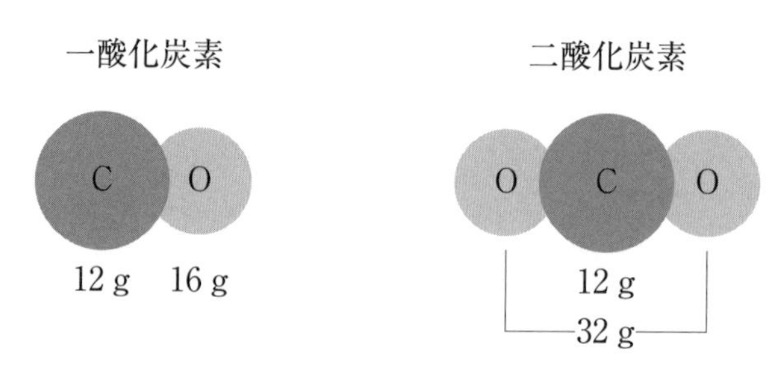

４．アボガドロの法則

「同温同圧のもとでは，すべての気体は同じ体積中に同じ数の分子を含む。」

また，「標準状態（０℃，１気圧）では，気体１mol は**22.4 ℓ**であり，その中に**6.02×10^{23}個**の分子がある。」

つまり，（同温同圧の条件で）体積が同じなら，気体の種類にかかわらず，その中に含まれる分子の数は同じで，また，（標準状態では）気体１mol の体積は，気体の種類にかかわらず**22.4 ℓ**となり，その中に含まれる分子の数も，**6.02×10^{23}個**と同じである，というわけです。

問題演習　2－5．化学式と化学反応式

【問題1】 重要!

下の反応式は，メタンが燃焼した際の反応式である。

a，b，cの値を求めよ。

$CH_4 + a\,O_2 \rightarrow b\,CO_2 + c\,H_2O$

	a	b	c
(1)	1	2	3
(2)	1	1	2
(3)	2	1	2
(4)	2	2	1
(5)	2	2	2

解説

本問の場合は，右辺に二酸化炭素と水が表示されていますが，メタンのような有機化合物を燃焼させると**二酸化炭素**と**水**が生成する，という基本は忘れないようにしてください（でないと反応式は作れない）。

さて，未定係数法より，係数を求めていきます。

$CH_4 + a\,O_2 \rightarrow b\,CO_2 + c\,H_2O$

左右の原子数を比較すると，

① C原子に着目，$1 = b \times 1$ より，$\mathbf{b = 1}$

② H原子に着目，$4 = c \times 2$ より，$\mathbf{c = 2}$

③ O原子に着目，$a \times 2 = b \times 2 + c \times 1$ より，

$$2a = 2b + c = 2 + 2 = 4$$

$$\mathbf{a = 2}$$

よって，$a = 2$，$b = 1$，$c = 2$　となり，反応式は

$\mathbf{CH_4 + 2\,O_2 \rightarrow CO_2 + 2\,H_2O}$　となります。

解　答

解答は次ページの下欄にあります。

【問題2】 重要!

前問において，メタン8 mol と酸素20 mol を反応させた場合，残る酸素は何 mol か。

(1)　1 mol　　(2)　2 mol　　(3)　3 mol
(4)　4 mol　　(5)　5 mol

前問の反応式より，メタン1 mol と反応する酸素は2 mol です。

つまり，メタンの倍の酸素を燃焼時に消費します。

従って，8 mol の倍の16 mol の酸素を消費するので，残りは4 mol となります。

【問題3】 重要!　重要!

問題1において，メタン24 g と反応する酸素は何 g か。

(1)　24 g　　(2)　36 g　　(3)　48 g
(4)　72 g　　(5)　96 g

解説

メタン1 mol は，12 ＋ 4 ＝ 16 g なので，24 g は $\frac{24}{16} = \frac{3}{2} = 1.5$ mol となります。

前問の解説より，メタン1 mol と反応する酸素は2 mol なので，メタン1.5 mol と反応する酸素は3 mol ということになります。

従って，酸素1 mol は，16 × 2 ＝ 32 g なので，3 mol は，32 × 3 ＝ 96 g となります。

【問題4】

炭素を燃焼させて二酸化炭素を生成させる反応において，二酸化炭素を55 g 生成させるのに必要な炭素は何 g か。

(1)　5 g　　(2)　10 g　　(3)　15 g
(4)　20 g　　(5)　25 g

解　答

【問題1】 (3)

解説

まず，炭素を燃焼させて二酸化炭素を生成させる反応式は次のようになります。

$C + O_2 \rightarrow CO_2$

この反応式からわかるように，炭素 1 mol から二酸化炭素 1 mol が生成されます。

二酸化炭素 1 mol は，$CO_2 = 12 + 32 = 44$ g なので，55 g は，$\frac{55}{44} = \frac{5}{4}$ mol となります。

従って，$\frac{5}{4}$ mol の二酸化炭素を生成させるのに必要な炭素も $\frac{5}{4}$ mol となるので，炭素 1 mol は12 g より，$12 \times \frac{5}{4} = 15$ g となります。

（類題）

0 ℃，1 気圧において，この二酸化炭素55 g は何 ℓ か答えよ。

解説

二酸化炭素55 g は $\frac{5}{4}$ mol であったので，「すべての気体 1 mol の体積 ＝ 22.4 ℓ」より，$22.4 \times \frac{5}{4} = 28$ ℓ　となります。

（答）28 ℓ

【問題 5】

0 ℃，1 気圧において，$\frac{1}{2}$ mol のメタノールが燃焼した際に発生する二酸化炭素は何 ℓ か。

（メタノールの燃焼式）　$2\,CH_4O + 3\,O_2 \rightarrow 2\,CO_2 + 4\,H_2O$

(1) 11.2 ℓ　(2) 22.4 ℓ　(3) 33.6 ℓ

(4) 44.8 ℓ　(5) 56.0 ℓ

解　答

【問題 2】 (4)　【問題 3】 (5)　【問題 4】 (3)

解説

メタノールの燃焼式より，メタノール 2 mol を燃焼させると 2 mol の二酸化炭素が発生します。

従って，$\frac{1}{2}$ mol のメタノールが燃焼した際に発生する二酸化炭素も $\frac{1}{2}$ mol となります。

二酸化炭素 1 mol の体積は，22.4 ℓ なので，$\frac{1}{2}$ mol は $22.4 \times \frac{1}{2} = 11.2$ ℓ となります。

【問題６】

前問において，44.8 ℓ のメタノールが燃焼した際に必要な酸素は何 mol か。また，その分子数は何個か。

	mol	分子数
(1)	1	3.01×10^{23} 個
(2)	2	3.01×10^{23} 個
(3)	2	6.02×10^{23} 個
(4)	3	12.04×10^{23} 個
(5)	3	18.06×10^{23} 個

解説

メタノールの燃焼式より，メタノール 2 mol を燃焼させるのに 3 mol の酸素が必要になります。

つまり，$\frac{3}{2} = 1.5$ 倍の酸素が必要になります。

44.8 ℓ のメタノールは，2 mol なので，$2 \times 1.5 =$ **3 mol** の酸素が必要ということになります。

酸素（O_2）1 mol の分子数は，**6.02×10^{23} 個**なので，3 mol の分子数は，$6.02 \times 10^{23} \times 3 = 18.06 \times 10^{23}$ 個ということになります。

解　答

【問題５】 (1)　　**【問題６】** (5)

6 化学反応と熱

(1) 反応熱

1．反応熱について

化学反応の際には熱の発生や吸収を伴いますが，その熱量を**反応熱**といいます。

その際，熱の発生を伴う化学反応を**発熱反応**といい，熱を吸収する化学反応を**吸熱反応**といいます。

2．反応熱の種類

その反応熱の種類には，次のようなものがあります。

・**燃焼熱**：
物質（化合物）が完全燃焼する時に発生する熱量。

・**生成熱**：
単体から化合物が生成される時に発生又は吸収する熱量。
（注：物質が単体からつくられるときは**生成熱**，化合物と酸素が反応するときは**燃焼熱**となるので，注意してください。）

・**中和熱**：
酸と塩基が中和する時に発生する熱量。

・**溶解熱**：
物質 1 mol を溶媒に溶かす時に出入りする熱量。

（２）熱化学方程式

化学反応式に反応熱を付け加え，矢印の代わりに等号（＝）を用いた式を**熱化学方程式**といいます。

その際，発熱反応には**＋**（プラス）の符号を，吸熱反応の場合には**－**（マイナス）の符号を記します。

（注：原則として，熱化学方程式にはその物質の状態を，気体なら（気），固体なら（固），というように表しますが，物質の状態が明確な場合は省略することもあります。）

１．発熱反応の例

$$C + O_2 = CO_2 + 394.3\,kJ$$

この式では，炭素 1 mol（12 g）が酸素 1 mol（32 g）と化合して完全燃焼すると，1 mol の二酸化炭素（44 g）が生成し，394.3 kJ の熱を発生する，という反応を表しています。

この場合，注意しなければならないのは，この394.3 kJ は二酸化炭素の**生成熱**である，ということです。

２．反応熱の種類のうち，生成熱の説明にもあるように，生成熱は，あくまでも**単体**（この場合 C）から化合物が生成される時に発生又は吸収する熱量のことをいいます。

これが一酸化炭素が燃焼して二酸化炭素になる場合，すなわち，

$CO + \frac{1}{2} O_2 = CO_2 + 283\,kJ$　の反応式の場合，283 kJ は，生成熱ではなく，**一酸化炭素の燃焼熱**になるので，注意してください。

なお，この燃焼熱の考えからいくと，先の**二酸化炭素の生成熱**は，**炭素 C の燃焼熱**でもあります。

なお，単位については，(1)の反応熱では，kJ/mol を用いますが，熱化学方程式では **1 mol** あたりで計算しているので*，kJ/mol の mol は省略して，単に，kJ を用います。

（*上の例でいえば，左辺は $2\,CO + O_2$ ではなく，$CO + \frac{1}{2} O_2$ としてい

る）

2．吸熱反応の例

$N_2 + O_2 = 2NO - 181\,kJ$

同じく，窒素 1 mol（28 g）が酸素 1 mol（32 g）と化合して完全燃焼すると，2 mol の一酸化窒素（60 g）が生成し，181 kJ の熱を吸収する，という反応を表しています。

（3）ヘスの法則

たとえば，炭素を完全燃焼させると，次のように二酸化炭素になります。

$C + O_2 = CO_2 + 394\,kJ$ ……………………………………(1)

ちなみに，この394 kJ は，炭素の**燃焼熱**です。

一方，炭素を不完全燃焼させて，いったん一酸化炭素をつくり，その一酸化炭素をもう一度燃焼させて二酸化炭素にする方法を考えると，次のようになります。

$C + \frac{1}{2}O_2 = CO + 111\,kJ$ ……………………………………(2)

$CO + \frac{1}{2}O_2 = CO_2 + 283\,kJ$ ……………………………………(3)

この場合，(2)は一酸化炭素の**生成熱**，(3)は一酸化炭素の**燃焼熱**になり，両者を足すと，111 + 283 = 394 kJ　と，(1)と同じになります。
（前ページの（２）より，(2)は単体（C）から化合物（CO）が生成されているので**生成熱**となり，(3)は化合物（CO）と酸素が反応して完全燃焼しているので**燃焼熱**になります。）

このように，**反応熱は，反応の経路によらず，反応の最初の状態と最後の状態で決まります**。これを**ヘスの法則**といいます。

つまり，熱化学方程式も，通常の計算式のように，式どうしを足したり，引いたりして反応熱を求めることができるわけです。

この炭素の燃焼式でいうと，（２）＋（３）は反応熱のみでなく，反応式も $C + O_2 = CO_2$ となります。

確かめると，左辺は，$C + \frac{1}{2} O_2 + CO + \frac{1}{2} O_2 = C + O_2 + CO$

右辺は，$CO + CO_2$となります。

従って，$C + O_2 + CO = CO + CO_2$（両辺の CO を消去して）

$C + O_2 = CO_2$となります。

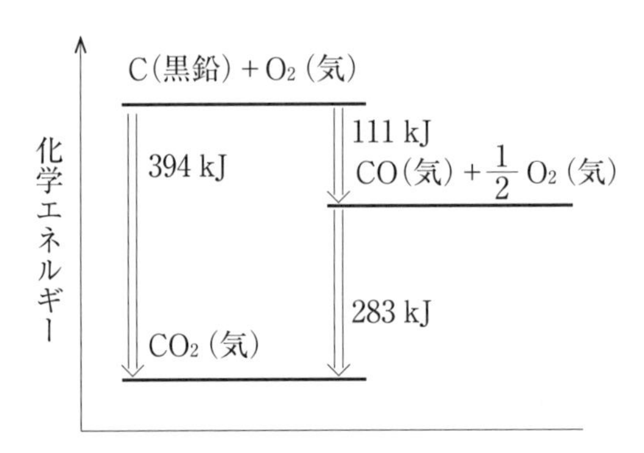

（4）生成熱と結合エネルギー

分子中の共有結合を切って，原子を引き離すのに必要なエネルギーを**結合エネルギー**といいます。

たとえば，1 mol の水素分子を引き離して水素原子にするには432 kJ のエネルギーを必要とします（吸熱）。式で表すと，次のようになります。

$$H_2 = 2H - 432 \text{ kJ}$$

この式からもわかるように，H_2の方が 2 H より432 kJ エネルギーが低くなっているのは，H 原子の共有結合を，その引力に逆らって引き離すには432 kJ のエネルギーが必要（吸収）ということであり，その分，2 H の方がエネルギーが高いということになります（結合エネルギーを吸収して切れた 2 H の方がエネルギーレベルが高くなる）。

一方，逆に，水素原子を結合するときには同じエネルギーを放出します（放熱）。

$$2H = H_2 + 432 \text{ kJ}$$

つまり，結合を切断するときは吸熱，結合して生成するときは発熱ということになります。

この結合エネルギーの値から生成熱を求めることができます（この結合エネルギーから生成熱を求める出題は，ごくまれではありますが，出題例があります。）

たとえば，アンモニアの生成熱を次のように結合エネルギーから求めることができます。

まず，各結合エネルギーは，

H－Hが432 kJ/mol，N≡Nが942 kJ/mol，N－Hが391 kJ/mol になります。

次に，1 molのアンモニアの生成熱を求める式を作ります。

$$\frac{1}{2}N_2 + \frac{3}{2}H_2 = NH_3 + x \text{ kJ}$$

熱化学方程式では左辺と右辺のエネルギーが等しくなる（エネルギー保存の法則）ため，この式から「**（反応物の結合エネルギーの和）＝（生成物の結合エネルギーの和）＋反応熱（生成熱）**」となることがわかります。

ここで，結合エネルギーの値から生成熱を求めるために上式を変形すると，

「**生成熱＝（反応物の結合エネルギーの和）－（生成物の結合エネルギーの和）**」……①

となるため，反応物（左辺）の結合エネルギーから生成物（右辺）の結合エネルギーを差し引けば生成熱が求められることになります。

さて，反応物の結合エネルギーの和は，上式より，

（N≡Nの結合エネルギーの$\frac{1}{2}$＋H－Hの結合エネルギーの$\frac{3}{2}$）

＝（$942 \times \frac{1}{2} + 432 \times \frac{3}{2}$）

＝（471＋648）

＝1119 kJとなります。

一方，生成熱の結合エネルギーの和は，NH_3にはN－H結合が3つあるので，391×3＝1173 kJとなります。

ここで①式に結合エネルギーを代入していくわけですが，注意すべきなのは，**結合エネルギーをマイナスの値にして代入する**という点です。

結合エネルギーというのは，結合を切るのに必要なエネルギーのことなので，熱化学方程式で表すと「$N \equiv N = 2N - 942\,kJ$」のように吸熱反応となるため，マイナスの値を代入します。

従って，①式より

「生成熱＝－ 1119 －（－ 1173）
　　　　＝－ 1119 ＋ 1173
　　　　＝ 54 kJ」となります。

問題演習 2－6．化学反応と熱

【問題1】

アンモニアが生成する際の生成熱について，次のうち正しいものはどれか。なお，水（液体）の生成およびアンモニアの燃焼に関する熱化学方程式は，それぞれ①式と②式のとおりである。

$$H_2 + \frac{1}{2}O_2 = H_2O（液） + 286\,kJ \cdots\cdots ①$$

$$NH_3 + \frac{3}{4}O_2 = \frac{1}{2}N_2 + \frac{3}{2}H_2O（液） + 383\,kJ \cdots\cdots ②$$

(1) 23 kJ/mol
(2) 46 kJ/mol
(3) 72 kJ/mol
(4) 96 kJ/mol
(5) 126 kJ/mol

解説

アンモニアの生成熱だから，まず，アンモニアが生成される式を作ります。

アンモニア（NH_3）を生成させるには，NとH，すなわち，窒素（N_2）と水素（H_2）が必要になります。

よって，未定係数法より，

$a\,N_2 + b\,H_2 \rightarrow c\,NH_3$

aを1と置くと，

$N_2 + b\,H_2 \rightarrow c\,NH_3$より，

cは2になります。

$N_2 + b\,H_2 \rightarrow 2\,NH_3$

Hの数を合わせるため，b＝3と置きます。

$N_2 + 3\,H_2 \rightarrow 2\,NH_3$

これで“つじつま”が合いました。

アンモニアの生成熱をxとして，これを熱化学方程式にすると，

解　答

解答は次ページの下欄にあります。

$N_2 + 3H_2 = 2NH_3 + 2x$ kJ　という式が求まります（生成熱は1 mol の物質が生成する際のエネルギーなので，ここではアンモニアの生成量に合わせて $2x$ と表示しています）。

このxを求めればよいわけで，ここで，ヘスの法則を使います。

まずは，計算しやすいように，問題文の両式を整数にします。

①×2

$2H_2 + O_2 = 2H_2O$(液)＋572 kJ………………………③

②×4

$4NH_3 + 3O_2 = 2N_2 + 6H_2O$(液)＋1532 kJ………　④

不要な O_2 や H_2O(液)を消去するには，③をさらに×3にして係数をそろえればよいのがわかると思います。

$6H_2 + 3O_2 = 6H_2O$(液)＋1716 kJ……………………　⑤（③×3）

この⑤式より④式を引くと，

$6H_2 - 4NH_3 = -2N_2 + 184$ kJ

整理して，

$2N_2 + 6H_2 = 4NH_3 + 184$ kJ

従って，NH_3 1 mol では，184÷4＝**46 kJ**……となります。

解　答

【問題1】　(2)

7 化学反応の速さと化学平衡

（1）反応速度

化学反応には，プロパンなどが爆発するときのような，非常に速い反応や，あるいは，鉄が錆びていくときのような，非常にゆっくりとした反応があります。この反応する速さの度合いを**反応速度**といいます。

> なぜ，鉄はゆっくりとさびるのか？
> ⇒ プロパンなどの気体は，空気中の酸素と混合しやすく，容易に酸素と結合するので燃えやすいのですが，鉄のような固体では，その表面でしか酸素と接触しないので，燃えにくいのです。

そこで，この反応速度の説明に入るわけですが，その前に，化学反応を反応をするもの（＝**反応物質**）と，その結果生じるもの（**生成物質**）に分けると，反応が進むにつれて，当然，反応物質は減り，生成物質は増えます。たとえば，水素（H_2）とヨウ素（I_2）からヨウ化水素（HI）が生じる反応は，次のようになります。

$$H_2 + I_2 \rightarrow 2\,HI$$

先ほどの「反応が進むにつれて，反応物質は減り，生成物質は増える」を，この反応式で説明すると，「反応が進むにつれて水素とヨウ素は減り，ヨウ化水素は増える」となります。

この場合，単位時間に反応物質（水素とヨウ素）が減少する割合，または，単位時間に生成物質（ヨウ化水素）が増加する割合が**反応速度（v）**となるわけです。

ここで注意しなければならないのは，当然ながら，H_2とI_2の反応速度（減少する速度）は同じであり，また，同時に，2 HI の反応速度（増加する速度）とも同じである，ということです。

以上を式で表すと，次のようになります。

$$v = -\frac{\triangle[H_2]}{\triangle t} = -\frac{\triangle[I_2]}{\triangle t} = \frac{1}{2} \times \frac{\triangle[HI]}{\triangle t}$$

となります。

ここで，Δ（デルタ）は「変化分」を表し，また〔　〕の表示は，その物質の**モル濃度**を表しています。また，反応物質（H_2とI_2）は反応によって減少するため，モル濃度の変化分（Δ）は負の値となりますが，反応速度自体は正の値となるように計算しますので，係数をマイナスにします。

つまり，単位時間当たりの**水素モル濃度の変化量**＝単位時間当たりの**ヨウ素モル濃度の変化量**＝単位時間当たりの**ヨウ化水素の変化量**となるわけです。

（2）反応速度を支配する条件

さて，その反応速度ですが，同じ化学反応であっても，**温度**，**濃度**，**触媒**などによって反応速度が異なってきます。

というのは，そもそも化学反応は，分子どうしの衝突により起こるものであり，**温度**，**濃度**が高いと，その衝突回数が多くなるので，反応速度も大きくなるのです（温度については高いほど分子の運動が激しくなるため）。

また，**触媒**については，(4)で説明する活性化エネルギーが小さくなるので，反応しやすくなり，反応速度が大きくなるのです。

（3）反応速度式

反応速度を支配する条件の１つ，濃度に着目すると，反応速度vは，その濃度に比例します。

（１）のヨウ化水素の式でいうと，反応速度vは，$[H_2]$にも$[I_2]$にも比例します。

$[H_2]$にも$[I_2]$にも比例するということは，$[H_2]$と$[I_2]$の積にも比例するということになるので，結局，比例定数をkとすると，

$v = k[H_2][I_2]$という式を導きだすことができます。

この濃度と反応速度を表した式を**反応速度式**といいます（（５）の化学平衡式で出てきます）。

（4） 活性化エネルギー

ここで，（2）で出てきた活性化エネルギーについて説明しておきます。

たとえば，新聞紙を燃やすためには，マッチやライターなどで点火させる必要があります。

燃焼は可燃物が酸化する反応なので，新聞紙に酸素ボンベから酸素を大量に吹き付ければ燃えそうなものですが，実際はマッチやライターなどで点火させないと燃えません。

これは，新聞紙の分子が酸素と接触しただけでは反応せず，マッチやライターなどで，ある一定以上のエネルギーを与えてやらないと反応しないからです。

この化学反応を起こさせるために必要な最低限のエネルギーを**活性化エネルギー**といいます。

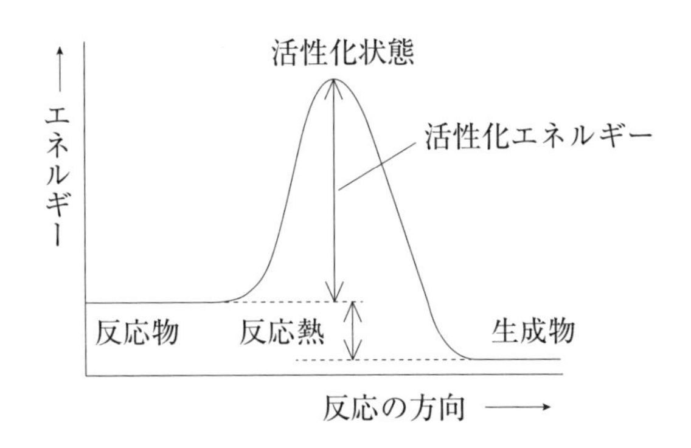

つまり，この山を越せば，どんどん反応は進むわけで，先ほどの触媒はこの山を小さくする働きがあるわけです。

（5） 化学平衡

1. 可逆反応と不可逆反応

化学反応式において，左辺から右辺に進む反応を**正反応**，逆に右辺から左辺に進む反応を**逆反応**といいます。また，左辺から右辺だけではなく，右辺から左辺にも進む反応を**可逆反応**といい，両者の矢印（⇄）を用いて表します。

たとえば，窒素と水素の混合気体を高温に保つと，$N_2 + 3H_2 \rightarrow 2NH_3$（アンモニア）という反応が進みますが，逆に，アンモニアを高温に保つと，$2NH_3 \rightarrow N_2 + 3H_2$という反応が進みます

従って，この反応は可逆反応ということになり，$N_2 + 3H_2 \rightleftarrows 2NH_3$という式で表すわけです。

また，これとは反対に一方向にしか進まない反応を**不可逆反応**といいます。

２．化学平衡　重要！

先ほどの窒素と水素の可逆反応ですが，窒素と水素を高温に保つと，

$N_2 + 3H_2 \rightarrow 2NH_3$　という正反応が進み，NH_3が生成されていきますが，逆に，生成されたNH_3からN_2，H_2に戻る逆反応も進みます。

そして，正反応，逆反応の速度が等しくなったとき，各物質N_2，H_2，NH_3の濃度に変化はなくなり，見かけ上は変化がないような状態となります。この状態を**化学平衡**といいます。

３．平衡定数

窒素と水素からアンモニアを生成する反応式，$N_2 + 3H_2 \rightleftarrows 2NH_3$ですが，ここで，（３）の反応速度式を思い出してください。

（３）では，正反応しか考えませんでしたが，ここでは逆反応の速度も考えます。

そこで，正反応，逆反応のそれぞれの速度をv_1，v_2，比例定数をk_1，k_2とすると，正反応の反応速度v_1は，$v_1 = k_1[N_2][H_2]^3$，逆反応の反応速度v_2は，$v_2 = k_2[NH_3]^2$と表されます（［　］はモル濃度）。

〔$[NH_3]^2$について〕

$v_2 = k_2[NH_3]^2$においては，NH_3が２つあるので，本来は，$v_2 = k_2[NH_3][NH_3]$となるところを，$v_2 = k_2[NH_3]^2$と表しています。

さて，２で説明した化学平衡では，両者の速度が等しいので，$v_1 = v_2$となり，$k_1[N_2][H_2]^3 = k_2[NH_3]^2$となります。

各物質のモル濃度を左辺に，比例定数を右辺にまとめると，

$\frac{[NH_3]^2}{[N_2][H_2]^3} = \frac{k_1}{k_2} = K$　となります（k_1，k_2ともに定数なので，$\frac{k_1}{k_2}$を新たな定数Kとしています）。

このKを**平衡定数**といいます。

つまり，平衡状態における生成物質と反応物質の濃度の積の比であり，$\frac{生成物質の濃度の積}{反応物質の濃度の積} = K$ ということになり，**温度が変化しない限り，各成分の濃度を変化させても一定の値**となります。

4．ル・シャトリエの原理

2のように，可逆反応が平衡状態にあるときに，反応条件（**濃度**，**圧力**，**温度**）を変えると，その変化を打ち消す方向に平衡が移動します。これを**ル・シャトリエの原理**（平衡移動の原理）といいます。

各反応条件について具体的に説明すると，次のようになります。

① **濃度**

先ほどの窒素と水素の可逆反応ですが，平衡状態にあるときに，たとえば，左辺にある窒素N_2を加えると，その**増加を打ち消す方向**に平衡が移動します。

つまり，N_2濃度が減少する方向に移動するわけで，下の反応式よりわかるように，**右向き**に平衡が移動し，そこで新たな平衡状態となるわけです。

$$N_2 + 3H_2 \rightleftarrows 2NH_3$$

② **圧力（気体のみ）**

平衡状態にある可逆反応に圧力を加えると，分子の密度が高くなるため，その圧力を減少させる方向，すなわち，**気体の分子数が減少する方向**に平衡が移動します。

窒素と水素の可逆反応でいうと，左辺は1 mol（N_2）＋3 mol（$3H_2$）＝**4 mol**，右辺は，**2 mol**（$2NH_3$）なので，圧力を加えると，圧力が減少する方向，すなわち，分子の数が減る方向である**右向き**に平衡が移動するわけです。

逆に，圧力を減少させると，圧力を増加させる方向（**気体分子数が増加する方向**）である**左方向**に平衡が移動します。

③　温度

先ほどの窒素と水素の熱化学方程式は，

$$N_2 + 3\,H_2 = 2\,NH_3 + 92\,kJ$$

となり，右向きに発熱反応となります。

この反応系に熱を加えると，熱を下げる方向，すなわち，**吸熱方向**（左向き）に平衡が移動します。

逆に，温度を下げると，**発熱方向**（右向き）に平衡が移動します。

このように，ル・シャトリエの原理は，大きくしようと思えば小さい方に向かい，増やそうと思えば減る方に向かうという，まさに“アマノジャク”な原理なわけです。

問題演習　2－7．化学反応の速さと化学平衡

【問題1】

可逆反応における化学平衡に関する記述について，次のうち誤っているものはいくつあるか。

A　平衡状態とは，正逆の反応速度が互いに等しくなり，見かけ上，変化が停止したような状態になることをいう。

B　反応系の圧力を大きくすると，気体の総分子数が増加する方向に反応が進み，新しい平衡状態となる。

C　ある物質の濃度を増加すると，その物質が反応して減少する方向に反応が進み，新しい平衡状態になる。

D　触媒を加えると，反応の速度は変化するが平衡そのものは移動しない。

E　平衡状態にある反応系の温度を高くすると，発熱の方向に反応が進み，新しい平衡状態となる。

(1)　なし　　(2)　1つ　　(3)　2つ　　(4)　3つ　　(5)　4つ

解説

A：正しい。

化学反応式において，正反応（左辺から右辺に進む反応）と逆反応（右辺から左辺に進む反応）の速度が等しくなったとき，反応系は見かけ上，変化がないような状態，すなわち，反応が停止しているような状態になります。

この状態を**化学平衡**といいます。

B：誤り。

平衡状態にある反応系の圧力を大きくすると，ル・シャトリエの原理より，**「その変化を打ち消す方向」**，すなわち，圧力が**小さく**なる方向に平衡が移動します。圧力が小さくなる方向は，気体の総分子数が増加する方向ではなく，総分子数が**減少する**方向なので，誤りです。

解　答

解答は次ページの下欄にあります。

C：正しい。

同じく，ル・シャトリエの原理より，「濃度の増加を打ち消す方向」，すなわち，その物質が反応して**減少する**方向に反応が進み，新しい平衡状態になるので，正しい。

D：正しい。

触媒が加わると，活性化エネルギー（反応を起こさせるために必要な最小のエネルギー）が小さくなるので，反応速度が**増大**しますが，平衡そのものは移動しないので，正しい。

E：誤り。

平衡状態にある反応系の温度を**高く**すると，ル・シャトリエの原理より，「その変化を打ち消す方向」，すなわち，温度を**低く**する方向に平衡が移動します。従って，発熱の方向ではなく，吸熱の方向に反応が進むので，誤りです。

従って，誤っているのは，B，Eの2つとなります。

【問題2】

次の化学反応式は，平衡状態にあるものとする。これについて述べた次の記述のうち，正しいものはどれか。

$H_2 + I_2 \rightleftarrows 2HI + 9\,kJ$

(1)　圧力を高くすると，反応は右から左へと移動して新しい平衡状態となる。

(2)　温度を上げると，反応は左から右へと移動して新しい平衡状態となる。

(3)　ヨウ素を増加すると，反応は左から右へと移動して新しい平衡状態となる。

(4)　水素を減少すると，反応は左から右へと移動して新しい平衡状態となる。

(5)　ヨウ化水素を取り除くと，反応は右から左へと移動して新しい平衡状態となる。

解　答

【問題1】　(3)

解説

(1) 誤り。

圧力に関しては，ル・シャトリエの原理より，「反応系の圧力を大きくすると，気体の総分子数が減少する方向に反応が進み，新しい平衡状態となる。」となります。

問題の反応式，$H_2 + I_2 \rightleftarrows 2HI + 9\,kJ$ を見てみると，左辺は 2 mol で右辺も 2 mol となるので，気体の総分子数は両辺で等しくなります。従って「総分子数が減少する方向」がないので，圧力を高くしても**反応は移動しない**，ということになります。

(2) 誤り。

前問のEより，平衡状態にある反応系の温度を**高く**すると，温度を**低く**する方向に平衡が移動して，新しい平衡状態となります。

従って，**吸熱**の方向に反応が進むので，反応は右から左へと移動して新しい平衡状態となります。

(3) 正しい。

ヨウ素を増加すると，それを**減らす**方向である左から右へと反応が移動します。

(4) 誤り。

水素を減少すると，それを**増加する**方向である右から左へと反応が移動します。

(5) 誤り。

ヨウ化水素を取り除くと，ヨウ化水素の濃度を**増加する**右方向へと反応が移動します。

【問題3】

酢酸（CH_3COOH）2.0 mol/ℓ とエタノール（C_2H_5OH）3.0 mol/ℓ を水中で次式のように反応させた。

$CH_3COOH + C_2H_5OH \rightleftarrows CH_3COOC_2H_5$（酢酸エチル）$+ H_2O$

平衡定数を K＝2.0 ℓ/mol とすると，平衡状態での酢酸（CH_3COOH）の濃度はおよそいくらか。

ただし，水の変化量は無視するものとし，上記の平衡定数Kは濃度平

解　答

【問題2】 (3)

衡定数 Kcを水の濃度で除したもの（K＝Kc/［H_2O］）とする。

(1)　0.5 mol/ℓ
(2)　1.2 mol/ℓ
(3)　1.5 mol/ℓ
(4)　1.8 mol/ℓ
(5)　2.0 mol/ℓ

解説

酢酸とエタノールは同じモル数が反応するのですが，本問では，酢酸2.0 mol/ℓにエタノール3.0 mol/ℓを反応させているので，両者はすべて反応するわけではありません。

いま，反応した mol 数（＝生成した酢酸エチルの mol 数）を x mol とすると，反応後の酢酸は，（２－x）mol，エタノールは（３－x）mol となります。

また，生成した $CH_3COOC_2H_5$（酢酸エチル）は x mol となります。
(⇒酢酸とエタノールが同じモル数反応して同じ mol 数の酢酸エチルが生成するので)。

これを表にすると，次のようになります。

	CH_3COOH	C_2H_5OH	$CH_3COOC_2H_5$
反応前	2 mol	3 mol	0 mol
反応後	（２－x）mol	（３－x）mol	x mol

これをもとに，平衡状態での酢酸の濃度を求めるには，平衡定数を用います。

平衡定数の式は，

$$\frac{\text{生成物質の濃度の積}}{\text{反応物質の濃度の積}}$$ より，

$$Kc（\text{濃度平衡定数}）=\frac{[CH_3COOC_2H_5][H_2O]}{[CH_3COOH][C_2H_5OH]}$$

となるのですが，

解　答

解答は次ページの下欄にあります。

問題の条件より，平衡定数 K ＝ 2 ℓ/mol は濃度平衡定数 Kc を水の濃度で除したもの（$K = Kc/[H_2O]$）とするので，

$$K = \frac{[CH_3COOC_2H_5]}{[CH_3COOH][C_2H_5OH]} = 2\ (\ell/mol)$$ となります。

これに，先ほどの反応後の各物質の mol 数を代入すると，

$$K = \frac{x}{(2-x)\ (3-x)} = 2\ (\ell/mol)$$

$$= \frac{x}{6-5x+x^2} = 2\ (\ell/mol)$$

$12 - 10x + 2x^2 = x$

$2x^2 - 11x + 12 = 0$

これを 2 次方程式の解の公式で解くと，

$$x = \frac{11 \pm \sqrt{25}}{4}$$

$$= \frac{11 \pm 5}{4}$$

$= 4$ 又は1.5（mol/ℓ）

（$2-x$）あるいは，（$3-x$）mol より，

x が 4 だと，反応後の物質がマイナスになるので，解は1.5となります。

従って，平衡状態での酢酸（CH_3COOH）の濃度は，元の2.0 mol からこの1.5 mol を除いた分となるので，$2 - 1.5 = 0.5$ mol/ℓ となります。

解　答

【問題 3】 (1)

8 溶液

(1) 電気陰性度と分子の極性

1．電気陰性度

たとえば，塩化水素（HCl）は，非金属どうしの結合なので**共有結合**になりますが（⇒P 106），その共有電子対はHとClの中間にあるのではなく，中間よりClの方にかたよった位置にあります。

これは，Cl原子の方がH原子より電子を引き付ける力が強いからです。このように，原子が電子を引き付ける強さを**電気陰性度**といいます。（覚える必要はありませんが，電気陰性度は周期表では，右または上へいくほど大きく，左または下へいくほど小さくなります。）

2．分子の極性

上記1の塩化水素では，共有電子対が電気陰性度の強いClの方に引き寄せられている，と説明しましたが，電子が接近する分，Clの方はわずかにマイナスの電荷（−）を帯びてきます。

それに対してHの方は電子が遠ざかったので，プラスの電荷（＋）を帯びてきます。

このように，分子全体としてプラスとマイナスの電荷に片寄りができた状態を**極性**といい，極性のある分子を**極性分子**といいます。

一方，H_2やCl_2などの同じ原子からなる分子や，CO_2やCH_4などの異種原子どうしでも結合の方向が対称的なものは，極性が打ち消しあって分子全体としては極性を示しません。

このような分子を**無極性分子**といいます。

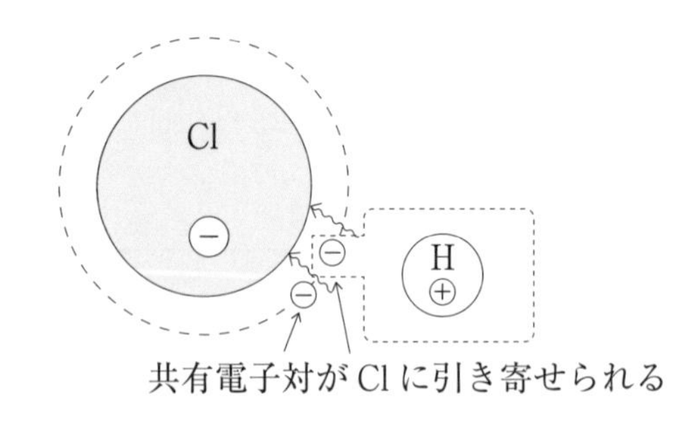

共有電子対がClに引き寄せられる

(2) 溶液について

たとえば，食塩を水に溶かすと食塩水ができます。このとき，溶けている物質である食塩を**溶質**，溶かしている液体である水を**溶媒**といいます。

また，溶質と溶媒が均一に混ざり合った液体を**溶液**といい，特に溶媒が水である溶液を**水溶液**といいます。

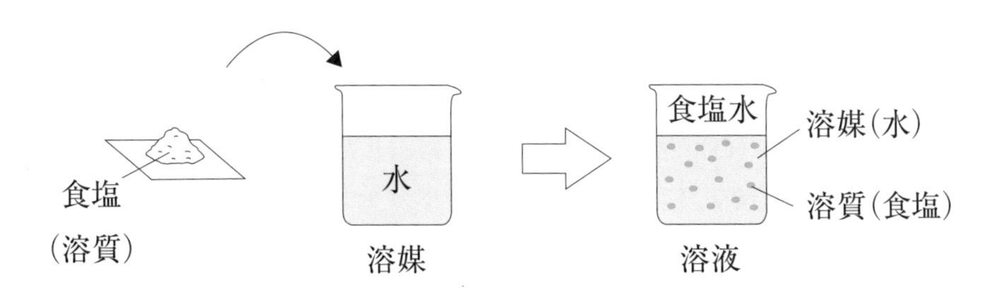

<硝酸について>

上記の食塩水の場合は，溶質が食塩で溶液が食塩水でしたが，第6類危険物である硝酸の場合は，溶質，溶液とも硝酸と表示してあります。つまり，純粋なものも，水で溶かしたものも硝酸ということになります。

(ただ，溶液において溶質の割合が濃い薄いの区別や，濃硝酸，希硝酸の区別はあります。)

従って，硝酸については，「硝酸」と表示されている場合，溶質のみの硝酸か，あるいは溶質が水に溶けた溶液としての硝酸かを，そのときの状況から判断する必要がありますが，一般的には（甲種危険物取扱者試験も），その**水溶液のことを硝酸という**ので，「硝酸＝溶液としての硝酸」と理解しておいていただいて結構です。

なお，参考までに，消防法では危険物には含まれていませんが，硫酸も硝酸と同じく，溶質，溶液とも硫酸と表示しています。

（３）溶解について

１．水和

まず，次の２点を頭に入れておいてください。

・水（H_2O）は（１）で説明した極性を持った**極性分子**である。
・塩化ナトリウム（NaCl）は，イオン結合（金属と非金属の結合）からなるイオン結晶である。

さて，この塩化ナトリウムを水に入れると，Na^+は水分子の**マイナス**に帯電した部分（**O**）と，Cl^-は**プラス**に帯電した部分（**H**）と引き合い，やがてイオン結合が外れて，それぞれが水分子と結合した状態でバラバラになって拡散していきます（「Na^+と水分子のマイナスに帯電した部分O」のコンビと「Cl^-とプラスに帯電した部分H」のコンビ）。

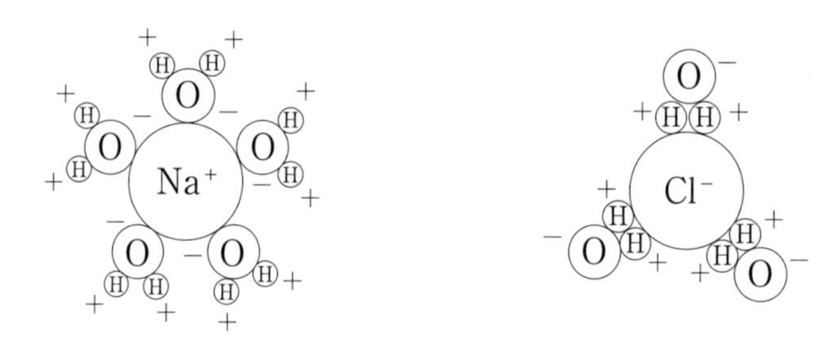

このように，イオンなどの溶質粒子が数個の水分子に取り囲まれて結合することを**水和**といい，このような状態のイオンを**水和イオン**といいます。（水分子はこのような**極性分子**であるため，多くのイオン結晶をよく溶かします）。

水に溶けやすい，溶けにくいは，この水和をする，しないから起こる現象であり，一般的に**電解質**（水などの溶媒に溶けた際に電離してプラスとマイナスのイオンを生ずるイオン結晶などの物質）ほど溶けやすくなります。（ただし，電解質であってもイオン結合の方が水分子と引き合う力より強い炭酸カルシウムなどの一部の物質の場合は，水に溶けにくくなるという例外はあります）

たとえば，エタノール（C_2H_5OH）などのアルコールは一般的に水に溶けやすい性質を示しますが，これは，アルコールにはヒドロキシ基（－OH）という極性のある官能基が結合しているので，同じく極性のある水分子と水和するからです。

2．水和水

イオン結晶からなる物質を溶かした水を蒸発させた場合，結晶中に一定の割合で含まれている水のことをいいます。

これは，陽イオンと陰イオンを比べた場合，陽イオンの方が水分子を引き付ける力が強いので，陽イオンと水分子が結合したままで析出（せきしゅつ）するからで，**水和水**や**結晶水**ともいいます。

なお，結晶水を含む物質（イオン結晶）を表示する際は，**炭酸ナトリウム十水和物**（$Na_2CO_3 \cdot 10H_2O$）というように表示します。

（4）溶解度

1．溶解平衡

たとえば，水（溶媒）に塩化ナトリウムの結晶を加えると，

① 底に沈殿した結晶表面のイオンが水分子と水和し，水に溶けていきます。

その溶けた水和イオンのうち，

② 運動エネルギーが小さいものは，結晶表面に触れた際に，その引力により再び結合して結晶に戻るものがあります（⇒**析出（せきしゅつ）という**）。

塩化ナトリウムが少ないうちは，①の「塩化ナトリウムの結晶から水へ溶けだすイオン」の方が圧倒的に多いのですが，多くなると（濃度が高くなると），②の溶液中から結晶に戻るイオンの数が増えてきます。

この①と②の数が等しくなったとき，見かけ上は溶解がストップしたように見えます。

この状態を**溶解平衡**といい，このときの溶液（これ以上濃度が濃くならない溶液）を**飽和溶液**といいます（次ページの図参照）。

つまり，溶質が限界まで溶けている溶液が**飽和溶液**であり，その溶ける限度を表したものを**溶解度**といいます。

（注：溶解とは，固体，気体，あるいは液体がほかの液体に溶けて均一な液体，すなわち，溶液になることをいいます。）

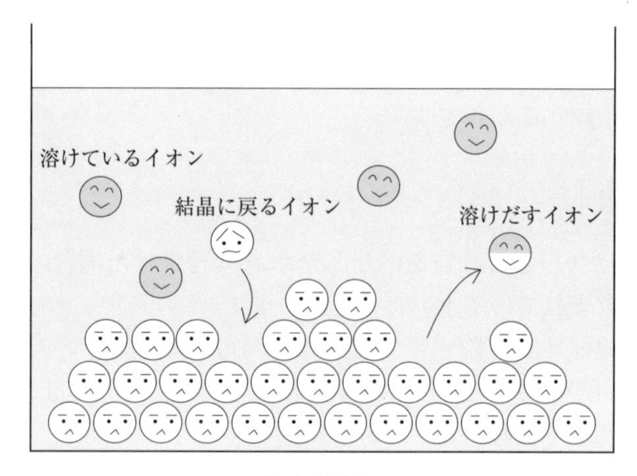

飽和溶液

2．固体の溶解度

固体の溶解度は，**溶媒**（＝水）**100 g** に溶けることのできる**溶質**の最大質量（グラム：g）で表します。

この溶解度は温度によって変化しますが，固体の場合は，一般に温度が高くなるにつれて大きくなります（⇒つまり，温度が高くなるほどたくさん溶けるということ）。というのは，**温度が高くなるほど粒子の運動が活発になって結晶から溶け出す量が増えるから**です。

＜再結晶について＞

溶解度は温度によって変化します。固体の場合，高温のときにたくさん溶け，低温になるほど少ししか溶けません。

従って，高温で飽和溶液を作り，それを冷却すると，前ページの1．溶解平衡の②で説明したように，運動エネルギーの小さいものが結晶に戻ります。

このように，溶けきれなくなった溶質が再び結晶に戻る現象を析出（せきしゅつ）といい，このような方法によって不純物を取り除く方法を**再結晶**といいます。

析出（せきしゅつ）：溶液中で溶質が結晶に戻ること。

【例題】

水100 g に対する塩化カリウムの溶解度は，60 ℃で46 g，20 ℃では34 g である。

60 ℃の塩化カリウムの飽和水溶液200 g を20 ℃まで冷やした場合，析出する塩化カリウムの量は何 g か。

解説

まず，表にすると，次のようになります。

	飽和水溶液
60℃	水（100 g）＋塩化カリウム（46）g
20℃	水（100 g）＋塩化カリウム（34）g
析出量	12 g

塩化カリウムは，同じ100 g の水でも60 ℃では46 g 溶け，20 ℃では34 g しか溶けないので，60 ℃で100 g の水に塩化カリウムが目いっぱい溶けている**146 g** の飽和水溶液をそのまま20 ℃に冷却すると，46 － 34 ＝ **12 g** の塩化カリウムが析出する，ということになります。

146 g の飽和水溶液で**12 g** の塩化カリウムが析出するので，**200 g** の飽和水溶液だと，

$$12\,\text{g} \times \frac{200}{146} \fallingdotseq \mathbf{16.44\,g}$$ 析出する，

ということになります。

式で表すと，次のようになります。

$$\frac{146\,\text{gでの析出量}}{146\,\text{gの飽和水溶液}} = \frac{200\,\text{gでの析出量（xと置く）}}{200\,\text{gの飽和水溶液}}$$

$$\frac{12}{146} = \frac{x}{200} \qquad \therefore \quad x \fallingdotseq 16.44\ (\text{g})$$

（答）16.44 g

（注：溶解度の数値については，資料によって若干の違いがあります。）

３．気体の溶解度

気体の溶解度は，一般に，溶媒１mℓに溶ける気体の体積（mℓ）を0℃１気圧に換算した値で表します。

その溶解度ですが，気体の場合は固体とは逆に，一般に，温度が高くなるにつれて**小さく**なります。（⇒温度が高くなるほど少ししか溶けなくなる）。

というのは，気体の場合，まず，溶液中に溶けこむ気体分子と溶液中から溶液外に飛び出す気体分子を考えます。

温度が高くなると，当然，気体分子の運動エネルギーは増加します。

すると，溶液中に溶けこむ気体分子の数より，液体分子との**分子間力**に打ち勝って溶液外に飛び出す気体分子の数の方が増えます。

言い方を換えると，気体分子の運動エネルギーが増加することによって，気体分子を溶液中に閉じ込めることが，（温度が低いときに比べて）よりできなくなった，ということになります。

このようなわけで，**気体の溶解度は，温度が高くなるにつれて小さくなる**わけです。

<ヘンリーの法則>

たとえば，炭酸飲料の栓を抜くと気泡が盛んに発生しますが，これは高圧で溶けていたCO_2が栓を抜くことによって圧力が下がり，溶けきれなくなって気体となったCO_2が溶液外に飛び出したためです。

このように，温度が一定なら，一定量の溶媒に溶ける気体の質量は**圧力に比例**します。これを**ヘンリーの法則**といいます。

（注：ヘンリーの法則が当てはまるのは，溶解度が小さい気体の場合です）

（5）溶液の濃度　重要！

溶液中に溶けている溶質の濃度の表し方には，次のように色々な種類があります。

1．質量パーセント濃度

溶質の質量と**溶液**の質量の割合をパーセントで表したもの。

$$\text{質量パーセント濃度} = \frac{\text{溶質の質量〔g〕}}{\text{溶液の質量〔g〕}} \times 100〔\%〕$$

たとえば，食塩水の場合，溶液は「食塩＋水」，溶質は「食塩」になります。その100 g の食塩水に食塩が30 g 溶けている場合，

溶液が100 g，溶質が30 g となるので，

$\frac{30}{100} \times 100 = 30\ \%$　となります。

2．モル濃度　重要！　重要！

溶液1 ℓ 中に溶けている溶質の物質量〔mol〕で表したもの。

$$\text{モル濃度〔mol/ℓ〕} = \frac{\text{溶質の物質量〔mol〕}}{\text{溶液の体積〔ℓ〕}}$$

要するに，溶液1 ℓ 中に溶けている（溶質の）mol 数で，試験では，ほとんどこのモル濃度を用いています。

3．質量モル濃度

溶媒1 kg に溶けている溶質の物質量〔mol〕で表したもの。

$$\text{質量モル濃度〔mol/kg〕} = \frac{\text{溶質の物質量〔mol〕}}{\text{溶媒の質量〔kg〕}}$$

（６）溶液の性質

１．蒸気圧降下

たとえば，砂糖や塩化ナトリウムなどの蒸発しにくい物質（不揮発性物質という）を水に溶かした場合，純水のときに比べて蒸発しにくくなります。蒸発しにくくなるのは**蒸気圧**が下がるからであり，蒸気圧が下がるのは，その水溶液の溶質（砂糖など）粒子が水の分子の蒸発を妨げているからです。このように，液体に不揮発性物質を溶かした場合に，蒸気圧が下がる現象を**蒸気圧降下**といいます。

当然ながら，その水溶液の濃度が濃ければ濃いほど蒸気圧は下がります。

２．沸点上昇

１の砂糖のように不揮発性物質を水に溶かすと蒸気圧が下がります。

水溶液の蒸気圧が**下がれ**ば，外圧と同じ圧力にするまでには，その分，温度を**上げる**必要があります。

従って，その分，沸点が**上昇**します（⇒「外圧＝蒸気圧」の温度が沸点）。

このように，液体に不揮発性物質を溶かした溶液(砂糖水)の沸点が，溶媒(水)の沸点より上昇する現象を**沸点上昇**といいます。

３．凝固点降下

たとえば，水は０℃で凝固しますが，海水は約－1.9℃にならないと凝固しません。このように，溶液(海水)の凝固点が溶媒(水)の凝固点より低くなる現象を**凝固点降下**といいます。

４．浸透圧

溶液中の溶媒のような小さな分子だけを通し，溶質のように大きな分子は通さない膜を**半透膜**といいます。例えば，ショ糖（砂糖の主成分）の水溶液を半透膜で仕切ると，**溶媒**である水分子は半透膜を通過できますが，**溶質**であるショ糖分子は通ることができません。またこの時，濃度の異なるショ糖溶液どうしを半透膜で隔てると，ショ糖濃度の低い方から高い方へ水分子が移動し，互いに同じ濃度になろうとします（ショ糖分子は半透膜を通過できないため，移動は起こりません)。この現象を**浸透**といい，半透膜を通って浸透する水の圧力を**浸透圧**と呼びます。浸透圧（P）は次式で求めることができます。

$$P = cRT$$

（c：溶液のモル濃度〔mol/ℓ〕
R：気体定数 = 0.082〔ℓ・atm／（K・mol)〕
T：絶対温度〔K〕）

この式より，溶液の濃度や温度が上昇すると浸透圧も上昇するということがわかります（ちなみに，浸透圧の計算と気体の状態方程式から気体の圧力を求める計算（$P = \frac{n}{V} \cdot RT$）とは，濃度の表し方が異なるだけで，同様の式となります（モル濃度 $c = \frac{n}{V}$〔mol/ℓ〕を代入すると同じ式になります)。

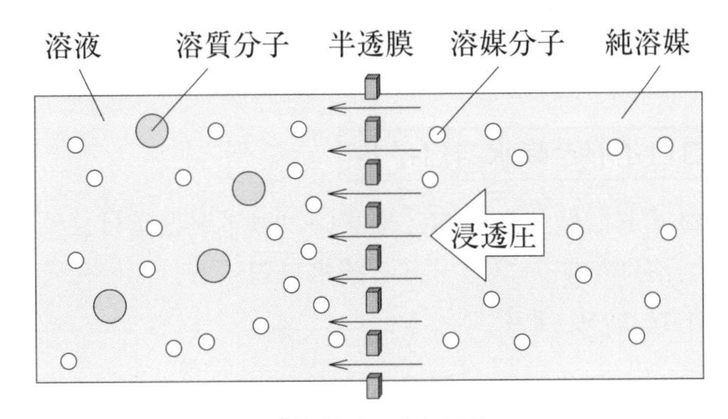

浸透圧の概略図

濃度の異なる液体を半透膜で仕切ると，濃度の低い方から高い方へ水が移動し，互いに同じ濃度になろうとする。

（7）コロイド溶液

1．コロイドとは

気体，液体，固体などの物質の種類にかかわらず，直径が10^{-9}～10^{-7} m 程度の粒子を**コロイド粒子**といいます。

一般に，原子の直径は，10^{-10} m 程度なので，その10倍から1000倍程度の非常に大きな粒子ということになります。

また，コロイド粒子が均一に分散している液体を特に**コロイド溶液**（または**ゾル**）といいます。

その場合，コロイド粒子を分散させている液体を**分散媒**，分散しているコロイド粒子を**分散質**といいます。

たとえば，霧は分散媒が気体(空気)，分散質が液体であり，牛乳は分散媒，分散質とも液体になります。

各種コロイドの例

分散媒	分散質	例
気体	液体	霧，雲
	固体	煙
液体	固体	墨汁
	液体	牛乳
固体	固体	着色ガラス

2．親水コロイドと疎水コロイド

まず，コロイドには，水に溶けやすいコロイドと溶けにくいコロイドがあります。溶けやすいコロイドを**親水コロイド**，溶けにくいコロイドを**疎水コロイド**といいます。

①　**親水コロイド**（でんぷん，石鹸，タンパク質など）

コロイドは，一般に正か負の電荷を帯びており，同種の電荷どうしの反発のため，沈澱せずに溶液中に分散した状態で存在します。そのコロイドの分子中に，（－ OH, － COOH）などの親水性の原子団があると，その周囲を水分子が取り囲んで水和した状態となります。このように，水との親和力の強いコロイドを**親水コロイド**といいます。

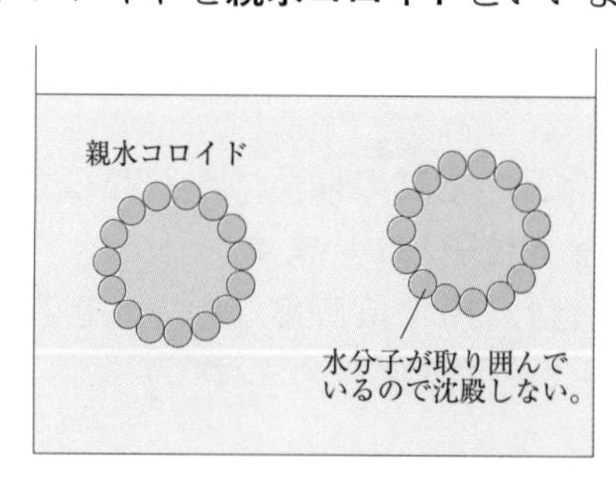

親水コロイドは，水との親和力が強いので，少量の電解質（NaClなどの水中でイオンに電離する物質）を加えても沈澱しませんが，多量の電解質を加えると，コロイドを取り囲んでいた水分子を引き離して沈澱します。この現象を**塩析**（えんせき）といいます。

② **疎水コロイド**（金属，硫黄，水酸化鉄など）

水の分子とほとんど水和せずに存在するコロイドで，少量の電解質を加えると沈澱します。この現象を**凝析**（ぎょうせき）といいます。

保護コロイドについて

疎水コロイドに親水コロイドを加えると，親水コロイドが疎水コロイドを完全に取り囲むため，少量の電解質を加えただけでは疎水コロイドが沈殿（凝析）しなくなります。

3．コロイドの性質

コロイドには，次のような性質があります。

① **チンダル現象：**

映画館の映写機から出る光を見ると，光の進路を見ることができますが，これは，コロイド粒子であるホコリが**光を乱反射**しているからです。このように，コロイド粒子に光を当てたとき，コロイド粒子が光を散乱させるため，光の通路が明るく光って見える現象を**チンダル現象**といいます。

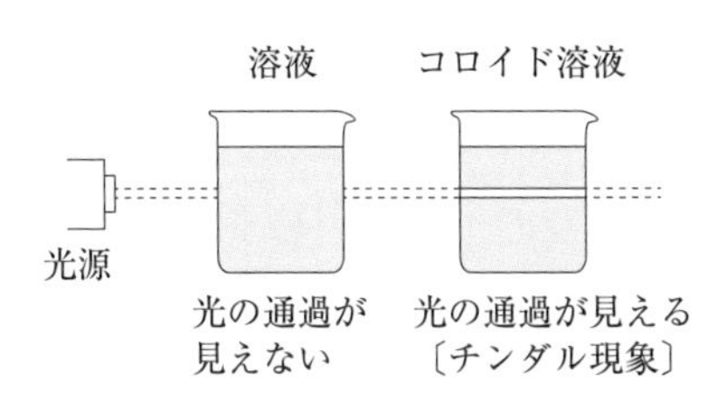

② **ブラウン運動：**

コロイド溶液中のコロイド粒子は，絶えず不規則な運動をしているのですが，これは，コロイド粒子自身が運動しているのではなく，その周囲にある水分子がコロイド粒子に不規則に衝突しているためです。このようにして起こる運動を**ブラウン運動**といいます。

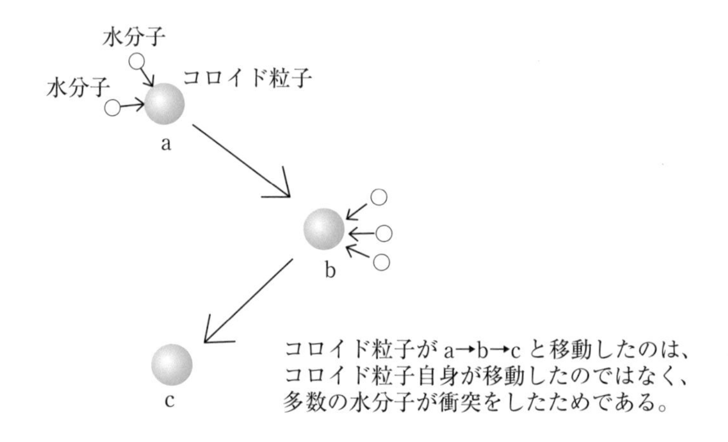

③　**透析：**

コロイド粒子を半透膜（＝目の細かい膜）の袋に入れ流水中につるしておくと，コロイド粒子以外の小さな分子やイオンは半透膜を通過し，コロイド粒子のみが残ります。このようにして，コロイド粒子以外を取り除いて精製する操作を**透析**といいます。

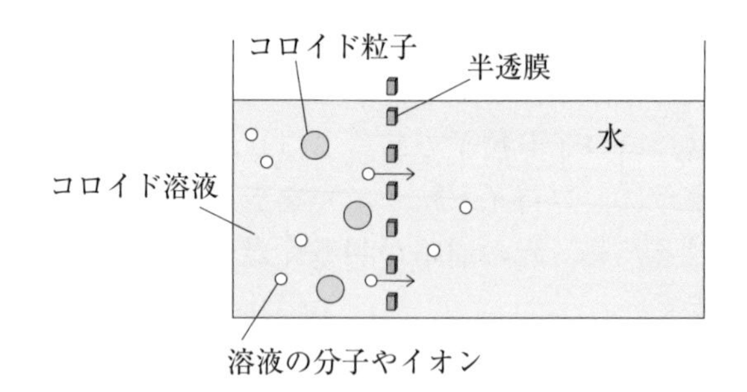

④　**電気泳動：**

コロイド粒子は，P 172の①で説明しましたように，一般に正か負の電荷を帯びています。

このような溶液中に電極を入れ直流電圧を加えると，正電荷をもつコロイド粒子は負極に，負電荷をもつコロイド粒子は正極に移動します。このような現象を**電気泳動**といいます。

⑤　**凝析：**

疎水コロイドに少量の電解質を加えると，（電解質中にある）コロイド粒子と**反対符号のイオン**がコロイド粒子の表面に結合してコロイド粒子の電荷を**中和**してしまいます。

そうなると，コロイド粒子間の反発力がなくなり，コロイド粒子間には分子間力がより働くようになり，凝集して**沈澱**します。

このような現象を**凝析**といいます。

⑥　**塩析：**

親水コロイドに少量の電解質を加えても沈澱しませんが，多量の電解質を加えると，水和している水分子が取り除かれるので，**沈澱**します。このような現象を**塩析**といいます。

問題演習　2－8．溶液

【問題1】

次の文中の（　）内に当てはまる語句の組合せとして，正しいものはどれか。

「塩化ナトリウム水溶液の場合，塩化ナトリウムを溶解させている液体である水が（A），溶解している塩化ナトリウムが（B）であり，それらが均一に混ざった液体が（C）である。」

	（A）	（B）	（C）
(1)	溶媒	触媒	溶質
(2)	溶媒	溶質	溶液
(3)	溶液	溶質	溶媒
(4)	溶液	溶媒	溶質
(5)	溶質	溶媒	溶液

解説

塩化ナトリウム水溶液（食塩水）の場合，水が**溶媒**，塩化ナトリウム（食塩）が**溶質**，それらが均一に混ざった液体が**溶液**になります。

なお，この場合，溶媒が水の場合を**水溶液**ともいいます。

【問題2】

次の文中の（　）内に当てはまる語句の組合せとして，正しいものはどれか。

「イオン結晶である塩化ナトリウムを水に入れると，Na^+は水分子の（A）に帯電した部分（O）と，Cl^-は（B）に帯電した部分（H）と静電気力により引き合い，やがてクーロン力により結合していたイオン結合が外れて，水分子がNa^+またはCl^-イオンのそれぞれの周囲を取り囲んだ状態となる。このような現象を（C）といい，この状態のイオンを（C）イオンという。水に溶けやすい，溶けにくいは，この（C）をする，しないから起こる現象であり，一般的に電解質ほど（D）。

また，エタノール（C_2H_5OH）のように，分子中に極性のあるヒドロキ

解　答

解答は次ページの下欄にあります。

シ基（－OH）が存在すると（C）しやすくなる。この（－OH）のように水分子と（C）しやすい基を親水基という。」

	(A)	(B)	(C)	(D)
(1)	マイナス	プラス	水和	溶けやすくなる
(2)	プラス	マイナス	中和	溶けにくくなる
(3)	プラス	マイナス	水和	溶けやすくなる
(4)	マイナス	プラス	潮解	溶けにくくなる
(5)	プラス	マイナス	縮合	溶けやすくなる

解説

水和は，極性の強い水分子がイオン結晶のイオン結合を切って，周囲を取り囲む現象で，電解質ほど溶けやすくなります。

【問題3】

次の文中の（　）内に当てはまる語句として，適切なものはどれか。

「（　）とは，化合物が水と反応することによって起こる分解反応のことで，酢酸ナトリウム（CH_3COONa）を例にとると，水に溶けると，酢酸イオン（CH_3COO^-）とナトリウムイオン（Na^+）に分解する。

酢酸イオンは安定度が低いので，水分子（H_2O）の水素イオン（H^+）と結合して安定度の高い酢酸分子（CH_3COOH）となる。

一方，ナトリウムイオンは，分解した水分子の（OH^-）と結合して水酸化ナトリウム（NaOH）を生成する。

このように，極性のある化合物が水（H_2O）と反応することによって分解される現象を（　）という。」

(1) 塩析
(2) 付加重合
(3) 融解
(4) 加水分解
(5) 凝縮

解説

加水分解は，化学反応には付きものなので，よく理解しておいてください。

解　答

【問題1】 (2)

【問題４】

水100 g に対する硝酸カリウムの溶解度は，80 ℃では169 g，20 ℃では31.6 g である。

（a）80 ℃の硝酸カリウムの飽和水溶液200 g を20 ℃まで冷却した場合，析出する硝酸カリウムの結晶は何 g か。

（b）（a）で20 ℃まで冷やしたあと，20 ℃に保ったまま20 g の水を蒸発させたとすると，析出する硝酸カリウムの結晶は合計何 g か。

	(a)	(b)
(1)	137.4 g	104.356 g
(2)	102.156 g	106.556 g
(3)	137.4 g	102.156 g
(4)	102.156 g	108.476 g
(5)	137.4 g	110.556 g

解説

（a）

	飽和水溶液
80℃	水（100 g）＋硝酸カリウム（169）g
20℃	水（100 g）＋硝酸カリウム（31.6）g
析出量	137.4 g

水100 g の場合，80 ℃における飽和水溶液は，

100 ＋ 169 ＝**269 g**。

この飽和水溶液を20 ℃に冷却すると，

169 － 31.6 ＝ **137.4 g** の硝酸カリウムが析出することになります。

飽和水溶液が269 g で137.4 g の硝酸カリウムが析出するので，200 g では，$137.4 \times \frac{200}{269}$ ≒ **102.156 g** 析出することになります。

式で表すと，次のようになります。

$$\frac{269\text{ gでの析出量}}{269\text{ gの飽和水溶液}} = \frac{200\text{ gでの析出量（}x\text{と置く）}}{200\text{ gの飽和水溶液}}$$

解　答

【問題２】 (1)　　【問題３】 (4)

$$\frac{137.4}{269} = \frac{x}{200} \quad \therefore \quad x \fallingdotseq \mathbf{102.156}\ (\mathrm{g})$$

(b)　蒸発させた水20 g に溶ける硝酸カリウムは，100 g で31.6 g だから，その10分の 2 の6.32 g になります。

よって，(a) で102.156 g 析出させた後に，この6.32 g も析出されたことになるので，合計102.156 ＋ 6.32 ＝ **108.476** g 析出することになります。

【問題 5 】

濃度98 wt%の濃硫酸がある。今，0.2 mol/ℓ の硫酸水溶液1,000 mℓ をこの濃硫酸から作ろうとした場合，必要とする濃硫酸の量として，次のうち正しいものはどれか。ただし，H_2SO_4の分子量を98，濃硫酸の密度を2.0 g/cm^{3}とする。

(1)　0.1 mℓ
(2)　1.0 mℓ
(3)　5.0 mℓ
(4)　10.0 mℓ
(5)　20.0 mℓ

解説

濃度が0.2 mol/ℓ の硫酸水溶液1,000 mℓ （＝ 1 ℓ ）を作るには，その硫酸水溶液中には， 1 ℓ × 0.2 mol/ℓ ＝ 0.2 mol の硫酸があればよいことになります。

硫酸 1 mol の質量は98 g だから，その0.2 mol は，19.6 g になります。

つまり，19.6 g の硫酸があればよいことになります。

ここで，濃度98 wt%ということは，溶液100 g 中に硫酸が98 g あるということなので，硫酸が19.6 g の場合に必要な溶液を x とすると，

100：98 ＝ x：19.6となります。

従って，$x = 100 \times \frac{19.6}{98}$

$$= \frac{1960}{98}$$

解　答

【問題 4 】　(4)

$= 20\,g$　となります。

解答は，質量 g ではなく体積 mℓ を求めているので，濃硫酸20 g を mℓ に変換する必要があります。

濃硫酸の密度は2.0 g/cm³なので，逆にすると，$\frac{1}{2}$ cm³/g，すなわち，1 g あたり0.5 cm³となり，濃硫酸20 g だと，

$0.5 \times 20 = 10\,cm^3$となります。

$cm^3 = m\ell$ なので，必要な濃硫酸の量は10 mℓ ということになります。

＊濃度：
　正確にいうと，質量パーセント濃度または質量百分率（重量百分率）のことで，単位は％の代わりに本問のように wt％を使う場合がある。

【問題６】

次のうち，同温，同圧で最も浸透圧が大きい水溶液はどれか。

(1)　0.5 mol/ℓ のグルコース（$C_6H_{12}O_6$）水溶液
(2)　0.2 mol/ℓ の硝酸銀（$AgNO_3$）水溶液
(3)　0.1 mol/ℓ の塩化カルシウム（$CaCl_2$）水溶液
(4)　0.4 mol/ℓ のショ糖（$C_{12}H_{22}O_{11}$）水溶液
(5)　0.3 mol/ℓ の塩化ナトリウム（NaCl）水溶液

解説

浸透圧の大きさ（P）は，溶液のモル濃度を c，気体定数を R，絶対温度を T として次の式で表されます。

$$P = cRT$$

本問の場合，温度（T）は一定なので，溶液の濃度（c）が最大の水溶液で，浸透圧（P）も最大となります（気体定数 R は定数なので常に一定値です）。

ここで注意が必要なのは，**水溶液中で電離する物質の場合，c は溶液の濃度ではなく，粒子の濃度となる**ことです。

解　答

【問題５】　(4)

例えば，塩化ナトリウムのようなイオン性物質の場合，水溶液中では電離（$NaCl \rightarrow Na^{+} + Cl^{-}$）し，1個の分子から2個の粒子を生じますが，浸透圧はこの**粒子の数**を用いて計算します。

この観点で選択肢を見ていくと，⑴グルコースと，⑷ショ糖は水溶液中で電離しないので，粒子の濃度はそのまま0.5 mol/ℓ，0.4 mol/ℓとなります。

残りの⑵硝酸銀および，⑶塩化カルシウム，⑸塩化ナトリウムは水溶液中で電離するので，粒子の数を計算していきます。

⑵　硝酸銀は $AgNO_3 \rightarrow Ag^{+} + NO_3^{-}$ のように電離して**2個**の粒子が生じるので，粒子の濃度は0.2 mol/ℓ × 2 = **0.4 mol/ℓ**となります。

⑶　塩化カルシウムは $CaCl_2 \rightarrow Ca^{2+} + 2Cl^{-}$ のように電離して**3個**の粒子が生じますので，その濃度は0.1 mol/ℓ × 3 = **0.3 mol/ℓ**となります。

⑸　塩化ナトリウムは上の例で示したように，1個の分子から**2個**の粒子が生じるので，粒子の濃度は0.3 mol/ℓ × 2 = **0.6 mol/ℓ**となります。

従って，最も粒子の濃度が大きいのは⑸の塩化ナトリウム水溶液で，これが浸透圧の最も大きい水溶液となります。

解　答

【問題6】　⑸

酸と塩基

（１）酸と塩基について

食酢は，酸っぱく，アルミニウムなどの金属を溶かし，鉄などの金属と反応して水素を発生させます。

このような性質を**酸性**といい，酸性を示す物質を**酸**といいます。

一方，アンモニア水は，しぶい味がし，手につけるとぬるぬるします。

このような性質を**塩基性**または**アルカリ性**といい，塩基性を示す物質を**塩基**といいます。

以上が酸と塩基の概要ですが，スウェーデンの**アレーニウス**が具体的に次のように定義しました。

「**酸**とは，水溶液中で**水素イオン**（H^+）を生じる物質であり，**塩基**とは，水溶液中で**水酸化物イオン**（OH^-）を生じる物質である」

しかし，この定義は水溶液中でのみしか適用できず，水以外を溶媒とする溶液や気体中での反応には適用できないので，そこで，デンマークのブレンステッドとイギリスのローリーが，この定義を次のように拡張しました。

「酸とは，**水素イオン**（H^+）を他の物質に与えることのできる物質であり，塩基とは，**水素イオン**（H^+）を他の物質から受け取ることのできる物質である」

これによって，アレーニウスの定義では酸や塩基に分類することのできなかった物質も，分類できるようになったのです。

以上の酸と塩基の定義をまとめると，次のようになります。

１．酸

◆ **定義**

酸とは，水に溶かした場合に電離*して水素イオン（H^+）を生じる物質，または相手に水素イオン（H^+）を与える物質のことをいう。

（*電離：＋と－のイオンに分離すること）

例）塩化水素（塩酸）の場合

$HCl \rightarrow H^+ + Cl^-$

⇒　HCl は **H^+を生じている**ので「酸」となる

なお，この H^+は，水溶液中では次のように H_2O と結合して H_3O^+として存在しており，この H_3O^+をオキソニウムイオンといいますが，通常はそこまでは表示せず，略して H^+と書きます。

$HCl + H_2O \rightarrow Cl^- + H_3O^+$

（酸）（塩基）

⇒　HCl が H_2O に **H^+を与えている**ので，HCl が「酸」，H_2O は H^+を受け取っているので「塩基」となります。

◆ 性質

・水溶液は**酸性**を示し，青色のリトマス試験紙を**赤色**に変える。
・酸と金属が反応すると，**水素**を発生するものが多い。

2．塩基

◆ 定義

塩基とは，水に溶かした場合に電離して水酸化物イオン（OH^-）を生じる物質，または水素イオン（H^+）を受け取る物質のことをいう。

例）アンモニアの場合

$NH_3 + H_2O \rightarrow NH_4^+ + OH^-$

（塩基）（酸）

⇒　NH_3は **OH^-を生じている**ので「塩基」となる。
また，H_2O から **H^+を受け取って** NH_4^+になっているので，この点からも「塩基」となります。

◆ 性質

・水溶液は**アルカリ性**を示し，赤色のリトマス試験紙を**青色**に変える。

（２） 酸と塩基の分類

１．価数による分類

酸や塩基を水に溶かした際，電離して生じるH^+の数を**酸の価数**，OH^-の数を**塩基の価数**といいます。

たとえば，次のように，HCl（塩酸）は１分子あたり１個のH^+を生じるので1価の酸，H_2SO_4（硫酸）は２個のH^+を生じるので２価の酸となります。

$HCl \rightarrow \mathbf{H^+} + Cl^-$　⇒　１価の酸
$H_2SO_4 \rightarrow \mathbf{2\,H^+} + SO_4^{2-}$　⇒　２価の酸

また，NaOH（水酸化ナトリウム）は１個のOH^-を生じるので1価の塩基，$Ca(OH)_2$（水酸化カルシウム）は２個のOH^-を生じるので２価の塩基ということになります。

$NaOH \rightarrow Na^+ + \mathbf{OH^-}$　⇒　１価の塩基
$Ca(OH)_2 \rightarrow Ca^{2+} + \mathbf{2\,OH^-}$　⇒　２価の塩基

２．強弱による分類

① **電離度**

水溶液中で物質が電離してイオンを生じる割合を**電離度（α）**といい，次式で表されます。

$$\text{電離度}(\alpha) = \frac{\text{電離している酸（塩基）の物質量}}{\text{溶液に溶けている酸（塩基）の物質量}}$$

② 酸，塩基の強弱

水溶液中ではほとんど電離している，すなわち，電離度（α）が大きい酸や塩基を**強酸**，**強塩基**といい，ほとんど電離していない，すなわち，電離度（α）が小さいものを**弱酸**，**弱塩基**といいます。

たとえば，HCl は水溶液中でほぼ100 %，H^+と Cl^-に電離しているので強酸，NaOH もほぼ100 % Na^+と OH^-に電離しているので，強塩基となります。

すなわち，強酸，強塩基とも電離度は，ほぼ1ということになります。しかし，**CH_3COOH**（酢酸）や **NH_3**（アンモニア）などは，約1 %程度しか電離していないので，**弱酸**，**弱塩基**となります。

酸と塩基の強弱による分類

	酸		塩基
強酸	塩酸（HCl） 硫酸（H_2SO_4） 硝酸（HNO_3）	**強塩基**	水酸化ナトリウム（NaOH） 水酸化カルシウム（$Ca(OH)_2$） 水酸化カリウム（KOH）
弱酸	酢酸（CH_3COOH） 炭酸（H_2CO_3） 硫化水素（H_2S）	**弱塩基**	アンモニア（NH_3）

（3） pH（水素イオン指数）

1．水のイオン積

純粋な水であっても，ごくわずかに電離して次のように平衡状態を保っています。

$$H_2O \rightleftarrows H^+ + OH^-$$

この場合，電離度は非常に小さく，25 ℃における H^+と OH^-の濃度は，ともに1.0×10^{-7} mol/ℓ となり，その積，$[H^+][OH^-]$は常に一定で，**1.0×10^{-14} mol/ℓ** となります。

この場合，たとえば，酸を加えて$[H^+]$が2倍になったとしても，逆に$[OH^-]$が2分の1になり，その積は，常に，1.0×10^{-14} mol/ℓ という具合に一定に保たれます。

この $[H^+][OH^-] = 1.0 \times 10^{-14}$ mol/ℓ　を**水のイオン積**といい，*Kw* という記号で表されます。

$$Kw = [H^+][OH^-] = 1.0 \times 10^{-14} \text{ mol/ℓ} = \text{一定}$$

従って，$[H^+]$ や $[OH^-]$ の濃度がわからないときに，この水のイオン積を使えば，$[H^+]$ や $[OH^-]$ を求めることができます。

２．pH（水素イオン指数）

しかし，この水素イオン濃度 $[H^+]$ の値は，大きくても 10^{-1} mol/ℓ，小さいと 10^{-14} mol/ℓ　という数値の間で変化するので，そのままの数値を用いると，非常に不便になります。

そこで，このような小さな数値を通常用いられる数値に変換するため，常用対数（log）を用いて，pH ＝○○という形で水溶液の酸性や塩基性（アルカリ性）の度合いを表します。

この pH を**水素イオン指数**といい，pH はピーエイチ（またはドイツ語読みでペーハー）と読みます。

その pH ですが，次の式より求めます。

$$\text{pH} = -\log[H^+] = \log\frac{1}{[H^+]}$$

たとえば，水溶液中の HCl（塩酸）濃度が0.01 mol/ℓ の場合，$[H^+]$は 10^{-2} mol/ℓ と表されるので，

$$\begin{aligned}\text{pH} &= -\log[H^+] \\ &= -\log 10^{-2} \\ &= -\mathbf{2}\ (-\log 10) \\ &= 2\log 10 = \mathbf{2}\quad (\log 10 = 1\text{ より})\end{aligned}$$

つまり，0.01 mol/ℓ の HCl の pH は **2** ということになります。

この式からもわかるように，水素イオン濃度 $[H^+]$ が 10^{-2} mol/ℓ の場合，10^{-2}の「２」が pH の値ということになります。

従って，この式は，次のように表すことができます。

$$\mathrm{pH} = -\log[\mathrm{H^+}] \Rightarrow [\mathrm{H^+}] = 10^{-\mathrm{pH}}$$

つまり，水素イオン濃度$[H^+]$が10^{-2} mol/ℓならば，

pH＝2ということになるわけです。

この場合，**水素イオン濃度$[H^+]$が10倍**，

すなわち，10^{-1} mol/ℓ になると，

$[H^+]=10^{-pH}=10^{-1}$より，

pH＝1と，**1つ小さく**なります。

逆に，**10分の1**，すなわち，10^{-3} mol/ℓになると，

$[H^+]=10^{-pH}=10^{-3}$ より，

pH＝3と，**1つ大きく**なります。

このように，水素イオン濃度$[H^+]$が10倍になるとpHが1つ小さくなり，10分の1になるとpHが1つ大きくなります。

（100倍になるとpHが2つ小さくなり，100分の1になるとpHが2つ大きくなる）

これらをまとめると，次の表のようになります。

強 ← **酸性** → 弱　　**中性**　　弱 ← **塩基性** → 強

$[H^+]$	1	10^{-1}	10^{-2}	10^{-3}	10^{-4}	10^{-5}	10^{-6}	10^{-7}	10^{-8}	10^{-9}	10^{-10}	10^{-11}	10^{-12}	10^{-13}	10^{-14}
pH	0	1	2	3	4	5	6	7	8	9	10	11	12	13	14
$[OH^-]$	10^{-14}	10^{-13}	10^{-12}	10^{-11}	10^{-10}	10^{-9}	10^{-8}	10^{-7}	10^{-6}	10^{-5}	10^{-4}	10^{-3}	10^{-2}	10^{-1}	1

水酸化物イオン濃度$[OH^-]$は，$[H^+]$の値から水のイオン積，

$[H^+][OH^-]=1.0\times10^{-14}$ mol/ℓの式を用いて導かれた値です。

また，$[H^+]$からpHを求めたときと同じく，常用対数を用いて$[OH^-]$を表すと，$\mathrm{pOH}=-\log[OH^-]$となります。

水のイオン積は常に一定となる（**1.0×10^{-14} mol/ℓ**）ので，pHとpOHの値は，pHが大きくなるとpOHは逆に小さくなる，という関係になり，pHとpOHを足した値は常に一定となります（pH＋pOH＝14）。

この関係より，水溶液中で$[OH^-]$を放出する塩基の場合でも，$[H^+]$を求めてpHを計算することができます。

$$pH + pOH = 14$$

なお，表にもあるように，**pH 7 を中性**とし，それより大きい値が**塩基性**（アルカリ性），小さい値が**酸性**となります。

従って，酸性，塩基性とも7に近いほど弱くなりますが酸性の場合は，pH の値が**小さい**ほど**強酸性**となり，塩基性の場合は，pH の値が**大きい**ほど**強塩基性**となります。

【例題】

pH 値が n である水溶液の水素イオン濃度を100分の1にすると，この水溶液の pH 値はいくらになるか。

〔解説と解答〕

pH 値が n であるということは，前ページ，3行目の例でいう pH ＝ 2 の2が n になっただけなので水素イオン濃度［H^+］は10^{-n} mol/ℓ となります。これが100分の1になったのだから，$\frac{10^{-n}}{100} = 10^{-n} \times 10^{-2} = 10^{-n-2}$ mol/ℓ になったということになります。

よって，$pH = -\log 10^{-n-2} = -\{(-n-2)\log 10\}$

$= (n+2)\log 10 =$ ***n* + 2** となります。

【解答】 pH ＝ n を $\frac{1}{100}$ にすると，pH ＝ $n + 2$ になる。

（4）中和反応と中和滴定　重要!

1．中和とは

酸と塩基が反応して，互いの性質を打ち消しあう反応を**中和**といいます。この中和反応では，次のように，**塩**(えん)* **と水が生じます。**

酸 ＋ 塩基 → 塩 ＋ 水

たとえば，強酸である塩酸と強塩基である水酸化ナトリウム水溶液を混合させると，次のような中和反応が起こります。

$$HCl + NaOH \rightarrow NaCl + H_2O$$

（酸）（塩基）（塩）（水）

つまり，右辺のNaClが「酸（HCl）の水素原子（H）が金属原子(Na)と置き換わった化合物⇒NaCl」となり，**塩**ということになります。

なお，上式のHCl，NaOH，NaClは，ともに水溶液中では完全に電離しているので，イオン式を用いてこれを表すと，次のようになります。

$$H^+ + Cl^- + Na^+ + OH^- \rightarrow Na^+ + Cl^- + H_2O$$

右辺を見てもわかるように，Na^+とCl^-は変化していないので，両辺から除くと，

$H^+ + OH^- \rightarrow H_2O$　となります。

これより，中和反応が起こると，酸から生じるH^+と塩基から生じるOH^-が結合して中性の水H_2Oを生じる，ということがわかります。

＊**塩**

この塩に関しては，甲種危険物取扱者の「危険物の性質」の分野で，塩素酸塩類やよう素酸塩類（以上第1類危険物）などのように，頻繁に出てきますが，いまひとつ，よくわからない人が多い分野のようです。

そこで，次の反応式を見てください。

$$HCl + NaOH \rightarrow NaCl + H_2O$$

これは，酸である塩化水素（HCl）と塩基である水酸化ナトリウム（NaOH）の**中和反応**を表した中和反応の式です。

この式中，**酸の陰イオン**であるCl^-と**塩基の陽イオン**であるNa^+から生成する化合物NaClが**塩**となります。

すなわち，

「①　塩　⇒　酸の陰イオンと塩基の陽イオンから生成する化合物」

あるいは，

「②　中和反応で生じる水以外の化合物」

または

「③　**酸の水素原子が金属に置き換わった化合物**」という事が言えます。（甲種危険物取扱者試験では，③の解釈で覚えた方がいいかもしれません。）

冒頭の反応式でいえば，酸であるHClのHがNaに置き換わったNaClが塩ということになります。

ちなみに，**炭酸のH**が金属に置き換わった化合物を**炭酸塩**，**塩素酸のH**が金属に置き換わった化合物を**塩素酸塩類**といい，危険物に該当する塩類は，ほとんどが第１類に属し，第５類に一部存在する程度です。

【参考資料】（甲種危険物取扱者試験には，ほとんど関係ない知識です。）

HCl ⇒ NaClのように，化合物中の水素原子すべてを金属で置き換えた塩を**正塩**といいます。

また，$NaHCO_3$（炭酸水素ナトリウム）のように，水素原子の一部を残した塩を**酸性塩**，CaCl（OH）（塩化水酸化カルシウム）のように，水酸基の一部を残した塩を**塩基性塩**といいます。

２．塩の加水分解

中和ですが，中和反応が起きたからといって，水溶液が中性になるわけではありません。中和反応が起きても，水溶液が中性の場合もありますが，酸性や塩基性を示す場合もあります。それは，水溶液中の塩が電離してイオンの一部が水と反応し，もとの酸や塩基に戻るからです。

このような現象を**塩の加水分解**といいます。

①　水溶液が塩基性を示す例

弱酸と**強塩基**の中和で生じた塩の水溶液は**塩基性**を示します。

その例として，酢酸ナトリウム（CH_3COONa）で説明すると，酢酸ナトリウムは，P.185にある酸と塩基の強弱による分類表より，弱酸の酢酸（CH_3COOH）と強塩基の水酸化ナトリウム（NaOH）が中和することにより生じた塩（$CH_3COOH + NaOH \rightarrow CH_3COONa + H_2O$）

であり，その塩を水に溶かすと，次のように電離します。

$$CH_3COONa \rightarrow CH_3COO^- + Na^+$$

このうち，一部が次のように水と反応して水酸化物イオンを生じます。

$$CH_3COO^- + H_2O \rightleftarrows CH_3COOH + OH^-$$

従って，$[OH^-]$濃度が大きくなるので，塩基性を示すようになるわけです。

②　水溶液が酸性を示す例

①とは逆に，**強酸**と**弱塩基**の中和で生じた塩の水溶液は**酸性**を示します。その例として，塩化アンモニウム（NH_4Cl）で説明すると，塩化アンモニウムは，強酸の塩酸（HCl）と弱塩基のアンモニア（NH_3）が中和することにより生じた塩（$HCl + NH_3 \rightarrow NH_4Cl$）であり，その塩を水に溶かすと，次のように電離します。

$$NH_4Cl \rightarrow NH_4^+ + Cl^-$$

このうち，一部が次のように水 H_2O が電離して生じた$[OH^-]$と結合します。

$$NH_4^+ + OH^- \rightleftarrows NH_3 + H_2O$$

その結果，水溶液中の［OH^-］が減少して，［H^+］＞［OH^-］となり，水溶液は酸性を示すようになるわけです。

③　水溶液が中性を示す場合

強酸と**強塩基**の中和で生じた塩は加水分解を起こさないので，水溶液は**中性**のままです。なお，**弱酸**と**弱塩基**からなる塩の場合は，それぞれの酸と塩基の相対的な強さによって液性が変わります。

以上をまとめると，次のようになります。

塩	水溶液の液性
「強酸」と「強塩基」が反応して生じた塩	中性
「強酸」と「弱塩基」が反応して生じた塩	酸性
「強塩基」と「弱酸」が反応して生じた塩	塩基性

３．中和滴定

酸と塩基が過不足なく中和するためには，酸から放出される H^+ と塩基から放出される OH^- の物質量が等しくなければなりません。

ということで，中和反応では，次の式が成り立ちます。

$$H^+ \text{〔mol〕} = OH^- \text{〔mol〕}$$

この H^+ や OH^- の mol 数（物質量）というのは，酸や塩基自身の mol 数にそれぞれ酸や塩基の価数を掛けたものになります。

たとえば，1 価の酸である**塩酸（HCl） 1 mol** を中和させるためには，水酸化ナトリウム（NaOH）のような **1 価の塩基**なら **1 mol**，水酸化カルシウム（$Ca(OH)_2$）のような **2 価の塩基**なら $\frac{1}{2}$ **mol** の物質量でよいことになります。

従って，次式が成り立ちます。

酸の価数×酸の物質量　＝　塩基の価数×塩基の物質量

この場合，濃度が c〔mol/ℓ〕の酸が V〔mℓ〕あれば，酸の物質量は

$$c \text{〔mol/ℓ〕} \times \frac{V}{1,000} \text{〔ℓ〕} = \frac{cV}{1,000} \text{〔mol〕}$$

となるので，H^+ の mol 数は価数を n とすると，

$$\frac{ncV}{1,000} \text{〔mol〕}$$ となります。

これは塩基でも同様なので，塩基の価数を n'，濃度を c'〔mol/ℓ〕，体積を V'〔mℓ〕とすると，次の公式が成立します。

$$\frac{ncV}{1{,}000} = \frac{n'c'V'}{1{,}000}$$

両辺に1,000をかけて，$\boldsymbol{ncV = n'c'V'}$

この式を使えば，濃度が不明の酸(または塩基)の水溶液の濃度を，濃度が既知の塩基（または酸）で中和させることによって求めることができます。このような操作を**中和滴定**といいます。

【例題】

濃度が未知の硫酸20〔mℓ〕を中和するのに，0.4〔mol/ℓ〕の水酸化ナトリウムを50〔mℓ〕要した。この硫酸の濃度を求めよ。

〔解説と解答〕

硫酸の濃度を x〔mol/ℓ〕とすると，硫酸の $n = 2$，$V = 20$。

一方，水酸化ナトリウムの $c = 0.4$〔mol/ℓ〕，$n = 1$，$V = 50$なので，

$2 \times x \times 20 = 1 \times 0.4 \times 50$　となり，

$40x = 20$

$x = 0.5$〔mol/ℓ〕となります。

（答）0.5〔mol/ℓ〕

4．中和滴定で用いられる指示薬

中和滴定では，濃度が不明の酸（または塩基）の水溶液の濃度を，濃度が既知の塩基（または酸）で中和させることによって求めることができますが，酸，塩基とも無色なら，いつ中和点に達したかがわかりません。

そこで，中和点に達すると急激に色が変わる指示薬を用いれば，酸と塩基の中和点の pH をこれによって知ることができます。

その主な指示薬には，**フェノールフタレイン**と**メチルオレンジ**があります。

フェノールフタレインは**無色から赤**，メチルオレンジが**赤から黄色**に変色し，変色域（色が変わる pH の範囲）は，フェノールフタレインが**アルカリ側**で（pH 8.3～10)，メチルオレンジが**酸性側**（pH 3.1～4.4)です。

従って，フェノールフタレインは pH が8.3以下までは**無色**であり，そ

れを超えると**赤色**に変色します。

例えば，**酢酸（弱酸）**に**水酸化ナトリウム（強塩基）**を加えて中和する場合，酢酸にフェノールフタレインを入れておけば，最初は酸性なので溶液の色は無色ですが，水酸化ナトリウムを加えて中和点に達した時，**溶液が酸性から塩基性に変化する**ため，フェノールフタレインが赤色に変わり，中和点に達したことが目で見てわかります。

また，メチルオレンジの場合は，pH が3.1以下までは**赤色**であり，それを超えると**橙色から黄色**に変色します。

こちらの場合，**アンモニア（弱塩基）**に**塩酸（強酸）**を加えて中和させる例を考えると，初めは溶液が塩基性のため，メチルオレンジを加えると色は黄色になりますが，塩酸による中和反応が進んで中和点に達すると，**pH が酸性に変化**し，メチルオレンジが赤色に変わります。

なお，**強酸と強塩基の中和反応**の場合，中和点で大幅に pH が変化するため，**フェノールフタレインとメチルオレンジのどちらでも使用可能**ですが，**弱酸と弱塩基**の組み合わせでは，pH の変化が小さくなるため，**どちらの指示薬も使うことができません。**

よって，2の水溶液の液性の表より，次のような組合わせで指示薬を使用します。

・強酸と強塩基の中和（中性＝ pH 7）⇒　両方とも使用可能
・弱酸と強塩基の中和（塩基性）　⇒　フェノールフタレインを使用
・強酸と弱塩基の中和（酸性）　　⇒　メチルオレンジを使用

【中和滴定の実験例】

pH 指示薬を用いた中和滴定の実験例を見てみましょう。

例えばここに，濃度が未知（x **mol/ℓ** とします）の塩酸が **100 mℓ** あり，この濃度を求めたいとします。そこで，この塩酸に，濃度が既にわかっている塩基を加えて「中和滴定」を行うことにします。ここでは，濃度が **0.5 mol/ℓ** の水酸化ナトリウムを加えていき，V **mℓ** で中和したとすると，先ほどの例題より，

酸の価数×濃度×体積＝塩基の価数×濃度×体積

という式が成り立ちますので，これに問題の値を代入すると，

1 価 × x〔mol/ℓ〕× 100〔mℓ〕＝ 1 価 × 0.5〔mol/ℓ〕× V〔mℓ〕

となり，

これをxを求める式に変形すると，

$$x = 0.5 \times \frac{V}{100} \cdots\cdots\cdots ①$$

となります。後はこの体積Vがわかれば，塩酸の濃度を導き出せるわけですが，無色透明の塩酸と水酸化ナトリウムをただ混合しても，いつ中和したかはわかりません。そこで中和したときの pH 変化を色で知らせる指示薬を用います。**使用する指示薬は酸と塩基の強さの組み合わせ**によって決まります。

酸と塩基を混合したときの pH 変化は次の図のようになっています。グラフは，左に行くほど酸の量が多く，右に行くほど塩基の量が多いことを表しています。ここで，グラフの真ん中のラインの所が中和点になるのですが，このときの pH 変化の大きさ（上下に伸びた線の長さ）に注目してください。(a) の強酸と強塩基の組み合わせで**最も pH の変化が大きく**，(b) の強酸と弱塩基では**酸性側**（下側），(c) の弱酸と強塩基では**塩基性側**（上側）にかたよっています。

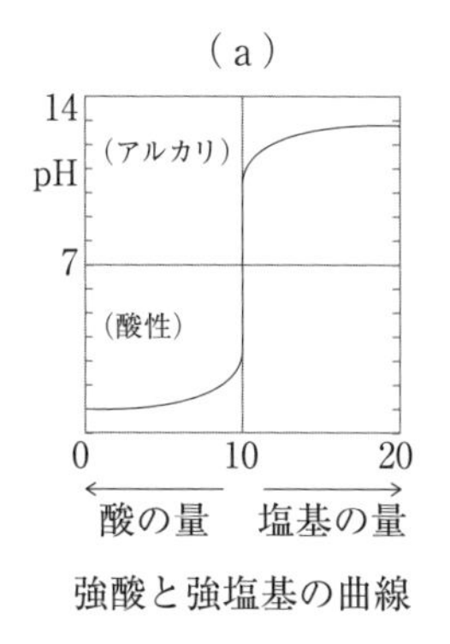

強酸と強塩基の曲線

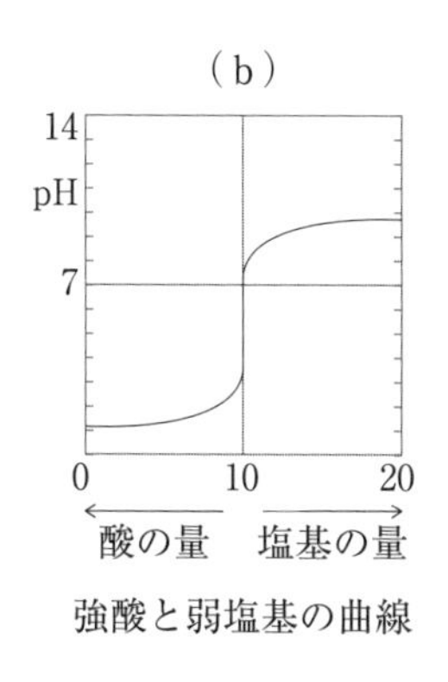

強酸と弱塩基の曲線

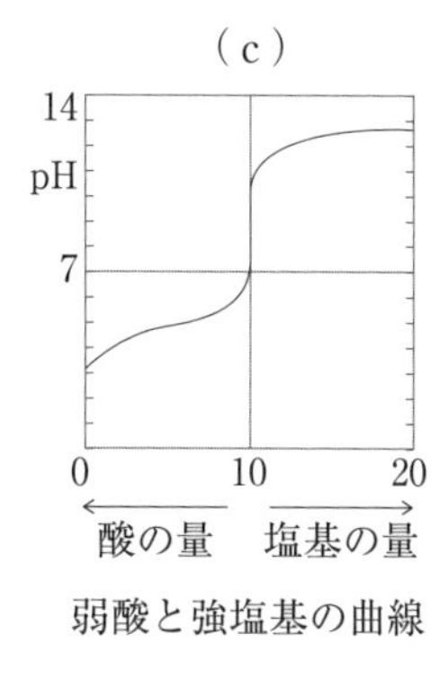

弱酸と強塩基の曲線

指示薬は，変色域がこの縦の pH 変化の範囲内にあるものを用いれば，中和点に達したときに色が変化し，中和したことを目で確認することができます。

例えば，**フェノールフタレイン**は変色域が pH 8.3〜10と「pH 7の上側（アルカリ側）」なので，(a) と (c) の場合は，中和点をこの変色域がカバーしているため，中和したときに変色しますが，(b) の場合，中和点をカバーしていないため，色は変化しません。

一方，**メチルオレンジ**は変色域がpH 3.1〜4.4と「pH 7の下側（酸性側）」なので，(a) と (b) の場合は，中和点を変色域がカバーしていますが，(c) の場合はカバーしていないので，中和しても色が変わりません。

以上をまとめると，**「弱酸と強塩基の中和 (c) ではフェノールフタレイン」，「強酸と弱塩基の中和 (b) ではメチルオレンジ」，「強酸と強塩基の中和 (a) では両方使用可能」**となるわけです。

さて，これを踏まえて実験のほうに戻ると，今回は強酸（塩酸）と強塩基（水酸化ナトリウム）の中和なので，(a) となり，どちらの指示薬も使用できますが，フェノールフタレインを使用してみることにします。

まず，塩酸にフェノールフタレインを加えると，pHが酸性であるため，溶液は**無色**のままです。ここに，水酸化ナトリウムをよく混ぜながら一滴ずつ加えていくと，最初は無色のままですが，あるとき溶液が急激に**赤色**になります。これで，pHが急激に変化する中和点（グラフの真ん中）に達したことがわかります。このとき，中和までに要した水酸化ナトリウムが**20 mℓ**だとすると，これが①式の体積Vなので，代入して，

$$x = 0.5 \times \frac{V}{100}$$

$$= 0.5 \times 20/100$$

$$= \mathbf{0.1} \ [\mathrm{mol}/\ell]$$

となり，塩酸の濃度を中和滴定実験から求めることができました。

問題演習 2－9．酸と塩基

＜酸と塩基＞

【問題１】

酸と塩基に関する次の文中の（A）～（D）に当てはまる語句として，次のうち正しい組合せのものはどれか。

「酸とは，水に溶かした場合に電離して（A）を生じる物質，または相手に（A）を与える物質のことをいい，青色のリトマス試験紙を（B）に変える。一方，塩基とは，水に溶かした場合に電離して（C）を生じる物質，または（A）を受け取る物質のことをいい，赤色のリトマス試験紙を（D）に変える。」

	（A）	（B）	（C）	（D）
(1)	OH^-	白色	H^+	青色
(2)	H^+	赤色	OH^-	白色
(3)	OH^-	白色	H^+	無色
(4)	OH^-	赤色	H^+	青色
(5)	H^+	赤色	OH^-	青色

解説

正解は，次のようになります。

「酸とは，水に溶かした場合に電離して**H^+**を生じる物質，または相手に**H^+**を与える物質のことをいい，青色のリトマス試験紙を**赤色**に変える。

一方，塩基とは，水に溶かした場合に電離して水酸化物イオン**OH^-**を生じる物質，または**H^+**を受け取る物質のことをいい，赤色のリトマス試験紙を**青色**に変える。」

【問題２】

酸の一般的な性質として，次のうち誤っているものはどれか。

(1) 塩基と中和させると，塩と水を生じる。

(2) 酸の１分子中に含まれる水素原子のうち，電離することができる

解　答

解答は次ページの下欄にあります。

水素イオンの数を，その酸の価数という。

(3)　水溶液の pH は，7より小さい。

(4)　酸には，酸素分子が含まれていないものもある。

(5)　亜鉛や鉄などの金属を溶かし，酸素を発生する。

解説

(1)〜(3)　正しい。

(4)　正しい。

たとえば，強酸の塩酸（HCl）には，酸素分子が含まれていません。

(5)　誤り。

酸が亜鉛や鉄などの金属を溶かすと，**水素**を発生させます。

例：亜鉛と塩酸との反応。$Zn + 2HCl \rightarrow ZnCl_2 + \underline{H_2}\uparrow$

【問題3】 イマヒトツ…

次の化学反応式において，下線を引いた物質が酸として働いているものはいくつあるか。

A　$HCl + \underline{H_2O} \rightarrow H_3O^+ + Cl^-$

B　$NH_3 + \underline{H_2O} \rightarrow NH_4^+ + OH^-$

C　$\underline{NH_4^+} + H_2O \rightarrow NH_3 + H_3O^+$

D　$\underline{CH_3COOH} + H_2O \rightarrow CH_3COO^- + H_3O^+$

E　$\underline{Ca(OH)_2} \rightarrow Ca^{2+} + 2OH^-$

(1)　1つ　　(2)　2つ　　(3)　3つ　　(4)　4つ　　(5)　5つ

解説

まず，前ページ，問題1の解説より，酸は「**H^+を生じる，またはH^+を与える物質**」のことをいい，塩基は，「**OH^-を生じる，またはH^+を受け取る物質**」のことをいうので，これをもとに考えていきます。

A　**塩基である。**

HCl は H^+を与えているので**酸**，逆に，H_2O は H^+を受け取って H_3O^+となっているので，**塩基**となります。

B　**酸である。**

H_2O は，NH_3に H^+を与えて NH_4^+となったので，**酸**になります。

解　答

【問題1】　(5)

逆に，NH_3はH^+を受け取っているので，**塩基**となります。

C　**酸である。**

NH_4^+が相手にH^+を与えてNH_3となっているので，**酸**になります。また，H_2Oは，H^+を受け取ってH_3O^+となっているので，**塩基**となります。

D　**酸である。**

CH_3COOHは相手にH^+を与えているので**酸**になります。

また，H_2Oについては，AやCと同様，H^+を受け取ってH_3O^+となっているので，**塩基**となります。

E　**塩基である。**

水酸化物イオンを出しているので，$Ca(OH)_2$が**塩基**になります。

従って，酸として働いているのは，B，C，Dの3つになります。

【問題4】

物質を強酸と弱酸に分類した次の組合せについて，誤っているものはいくつあるか。

A　NH_3……………………強酸

B　CH_3COOH…………弱酸

C　H_2SO_4………………弱酸

D　HNO_3…………………強酸

E　NaOH ………………弱酸

(1)　1つ　(2)　2つ　(3)　3つ　(4)　4つ　(5)　5つ

解説

まず，水溶液中で電離している割合（電離度という）が大きいものを**強酸**，**強塩基**といい，小さいもの，つまり，ほとんど電離していないものを**弱酸**，**弱塩基**といいます。

この場合，酸，塩基の強弱と，価数（電離した際に生じるH^+またはOH^-の数）は関係がないので，注意してください。

つまり，1価の塩基だから**弱塩基**，3価の酸だから強酸とは必ずしもいえない，ということです。

A　誤り。

解　答

【問題2】(5)　　**【問題3】**(3)

NH_3（アンモニア）は**1価の弱塩基**です。

このアンモニアは，通常は気体であり，電離させるには水溶液にする必要があります。

その式が，前問のBにある，$NH_3 + H_2O \rightarrow NH_4^+ + OH^-$であり，$OH^-$が1個だから**1価の塩基**ということになります。

B　正しい。

CH_3COOH（酢酸）は**1価の弱酸**です。

$CH_3COOH \rightarrow CH_3COO^- + H^+$

C　誤り。

H_2SO_4（硫酸）は**2価の強酸**です。

$H_2SO_4 \rightarrow 2H^+ + SO_4^{2-}$

D　正しい。

硝酸は，**1価の強酸**です。

$HNO_3 \rightarrow H^+ + NO_3^-$

E　誤り。

NaOH（水酸化ナトリウム）は，**1価の強塩基**です。

$NaOH \rightarrow Na^+ + OH^-$

従って，誤っているのは，A，C，Eの3つになります。

【問題5】 イマヒトツ…

酸および塩基の価数の組合わせで，次のうち正しいものはいくつあるか。

A　酢酸……………………………………一塩基酸

B　塩酸……………………………………一塩基酸

C　りん酸…………………………………一塩基酸

D　アンモニア……………………………一塩基酸

E　水酸化カルシウム……………………一酸塩基

F　硫化水素………………………………二酸塩基

(1)　1つ　　(2)　2つ　　(3)　3つ　　(4)　4つ　　(5)　5つ

解説

まず，一塩基酸や一酸塩基という名称ですが，1価の酸のことを**一塩**

解　答

【問題4】　(3)

基酸，2価の酸のことを**二塩基酸**………というのに対し，1価の塩基を**一酸塩基**，2価の塩基を**二酸塩基**………という具合に呼びます。

少々紛らわしいですが，要するに，**酸**は名称の最後に**酸**が付き，**塩基**は名称の最後に**塩基**が付く，と覚えておけばよいでしょう。

A　正しい。

酢酸は1価の弱酸なので，**一塩基酸**です。

B　正しい。

塩酸は1価の強酸なので，**一塩基酸**です。

C　誤り。

りん酸（H_3PO_4）は，電離して水素イオン（H^+）を3個生じ，**三塩基酸**となるので，誤りです。

D　誤り。

アンモニアは1価の弱塩基なので，**一酸塩基**です。

E　誤り。

水酸化カルシウムは2価の強塩基なので，**二酸塩基**です。

F　誤り。

硫化水素は2価の弱酸なので，**二塩基酸**です。

従って，正しいのは，A，Bの2つになります。

< pH >

【問題6】

次の文章の（A）～（D）に当てはまる語句または数値の組合せとして，次のうち正しいものはどれか。

「水は，ごくわずかであるが電離して，水素イオンH^+と水酸化物イオンOH^-を生じ，次のように電離平衡を保っている。

$$H_2O \rightleftarrows H^+ + OH^-$$

このとき，その積，$[H^+][OH^-]$は常に一定で，

$[H^+][OH^-] = Kw$（一定）という式で表される。

このKwを（A）といい，25℃では，1.0×（B）mol/ℓとなり，純

解　答

【問題5】（2）

水では，$[H^+]$と$[OH^-]$が等しく，1.0×10^{-7} mol/ℓとなるので，pHは（C）となる。

この場合，たとえば，酸を加えて［H^+］が2倍になったとしても，逆に［OH^-］が2分の1になり，その積は，常に，$1.0 \times$（B）mol/ℓという値を保つ。

すなわち，［H^+］と［OH^-］は（D）関係にある。」

	（A）	（B）	（C）	（D）
⑴	平衡定数	10^{-12}	7.5	比例
⑵	水のイオン積	10^{-14}	7.0	反比例
⑶	水のイオン積	10^{-12}	7.5	比例
⑷	平衡定数	10^{-14}	7.0	反比例
⑸	平衡定数	10^{-14}	7.5	比例

解説

正解は，次のようになります。

「水は，ごくわずかであるが電離して，水素イオンH^+と水酸化物イオンOH^-を生じ，次のように電離平衡を保っている。

$$H_2O \rightleftarrows H^+ + OH^-$$

このとき，その積，［H^+］［OH^-］は常に一定で，

［H^+］［OH^-］＝Kw（一定）という式で表される。

このKwを**水のイオン積**といい，25℃では，$1.0 \times \mathbf{10^{-14}}$ mol/ℓとなり，純水では，［H^+］と［OH^-］が等しく，1.0×10^{-7} mol/ℓとなるので，pHは**7.0**となる。

この場合，たとえば，酸を加えて［H^+］が2倍になったとしても，逆に［OH^-］が2分の1になり，その積は，常に，$1.0 \times \mathbf{10^{-14}}$ mol/ℓ　という値を保つ。

すなわち，［H^+］と［OH^-］は**反比例**関係にある。」

解　答

解答は次ページの下欄にあります。

【問題7】

水素イオン指数（pH）について，次のうち誤っているものはいくつあるか。

A　pH＝7.0の水溶液では，水素イオン濃度と水酸化物イオン濃度は等しい。

B　水素イオン濃度が増加すれば，水素イオン指数は増加する。

C　pHは金属イオン濃度とも関係するので，金属イオン濃度が分からないと水素イオン濃度は計算できない。

D　pH＝2.0の水溶液は，酸性である。

E　純水の25℃における水素イオン指数は7である。

⑴　1つ　　⑵　2つ　　⑶　3つ　　⑷　4つ　　⑸　5つ

解説

A　正しい。

pH＝7では，水素イオン濃度＝水酸化物イオン濃度＝1×10^{-7} mol/ℓです。

なお，pH＝7が**中性**で，それより大きい値が**塩基性**，小さい値が**酸性**となります。

B　誤り。

水素イオン指数（pH）は**pH＝－log［H^+］**より求められ，水素イオン濃度［H^+］が大きくなるほど，pH＝－log［H^+］は逆に小さくなるので，pH値は**小さく**なります。

C　誤り。

Bの解説より，pHは**水素イオン濃度**から直接求められる値なので，水素イオン以外のイオン（金属イオンなど）とは関係がありません。

D　正しい。

なお，「pH＝13.0の水溶液は，塩基性である。」とあっても正解です。

E　正しい。

従って，誤っているのは，B，Cの2つとなります。

解　答

【問題6】　⑵

【問題8】

次の濃度の物質をpHの大きい順に並べた場合，正しいものはどれか。

A　0.1 mol/ℓの塩酸

B　0.1 mol/ℓのアンモニア

C　0.1 mol/ℓの酢酸

D　0.1 mol/ℓの水酸化ナトリウム

(1)　A＞D＞C＞B

(2)　B＞D＞A＞C

(3)　C＞A＞B＞D

(4)　D＞C＞A＞B

(5)　D＞B＞C＞A

解説

まず，**pH＝－log［H^+］**より，［H^+］の値が**小さい**方がpHの値が**大きく**なります。つまり，同じ濃度ならば，酸の場合，電離しているH^+の数が**少ない**弱酸の方がpHの値が**大きく**なります。

ということで，酢酸より塩酸の方が強酸なので，**C＞A**となります。

一方，塩基の場合は，電離しているOH^-の数が**多い**方がH^+が**少なく**なり，pHの値が**大きく**なります。

従って，**強**塩基の方が**弱**塩基より，pHの値が**大きく**なります。

よって，水酸化ナトリウムの方がアンモニアより強塩基なので，**D＞B**となります。

ということで，酸と塩基のpHは，**塩基＞酸**なので，

D＞B＞C＞Aが正解となります。

【問題9】

pH値がnである水溶液の水素イオン濃度を100分の1にしたときのpH値として，次のうち正しいものはどれか。

(1)　n－2　　(2)　n－1　　(3)　n＋1

(4)　n＋2　　(5)　n＋3

解説

pH値がnなので，**n＝－log［H^+］**となり，水素イオン濃度［H^+］は

解　答

【問題7】　(2)

10^{-n} mol/ℓ となります。

これが100分の1になったのだから，$\frac{10^{-n}}{100} = 10^{-n} \times 10^{-2}$

$= 10^{-n-2}$ mol/ℓ　になったことになります。

よって，$pH = -\log 10^{-n-2} = -\{(-n-2)\log 10\}$

$= (n+2)\log 10 =$ **n＋2** が正解となります。

なお，上記解説より，水素イオン濃度を**10倍**にすれば，pH は**－1**，**100倍**にすれば**－2**と小さくなり，逆に，10倍（＝**10分の1**）に薄めれば**＋1**，100倍（＝**100分の1**）に薄めれば**＋2**という具合に pH が大きくなります。

また，これを塩基から見ると，$[OH^-]$ を**10倍**に薄めると，$[OH^-]$ が10分の1になるので，逆に$[H^+]$が10倍になり，pH は**－1**となります。

従って，$[OH^-]$を**100倍**に薄めると，pH は**－2**となります。

酸を10倍薄めると pH は**＋1**，
塩基を10倍薄めると pH は**－1**となる。

【問題10】

ある pH＝3 の酸性水溶液を pH＝6 の水溶液にするためには，水で何倍に薄めればよいか。

(1)　10^{-3}倍　(2)　10^{-1}倍　(3)　10倍
(4)　100倍　(5)　1000倍

解説

pH 3 ⇒ pH 6 と pH が 3 大きくなっているので，前問の解説より，酸を薄めていることがわかります。

従って，同じく前問の解説より，水素イオン濃度を10倍（＝**10分の1**）に薄めれば**＋1**となるので，pH を 3 大きくするには，1000倍に希釈すればよいことになります。

解　答

【問題8】 (5)　**【問題9】** (4)

【問題11】 難

次の水素イオン指数（pH）に関する記述について，誤っているものはどれか。

(1) 電離度が１で0.01 mol/ℓの塩酸水溶液30 mℓに水を足して300 mℓとした水溶液のpHは，３である。
(2) pHが３の硝酸を10^6倍に薄めると，pHは９になる。
(3) pHが14の水酸化ナトリウムを100倍に薄めると，pHは12になる。
(4) 濃度が同じ場合，硫酸のpHの方が硝酸のpHより小さい。
(5) 電離度が0.01で濃度が0.1 mol/ℓの酢酸水溶液のpHは３である。

解説

(1) 正しい。

0.01 mol/ℓの塩酸水溶液の［H^+］は，「濃度×電離度×酸の価数」より，［H^+］＝0.01 × 1 × 1 ＝ 0.01 mol/ℓ

これを $\frac{30}{300} = \frac{1}{10}$ より，10倍に薄めるのだから，

$$[H^+] = 0.01 \times \frac{1}{10} = 10^{-3}\ \text{mol}/\ell$$

よって，$\text{pH} = -\log[H^+] = -\log[10^{-3}] = 3$ …となります。

(2) 誤り。

酸を10^n倍に薄めると，pHは，{(元のpH) ＋ n}になります。

従って，pHが３の硝酸を10^6倍に薄めると，計算上では，pHは９になりますが，酸をどれだけ薄めてもpHは７より大きくならないので，誤りです。

(3) 正しい。

塩基を100倍に薄めているので，pHは−2となり，14 − 2 ＝ 12となります。

(4) 正しい。

解　答

【問題10】 (5)

硫酸は 2 価の酸なので $[H^+]$ が硝酸の**倍**になり，$pH = -\log[H^+]$ より，$[H^+]$ が大きくなるほど pH は逆に小さくなります。

(5) 正しい。

(1)と同様に計算すると，

$[H^+]$ ＝「0.1 mol/ℓ × 0.01」× 1（価）

＝ 1.0×10^{-3} mol/ℓ

∴ $pH = -\log[H^+]$

$= -\log 10^{-3}$

$= 3 \log 10$

＝ 3 となります。

【問題12】

0.08 mol/ℓ の塩酸100 mℓ に0.04 mol/ℓ の水酸化ナトリウム100 mℓ を混合した場合の pH は，次のうちどれか。

ただし，水溶液は完全に解離しているものとし，log 2.0 ＝ 0.30とする。

(1) 1.0
(2) 1.7
(3) 2.2
(4) 2.7
(5) 3.0

解説

酸と塩基を混合した際の溶液の pH は，中和されずに残った酸，または塩基の濃度より求めます。

まず，塩酸は **1 価**の酸なので，0.08 mol/ℓ の塩酸から0.08 mol/ℓ の H^+ が生じます。

この数値は，単位を見てもわかるとおり，1 ℓ あたりの mol 数なので，100 mℓ，すなわち，$\frac{100}{1000}$ ＝ 0.1 ℓ では，

0.08（mol/ℓ）× 0.1（ℓ）＝ 0.008 mol の H^+ が生じていることになります。

解　答

【問題11】 (2)

一方，水酸化ナトリウムは**１価**の塩基なので，0.04 mol/ℓの水酸化ナトリウムから0.04 mol/ℓの OH^- が生じています。

これも１ℓあたりの mol 数なので，0.1ℓでは，0.04（mol/ℓ）× 0.1（ℓ）＝ 0.004 mol の OH^- が生じていることになります。

中和反応の際には H^+ と OH^- が同じ量ずつ反応するので，溶液中には，0.008 － 0.004 ＝ **0.004 mol の水素イオン**が残ることになります。

混合後の溶液は200 mℓ ＝ 0.2ℓとなるので，この0.004 mol を１ℓあたりの数値に換算すると，

$$\frac{0.004\ \text{mol}}{0.2\ \ell}$$

＝0.02 mol/ℓ（＝ 2×10^{-2} mol/ℓ）となります。

よって，$\mathrm{pH} = -\log[H^+]$

$= -\log(2 \times 10^{-2})$ となります。

ここで，次の対数の公式を思い出します。

$$\log(a \times b) = \log a + \log b$$

従って，$-\log(2 \times 10^{-2})$ を，まず，$-\{\log(2 \times 10^{-2})\}$ というように，マイナスをカッコの外にして計算しやすくします。

よって，$-\{\log(2 \times 10^{-2})\} = -(\log 2 + \log 10^{-2})$

ここで，対数の場合，$\log 10^{-2} = -2\log 10$ となるので，

$-(\log 2 + \log 10^{-2}) = -(\log 2 - 2\log 10)$ となります。

問題の条件より，$\log 2.0 = 0.30$ となり，

また，$\log 10 = 1$ なので，

$-(\log 2 - 2\log 10) = -(0.30 - 2) =$ **1.7**　となります。

解　答

【問題12】　(2)

【問題13】

0.5 mol/ℓ の酢酸水溶液200 mℓ を中和するためには，0.80 mol/ℓ の水酸化ナトリウム水溶液が何 mℓ 必要か。

(1)　12.5 mℓ

(2)　25 mℓ

(3)　100 mℓ

(4)　125 mℓ

(5)　150 mℓ

解説

中和するためには，H^+の数とOH^-の数（＝物質量）が等しいことが必要です。H^+やOH^-の物質量（mol 数）は，酸や塩基自身の mol 数にそれぞれ酸や塩基の**価数**を掛けたものだから，次式が成り立ちます。

酸の価数×酸の物質量＝塩基の価数×塩基の物質量

ここで，物質量は，実際の mol 数なので，酢酸水溶液は0.5（mol/ℓ）が200 mℓ あるので，mℓ を ℓ 単位に直し，計算すると，

$$1\,(価) \times 0.5\,(\mathrm{mol}/\ell) \times \frac{200}{1000}\,(\ell)$$

＝**0.1（mol）**　となります。

一方，塩基の水酸化ナトリウムは，水溶液の体積を x mℓ とすると，$\frac{x}{1000}$（ℓ）となるので，物質量は次のようになります。

$$1\,(価) \times 0.80\,(\mathrm{mol}/\ell) \times \frac{x}{1000}\,(\ell)$$

中和は，この両者の物質量が等しいときに起こるので，

$$0.1\,(\mathrm{mol}) = 0.80\,(\mathrm{mol}/\ell) \times \frac{x}{1000}\,(\ell)$$

計算すると，

$100 = 0.80 \times x$

$x =$ **125（mℓ）**　となります。

解　答

解答は次ページの下欄にあります。

【問題14】

濃度が未知の硫酸20（mℓ）を中和するのに，0.4（mol/ℓ）の水酸化ナトリウムを50（mℓ）要した。この硫酸の濃度を求めよ。

(1)　0.2 mol/ℓ
(2)　0.5 mol/ℓ
(3)　1.0 mol/ℓ
(4)　1.25 mol/ℓ
(5)　2.0 mol/ℓ

解説

硫酸の濃度を x（mol/ℓ）とすると，硫酸の価数＝２なので，硫酸から放出される H^+ の mol 数は，

$$2 \times x \times \frac{20}{1,000}$$

一方，水酸化ナトリウムの価数は１なので，OH^- の mol 数は，

$$1 \times 0.4 \times \frac{50}{1,000}$$

ここで，両式にある mℓ を ℓ 単位に換算する $\frac{1}{1,000}$ を両式より省略します。従って，

$2 \times x \times 20 = 1 \times 0.4 \times 50$　となるので，

$40x = 20$

$x = 0.5$（mol/ℓ）となります。

【問題15】

純硝酸（HNO_3）を100 kg 含むものを中和するために使用する１袋25 kg の炭酸ナトリウム（Na_2CO_3）の最低必要数として，次のうち正しいものはどれか。

ただし，原子量は H＝1，C＝12，N＝14，O＝16，Na＝23とする。

(1)　2袋　　(2)　3袋　　(3)　4袋　　(4)　5袋　　(5)　6袋

解説

まず，硝酸（HNO_3）と炭酸ナトリウム（Na_2CO_3）の反応式は，次のようになります。

解　答

【問題13】　(4)

$2HNO_3 + Na_2CO_3 \rightarrow 2NaNO_3 + CO_2 + H_2O$

これより，硝酸 **2 mol** の中和に炭酸ナトリウム **1 mol** が必要ということがわかります。ここで，硝酸の分子量は，$1 + 14 + 16 \times 3 =$ **63**，炭酸ナトリウムの分子量は，**106**となります。

よって，硝酸 2 mol は126 g なので，それを中和するのに必要な炭酸ナトリウムの量は，1 mol なので，106 g になります。

これを kg の単位にすると，硝酸**126 kg** を中和するのに必要な炭酸ナトリウムの量は，**106 kg** となります。

あとは単純な比例計算より，必要とする炭酸ナトリウムの kg を求めて，それを25 kg で割れば，必要とする炭酸ナトリウムの袋数が求めることができます。

従って，100 kg の硝酸を中和するのに必要な炭酸ナトリウム量を x とすると，

硝酸の量	炭酸ナトリウムの量
126 kg	106 kg
100 kg	x

$$126 : 106 = 100 : x$$
$$x = 106 \times 100 \div 126$$
$$\fallingdotseq 84.12\ \text{kg}$$

1 袋が25 kg なので，3 袋の75 kg では不足となり，4 袋が必要ということになります。

【問題16】 重要!

中和滴定において，濃度0.1 mol/ℓ の水溶液の酸および塩基とその際に用いる指示薬として，組み合わせが適切でないものは次のうちどれか。

なお，メチルオレンジの変色域は pH ＝ 3.1～4.4，フェノールフタレインの変色域は pH ＝ 8.3～10である。

解　答

【問題14】 (2)　　　【問題15】 (3)

	酸	塩基	指示薬
(1)	硫酸	水酸化ナトリウム	メチルオレンジ
(2)	塩酸	炭酸ナトリウム	フェノールフタレイン
(3)	酢酸	水酸化カリウム	メチルオレンジ
(4)	硫酸	アンモニア水	メチルオレンジ
(5)	硝酸	水酸化カリウム	フェノールフタレイン

解説

指示薬とは，pH の変化によって色が変わる試薬で，酸と塩基の中和点の pH をこれによって知ることができます。その主な指示薬には，**フェノールフタレイン**と**メチルオレンジ**があります。

変色域（色が変わる pH の範囲）は，フェノールフタレインがアルカリ側で（pH 8.3～10），メチルオレンジが酸性側（pH 3.1～4.4）です。

従って，次のような組合わせになります。

①　**強酸**と**強塩基**の中和　⇒　**両方**とも使用可能
②　**弱酸**と**強塩基**の中和　⇒　**フェノールフタレイン**を使用
③　**強酸**と**弱塩基**の中和　⇒　**メチルオレンジ**を使用

以上を基に順に確認すると，

(1)　硫酸は**強酸**，水酸化ナトリウムは**強塩基**なので①となり，両方とも使用可能なので，正しい。

(2)　塩酸は**強酸**，炭酸ナトリウムは**強塩基**なので，同じく①となり，両方とも使用可能なので，正しい。

(3)　酢酸は**弱酸**，水酸化カリウムは**強塩基**なので②となり，フェノールフタレインを使用する必要があるので，メチルオレンジでは誤りです。

(4)　硫酸は**強酸**，アンモニア水は**弱塩基**なので③となり，メチルオレンジが使用できるので，正しい。

(5)　硝酸は**強酸**，水酸化カリウムは**強塩基**なので①となり，両方とも使用できるので，正しい。

解　答

解答は次ページの下欄にあります。

【問題17】

次の図はある物質の滴定曲線である。この物質と指示薬の組合せとして，正しいものはどれか。

(a)

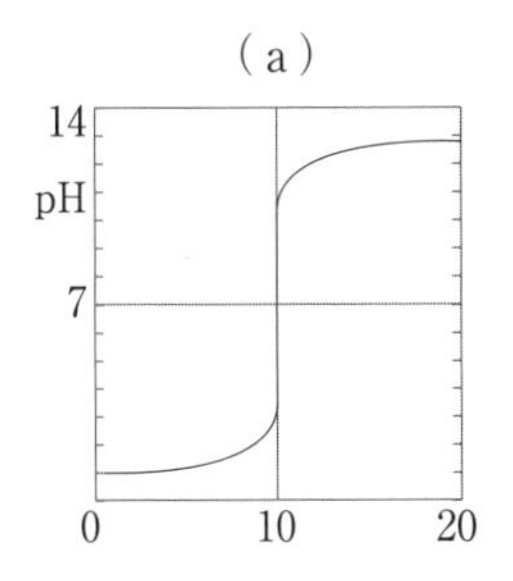

(b)

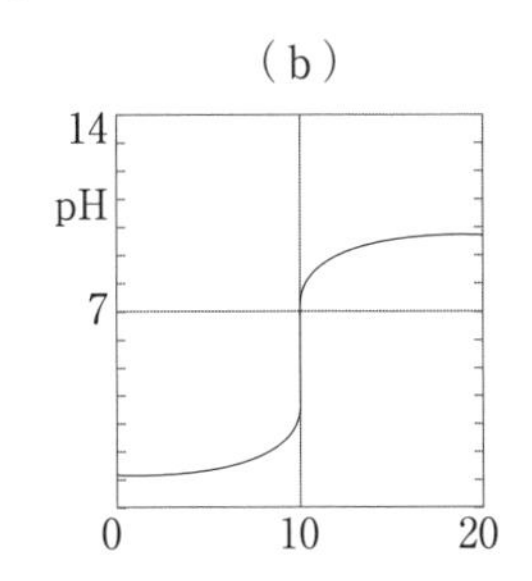

(c)

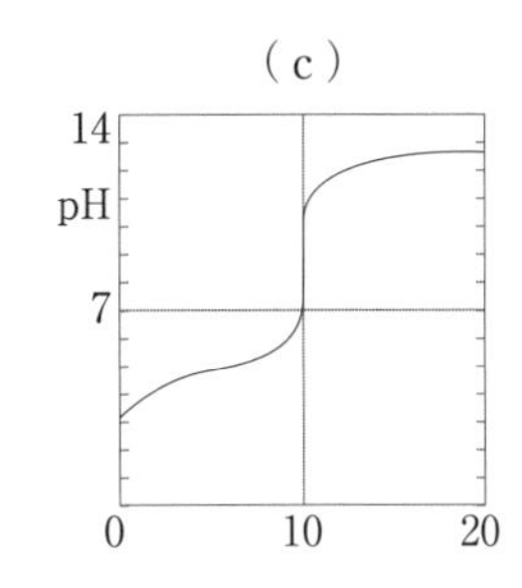

（ア） フェノールフタレインのみ使用可能
（イ） メチルオレンジのみ使用可能
（ウ） 両方とも使用可能

⑴ (a) ……………… （ア）
⑵ (a) ……………… （イ）
⑶ (b) ……………… （ウ）
⑷ (b) ……………… （イ）
⑸ (c) ……………… （ウ）

解説

まず，a，b，c の図は，a が**強酸と強塩基**の滴定曲線，b が**強酸と弱塩基**の滴定曲線，c が**弱酸と強塩基**の滴定曲線になります。

この滴定曲線ですが，曲線が急に変化する部分の間にある縦の部分の中間点付近が**中和点**になります。

従って，その中和点が酸性側，塩基性側どちらにあるかで，どのような物質の滴定曲線であるかが判断できます。

まず，(a) の図は，中和点が pH ＝ 7 付近にあるので，**強酸と強塩基**の滴定曲線，(b) の図は，中和点が酸性側（pH ＜ 7）にあるので，**強酸と弱塩基**の滴定曲線，(c) の図は，中和点が塩基性側（pH ＞ 7）にあるので，**弱酸と強塩基**の滴定曲線と判断することができます。

解　答

【問題16】 ⑶

よって，前問の解説の指示薬と酸，塩基の組合せより判断すると，

⑴，⑵・・・(a) の**強酸**と**強塩基**の中和は，**両方**とも使用可能なので，（ウ）が正解です。

⑶，⑷・・・(b) の**強酸**と**弱塩基**の中和には，**メチルオレンジ**を用いるので，⑷の（イ）が正解になります。

⑸・・・(c) の**弱酸**と**強塩基**の中和は，**フェノールフタレイン**を用いるので，（ア）が正解です。

解　答

【問題17】 ⑷

酸化と還元

(1) 酸化と還元

1. 酸素の授受による酸化と還元

まず，次の化学反応式を見てください。

$$C + O_2 \rightarrow CO_2$$

これは，炭素が燃焼して二酸化炭素になったときの化学反応式です。

なお，この場合，酸素と結びつく際に熱と光を伴っているので燃焼となりますが，酸素と結びついても熱と光を伴わない場合は，燃焼とはならないので，注意してください。

さて，このように，物質が酸素と結びつく，すなわち，**物質が酸素と化合する**反応を**酸化**といい，その結果生じた生成物を**酸化物**といいます。

従って，この場合，二酸化炭素が酸化物になります。

一方，次の反応式を見てください。

$$CuO + H_2 \rightarrow Cu + H_2O$$

（H_2 → H_2O：酸化された，CuO → Cu：還元された）

CuO は，銅 Cu と酸素 O を化合させた結果生じた酸化物ですが，その酸化銅（Ⅱ）**CuO** と水素 H を反応させて，銅と水が生じた反応です。

この場合，CuO から O が取れて Cu になっています。

このように，**酸化物が酸素を失う反応**を**還元**といいます。

また，この反応式を H_2から見た場合，酸素原子 O と化合して H_2O となっています。

つまり，水素が**酸化**されています。

このように，**酸化と還元は同時に起こる**ので**酸化還元反応**ともいい，酸化だけの反応や還元だけの反応というものはありません。

2．水素の授受による酸化と還元

まず，次の化学反応式を見てください。

$$2H_2S + O_2 \rightarrow 2S + 2H_2O$$

H_2S は硫化水素であり，その硫化水素と酸素が反応している酸化反応ですが，H_2S から水素原子 H が取れて，硫黄 S になっているので，酸素と化合しているとは言えません。

このような酸化反応に対応するため，**物質が水素原子 H を失う反応**も**酸化**と定義されるようになりました。

従って，逆に，**物質が水素原子と化合する反応**は**還元**ということになります。すなわち，

「物質が水素を失う反応を酸化といい，逆に，**水素と化合する反応を還元という」**ということになります。

なお，余談ですが，上の硫化水素の反応は，実験室では，硫化水素を捕集した集気びんに，ほぼ同体積の空気を混合して点火すると，集気びんの内壁に微粒子の硫黄 S が付着して生じます。

3．電子の授受による酸化と還元

まず，次の化学反応式を見てください。

$$Cu + Cl_2 \rightarrow CuCl_2$$

これは，塩素ガス Cl_2 を捕集したびんに赤熱した銅線を入れたときの反応式で，煙をあげて反応したあとに塩化銅（Ⅱ）$CuCl_2$ が生成しますが，酸素がまったく関わっていないにもかかわらず，この反応も，実は酸化還元反応なのです。

それを説明するために，次のように，この反応式を電子の授受から見てみたいと思います。

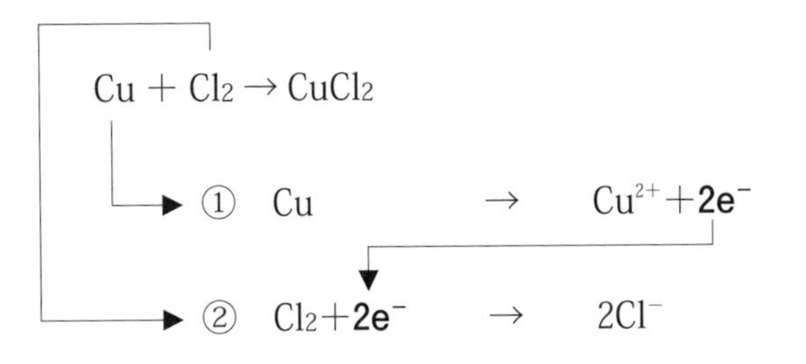

これを見ると，銅 Cu は，①で電子 2 e^-を失い銅イオン Cu^{2+}になっています。

一方，②では，塩素原子 Cl 1 個当たり 1 個の電子 e^-と結合して塩化物イオン Cl^-となっています。

つまり，Cu は電子を失い，Cl は電子を獲得しています。

このように，**物質が電子を失う**①のような反応も**酸化**となり，**物質が電子を受け取る**②のような反応も**還元**と定義されています。

以上，**1 ～ 3** をまとめると，次のようになります。

酸化	還元
・物質が**酸素**と**化合する** ・物質が**水素**を**失う** ・物質が**電子**を**失う** ・**酸化数**が**増加する***	・物質が**酸素**を**失う** ・物質が**水素**と**化合する** ・物質が**電子**を**受け取る** ・**酸化数**が**減少する**

注）表中の＊の部分は，次の（２）酸化数で学習します。

（２）酸化数　重要!

電子の授受の面から酸化と還元を見た場合，電子 e^-を失えば酸化となり，受け取れば還元となります。

しかし，これは，電子の授受がはっきりしている**イオン結合**からなる物質の場合には適応できますが，**共有結合***からなる物質の場合には電子の授受がはっきりしないので，酸化であるのか，あるいは還元であるのかの判断がむつかしい，という欠点があります。

＊共有結合

非金属どうしの結合で，原子が希ガス元素の電子配置（**最外殻電子が８個**）になって安定した状態になろうとして，同じ数の最外殻電子（価電子）を共有することによって２つの原子が結びつく結合。

例：水素と酸素が結合して水になる反応

$2H_2 + O_2 \rightarrow 2H_2O$

そこで，それら共有結合からなる物質であっても，酸化と還元の判断ができるよう，**酸化数**というものが考えられました。

これは，化合物中のある原子に着目し，その原子が行った電子の授受から，酸化数を決める方法で，電子をｎ個失った場合の酸化数を＋ｎ（⇒電子を失う＝酸化，を思い出す），逆に，電子をｎ個受け取った場合の酸化数を－ｎとします。

電子の授受	酸化数
ｎ個失う	＋ｎ
ｎ個受けとる	－ｎ

このとき注意しなければならないのは，酸化数は，正の値でも＋を付ける必要があるということです。

また，イオンの場合は，価数は**＋**，**２＋**，**３＋**のように表しますが，酸化数の場合は，**＋１**，**＋２**，**＋３**のように＋を先に付け，さらに，＋１でも１は表示するので，こちらも注意してください。

さて，その共有結合からなる物質における電子の授受ですが，イオン結合性の化合物のように，完全な電子の移動はありませんが，その**共有電子対**は，**電気陰性度の大きい原子**に引き寄せられています。

たとえば，冒頭の共有結合のところで水素と酸素が結合して水になる反応を示しましたように，その水においては，水素原子２個と酸素原子１個とが電子対を共有して結合しています。

その場合，酸素原子の方が水素原子より**電気陰性度**（電子を引き寄せる力）が強いので，共有電子対の電子すべてが酸素原子に属している，と仮定すると，**酸素原子**は電子２個を受け取ったことになるので，酸化数は**－2**，**水素原子**は電子1個を失ったので，酸化数は**＋1**，という具合になります。

以上，酸化数の考え方について説明してきましたが，このような考え方をもとに決められたのが，次の原則です。

〔酸化数の原則〕

① **単体**中の原子の酸化数は**0**とする。

（例） H_2，O_2，Cl_2……などの酸化数は0

② 単原子イオンの場合は**イオンの価数**が酸化数となる。

（例）Ag^+…＋1，Mg^{2+}…＋2，Cl^-…－1，S^{2-}…－2

③ 化合物中の**水素原子の酸化数を＋1**，**酸素原子の酸化数を－2**とし，これを基準にして化合物中の他の原子の酸化数を求める。ただし，このときの化合物中の酸化数の総和は**0**とする。

（例） ・NH_3のNの酸化数は，Hの酸化数が＋1だから，

N＋（＋1）×3＝0　⇒　Nの酸化数＝－3

・CO_2のCの酸化数は，Oの酸化数が－2だから，

C＋（－2）×2＝0　⇒　Cの酸化数＝＋4

という具合に求めます。

（例外：過酸化水素H_2O_2などの過酸化物のみ，酸素原子の酸化数は－1となる。）

④ 多原子イオンでは，各原子の酸化数の総和がそのイオンの価数となるように決める。

（例） ・SO_4^{2-}…S＋(－2)×4＝－2，⇒　S＝＋6

・NH_4^+…N＋（＋1）×4＝＋1，⇒　N＝－3

⑤ 化合物中のアルカリ金属は＋1，アルカリ土類金属は＋2とする。

（例）KCl……Kの酸化数は＋1

なお，1つの酸化・還元反応では，酸化数の増加量と減少量は等しくなります。

原則の③では，酸素原子Ｏの酸化数は－２としてあったが，ただし，過酸化水素H_2O_2など一部の化合物では，酸素原子Ｏの酸化数は**－１**となるんじゃ。
ためしに計算すると，（＋１）×２＋Ｏ×２＝０より，Ｏ×２＝－２，よって，Ｏ＝－１となるわけじゃ。
ま，この例外は，そうよく出題されるポイントでもないんじゃが，出題者は「例外」を好む？傾向にあるので，頭のスミにでも覚えておけばよいじゃろう。

ここで，酸化数の原則①～⑤までのそれぞれのケースについて，例題を通じて理解を深めていきたいと思います。

【例題１】　……（①と⑤のケース）
次の反応は，酸化反応か還元反応か。
I_2　⇒　２KI

解説
①より，I_2単体の酸化数は０，また，⑤より，カリウムはアルカリ金属なので，＋１となり，０→－１　となって，**還元**されています。

（答）　還元反応

【例題２】　……（③のケース）
次の物質の下線を付けた原子の酸化数を求めよ。
１．$\underline{S}O_2$
２．$H\underline{Cl}$

解説
１．③より，Ｏの酸化数は－２なので，Ｓ＋{(－２）×２}＝０
∴　Ｓ＝＋４となります。
２．Ｈの酸化数は＋１なので，１＋（Cl）＝０
∴　Cl＝－１となります。

（答）１．Ｓ＝＋４　２．Cl＝－１

【例題3】 ……（④のケース）

次の物質の下線を付けた原子の酸化数を求めよ。

$\underline{Mn}O_4^-$

解説

④より，多原子イオンの場合，各原子の酸化数の総和がそのイオンの価数なので，③より，O＝－2とおくと，Mn＋（－2）×4＝－1。

Mn＝＋7　となります。

（答）＋7

（3）酸化剤と還元剤

化学反応において，相手の物質を酸化する物質を**酸化剤**といい，還元する物質を**還元剤**といいます。

たとえば，次の水素と酸素から水が生成する反応式を見てください。

$$2H_2 + O_2 \rightarrow 2H_2O$$

左辺のHの酸化数は，酸化数の原則の①より，0。

右辺のHの酸化数は，Oの酸化数が－2なので，＋1。

従って，Hの酸化数は，0⇒＋1と増加しているので，**Hは酸化されています。**

酸化と還元は同時に起こるので，Hが酸化されているということは，相手の**Oは還元されている**ことになります。

実際，Oの酸化数は，0⇒－2，となっているので，還元されていることがわかります。

以上より，Hを酸化させた**Oが酸化剤**となり，逆に，Oを還元させた**Hが還元剤**となります。

また，酸化剤のOは，自身は還元されており，還元剤のHは，自身は酸化されています。

以上，まとめると，次のようになります。

酸化剤　⇒・相手の物質を酸化させる。
・自身は還元される。
還元剤　⇒・相手の物質を還元させる。
・自身は酸化される。

主な酸化剤と還元剤には，次のようなものがあります。

【主な酸化剤】

・酸素，塩素酸カリウム（第１類危険物），硝酸，過酸化水素（以上第６類危険物），二酸化硫黄　など。

【主な還元剤】

・水素，一酸化炭素，ナトリウム，カリウム（第３類危険物），過酸化水素，硫化水素，二酸化硫黄　など

＊過酸化水素や二酸化硫黄は反応する相手の物質によって，酸化剤にも還元剤にもなります（酸化力が強い方が酸化剤となる）。

問題演習 2－10. 酸化と還元

【問題1】

酸化と還元の説明について，次のうち誤っているものはどれか。

(1) 物質が酸素と化合する反応を酸化といい，酸素を含む物質が酸素を失う反応を還元という。
(2) 水素が関与する反応では，水素を失う反応を酸化といい，逆に水素と結びつく反応を還元という。
(3) 酸化とは物質が電子を得る変化であり，還元とは物質が電子を失う変化である。
(4) 酸化剤とは還元されやすい物質であり，還元剤とは酸化されやすい物質である。
(5) 一般に，酸化と還元は一つの反応で同時に進行する。

解説

(3) 問題文の酸化と還元は逆で，**酸化**とは物質が電子を**失う**変化であり，**還元**とは物質が電子を**得る**変化ということになります。
(5) 酸化数が増加した（電子を失った）原子があれば，同じ分，酸化数が減少した（電子を受け取った）原子があるので，**酸化と還元は同時に起こります。**

【問題2】

酸化と還元の説明について，次のうち正しいものはどれか。

(1) 酸化剤が還元剤として作用することはない。
(2) 単体が反応又は生成する反応は，酸化還元反応である。
(3) 還元されやすい物質は，還元剤である。
(4) 物質が電子を得る変化は，酸化反応である。
(5) 酸化還元反応において，ある物質の酸化数が増加した場合，その物質は酸化剤として働いていることになる。

解　答

解答は次ページの下欄にあります。

解説

⑴　誤り。

過酸化水素のように，反応する相手の物質によって酸化剤として作用したり，あるいは還元剤として作用するものもあるので，誤りです。

⑵　正しい。

単体の原子の酸化数は０であり，（その反応によって生成した）化合物内の原子の酸化数は０ではないので，酸化数の増減があります。

従って，単体が反応又は生成する反応は，酸化または還元反応（酸化還元反応）になります。

⑶　誤り。

自身が還元されやすいということは，相手を酸化しているので，**酸化剤**になります。

⑷　誤り。

物質が電子を得る変化は，**還元反応**です。

⑸　誤り。

酸化数が増加ということは，酸化されているのであり，逆に相手の物質を還元しているので，還元剤として働いていることになります。

【問題３】

次の酸化マンガン(Ⅳ) MnO_2 と塩化水素 HCl の反応式において，Mn と Cl の酸化，還元反応を説明した下記の文章内の（ア）～（オ）に当てはまる語句を答えよ。

$$MnO_2 + 4HCl \rightarrow MnCl_2 + 2H_2O + Cl_2$$

「反応前後の各物質の酸化数を検証すると

(a)　MnO_2 について

$$Mn + (-2) \times 2 = 0 \quad \Rightarrow \quad Mn = +4$$

(b)　$MnCl_2$ について

$$Mn + (-1) \times 2 = 0 \quad \Rightarrow \quad Mn = +2$$

解　答

【問題１】　⑶　　　【問題２】　⑵

(c) HCl について

$$1 + Cl = 0 \quad \Rightarrow \quad Cl = -1$$

(d) Cl_2について,

Cl =（ア）

よって，Mn は，酸化数が＋ 4 から＋ 2 に減少しているので（イ）となり，Cl については，－ 1 が（ア）に増加しているので（ウ）となる。従って，MnO_2は（エ），HCl は（オ）として働いていることになる。」

	（ア）	（イ）	（ウ）	（エ）	（オ）
(1)	0	還元	酸化	酸化剤	還元剤
(2)	＋ 2	還元	酸化	還元剤	酸化剤
(3)	0	還元	酸化	還元剤	酸化剤
(4)	＋ 1	酸化	還元	酸化剤	還元剤
(5)	0	酸化	還元	還元剤	酸化剤

解説

まず，酸化数については，

(a) の O は P 219，原則の③より，－ 2 。

(b) の Cl は，②より，－ 1 。

(c) の H は，③より，＋ 1 。

(d) の Cl は，①より， 0 ……となります。

以上の酸化数の変化を反応式とともに表すと，次のようになります。

（－ 1 ）―――酸化―――→（ 0 ）

$$MnO_2 + 4\,HCl \rightarrow MnCl_2 + 2\,H_2O + Cl_2$$

（＋ 4 ）―還元――→（＋ 2 ）

（ア） 原則の①より， 0 になります。

（イ） 酸化数の減少は，**還元**になります。

（ウ） 酸化数の増加は，**酸化**になります。

（エ） 自身が還元されているので，相手に対しては，**酸化剤**として働いていることになります。

（オ） 自身が酸化されているので，相手に対しては，**還元剤**として働いていることになります。

解 答

解答は次ページの下欄にあります。

【問題４】

窒素（N）の酸化数が＋Ⅳ（＋４）であるものは，次のうちどれか。

(1)　N_2

(2)　NH_4Cl

(3)　NH_3

(4)　HNO_3

(5)　NO_2

解説

(1)　N_2

P 219，原則の①より，０となります。

(2)　$\underline{N}H_4Cl$

$$\Rightarrow \ x + (+1) \times 4 + (-1) = 0$$

$$\therefore \ x = -3$$

(3)　$\underline{N}H_3$

$$\Rightarrow \ x + (+1) \times 3 = 0$$

$$\therefore \ x = -3$$

(4)　$H\underline{N}O_3$

$$\Rightarrow \ (+1) + x + (-2) \times 3 = 0$$

$$\therefore \ x = +5$$

(5)　$\underline{N}O_2$

$$\Rightarrow \ x + (-2) \times 2 = 0$$

$$\therefore \ x = \mathbf{+4}$$

【問題５】

酸化，還元を伴わない化学反応は，次のうちいくつあるか。

A　$SO_2 + 2H_2S \rightarrow 3S + 2H_2O$

B　$H_2SO_4 + 2NaOH \rightarrow Na_2SO_4 + 2H_2O$

C　$CuO + H_2 \rightarrow Cu + H_2O$

D　$2KI + Br_2 \rightarrow 2KBr + I_2$

E　$Fe_2O_3 + 2Al \rightarrow 2Fe + Al_2O_3$

(1)　１つ　　(2)　２つ　　(3)　３つ　　(4)　４つ　　(5)　５つ

解　答

【問題３】　(1)

解説

A　酸化，還元反応である。

$SO_2 + 2H_2S \rightarrow 3S + 2H_2O$

SO_2のSの酸化数は，**＋4⇒0**

$2H_2S$のSの酸化数は，**－2⇒0**

よって，**酸化，還元反応**です。

なお，この反応式のように，**反応式中に（Sなどの）単体があれば酸化，還元反応になる**ので，覚えておくと重宝します。

B　中和反応である。

$H_2SO_4 + 2NaOH \rightarrow Na_2SO_4 + 2H_2O$
（酸）（塩基）（塩）（水）

酸と塩基から，塩と水が生じているので，**中和反応**になります。

念のために，検証すると，

Hの酸化数は，**＋1⇒＋1**

SO_4のOの酸化数は，**－2⇒－2**　となって，酸化，還元反応ではありません。

C　酸化，還元反応である。

$CuO + H_2 \rightarrow Cu + H_2O$

Cuの酸化数は，**＋2⇒0**（還元）

Hの酸化数は，**0⇒＋1**（酸化）

よって，**酸化，還元反応**です。

D　酸化，還元反応である。

$2KI + Br_2 \rightarrow 2KBr + I_2$

カリウムはアルカリ金属なので，酸化数は＋1です。

よって，KIのIの酸化数は**－1**

I_2のIの酸化数は**0**。

従って，Iの酸化数は，**－1⇒0**　と**酸化**されています。

一方，Brの酸化数は，**0⇒－1**　と**還元**されているので，**酸化，還元反応**です。

E　酸化，還元反応である。

$Fe_2O_3 + 2Al \rightarrow 2Fe + Al_2O_3$

解　答

【問題4】(5)　　**【問題5】**(1)

Fe_2O_3の Fe の酸化数は，$(x \times 2) + (-2 \times 3) = 0$

$2x = 6 \quad x = \mathbf{+3}$

よって，Fe の酸化数は，$+3 \Rightarrow 0$　と**還元**されています。

一方，Al_2O_3の Al については，

$(x \times 2) + (-2 \times 3) = \mathbf{0}$

$2x = 6 \quad x = \mathbf{+3}$

よって，Al の酸化数は，$0 \Rightarrow +3$　と**酸化**されています。

従って，**酸化**，**還元反応**になります。

以上より，酸化，還元反応を伴わない化学反応は，B の１つになります。

【問題６】

次の変化のうち，酸化に該当しないものはどれか。

(1)　$Ag \Rightarrow AgNO_3$

(2)　$FeO \Rightarrow Fe_2O_3$

(3)　$MnO_2 \Rightarrow MnSO_4$

(4)　$FeCl_2 \Rightarrow FeCl_3$

(5)　$CH_3OH \Rightarrow HCHO$

解説

(1)　Ag の酸化数が，**$0 \Rightarrow +1$** と増加しているので，**酸化反応**になります。

(2)　Fe の酸化数が，**$+2 \Rightarrow +3$** と増加しているので，**酸化反応**になります。

(3)　Mn の酸化数が，**$+4 \Rightarrow +2$** と減少しているので**還元反応**になります。

(4)　Fe の酸化数が，**$+2 \Rightarrow +3$** と増加しているので，**酸化反応**になります。

(5)　$CH_3OH \Rightarrow HCHO$

この反応式は，メタノールからホルムアルデヒドになる反応で，CH_3OH の C の酸化数を x とすると，H が４つあるので，

$x + (+1) \times 4 + (-2) = 0 \qquad x = \mathbf{-2}$

解　答

解答は次ページの下欄にあります。

HCHOのCの酸化数をyとすると，Hが2つあるので，

$y+(+1)\times 2+(-2)=0$　　$y=\mathbf{0}$

よって，炭素の酸化数は，**－2⇒0**と増加しているので，**酸化反応**になります。

【問題7】

次の化学反応式において，下線部分の物質が酸化剤として作用しているものは，いくつあるか。

A　$2KI+\underline{Cl_2}\rightarrow I_2+2KCl$

B　$Zn+\underline{H_2SO_4}\rightarrow ZnSO_4+H_2$

C　$\underline{H_2O_2}+2KI+H_2SO_4\rightarrow 2H_2O+I_2+K_2SO_4$

D　$H_2O_2+\underline{SO_2}\rightarrow H_2SO_4$

E　$\underline{SO_2}+2H_2S\rightarrow 3S+2H_2O$

(1)　1つ　　(2)　2つ　　(3)　3つ　　(4)　4つ　　(5)　5つ

A　酸化剤として作用している。

Clの酸化数は，**0⇒－1**と**減少**しているので，**還元**されており，逆に相手の物質を酸化しているので，**酸化剤**として作用していることになります。

B　酸化剤として作用している。

H_2SO_4のHの酸化数は**＋1**，H_2のHの酸化数は**0**と**減少**しているので，**還元**されており，**酸化剤**として作用したことになります。

C　酸化剤として作用している。

H_2O_2のOの酸化数は**－1**，H_2OのOの酸化数は**－2**と**減少**しているので，還元されており，**酸化剤**として作用したことになります。

D　**還元剤**として作用している。

SO_2のSの酸化数は**＋4**。

一方，SO_4のSの酸化数xは，SO_4^{2-}より，

$x+(-2\times 4)=-2$となり，$x=\mathbf{+6}$。

従って，Sの酸化数が**＋4⇒＋6**と**増加**しているので，酸化されており，**還元剤**として作用したことになります。

解　答

【問題6】　(3)

なお，一方のH_2O_2ですが，Oの酸化数は－1。

SO_4のOの酸化数は上記より－2。

従って，CのH_2O_2同様，**－1⇒－2**と**減少**しているので，還元されており，**酸化剤**として作用したことになります。

E　**酸化剤**として作用している。

SO_2のSの酸化数は**＋4**であり，Sの酸化数が**＋4⇒0**と減少しているので，還元されており，**酸化剤**として作用したことになります。

従って，同じSO_2でも，Dでは**還元剤**，Eでは**酸化剤**として作用したことになります。

従って，下線部分の物質が酸化剤として作用しているものは，A，B，C，Eの4つとなります。

【問題8】

次の下線部分の物質の説明として，誤っているものはどれか。

(1)　$\underline{H_2} + Cl_2 \rightarrow 2\,HCl$

H_2は還元剤として働いている。

(2)　$5\,\underline{H_2O_2} + 2\,KMnO_4 + 3\,H_2SO_4 \rightarrow 5\,O_2 + 2\,MnSO_4 + K_2SO_4 + 8\,H_2O$

H_2O_2は，還元剤として働いている。

(3)　$\underline{SO_2} + 2\,NaOH \rightarrow Na_2SO_3 + H_2O$

SO_2は酸化剤として働いている。

(4)　$2\,\underline{Na} + 2\,H_2O \rightarrow 2\,NaOH + H_2$

Naは還元剤として働いている。

(5)　$2\,FeCl_3 + \underline{SnCl_2} \rightarrow 2\,FeCl_2 + SnCl_4$

$SnCl_2$は還元剤として働いている。

解説

(1)　正しい。

Hの酸化数は，**0⇒＋1**と**増加**しているので，**酸化**されており，**還元剤**として働いています。

(2)　正しい。

Oの酸化数は，**－1⇒0**と**増加**しているので，**酸化**されており，

解　答

【問題7】　(4)

還元剤として働いています。

H_2O_2の反応相手である$KMnO_4$に着目してみると，Kの酸化数は＋1なので，MnO_4の酸化数は－1となります。

よって，MnO_4のMnの酸化数をxと置くと，

x＋（－2）×4＝－1

よって，x＝**＋7**となります。

一方，$MnSO_4$において，SO_4^{2-}イオンの酸化数は－2なので，Mnの酸化数は**＋2**となります。

従って，Mnの酸化数が**＋7⇒＋2**と**還元**されているので，その還元反応を起こさせたH_2O_2は，やはり**還元剤**として働いている，ということが確認できます。

(3) 誤り。

SO_2のSの酸化数は**＋4**。

一方，Na_2SO_3において，Naの酸化数は＋1なので，SO_3の酸化数は－2になります。

よって，SO_3のSの酸化数をxと置くと，

x＋(－2)×3＝－2

x＝**＋4**となります。

従って，Sの酸化数が**＋4⇒＋4**と変化していないので，酸化還元反応ではありません。

(4) 正しい。

Naの酸化数は，**0⇒＋1**と**増加**しているので，**酸化**されており，**還元剤**として働いています。

(5) 正しい。

Snの酸化数は，＋2⇒＋4と**増加**しているので，**酸化**されており，**還元剤**として働いています。

解　答

【問題8】 (3)

金属および電池について

(1) 金属のイオン化傾向

水溶液中において，金属の単体が電子を放出して陽イオンになろうとする性質を**イオン化傾向**といいます。

また，金属をその性質の大きい順に並べたものを**イオン化列**といい，次のような順になります（主な金属のみです。また，水素H_2は金属ではありませんが，陽イオンになろうとする性質があるのでイオン化列に含まれています）。

（大）←**カソウ　カ　ナ　マ　ア　ア　テ　ニ　ス　ナ**
K ＞ Ca ＞ Na ＞ Mg ＞ Al ＞ Zn ＞ Fe ＞ Ni ＞ Sn ＞ Pb ＞
ヒ　ド　ス　ギル ハク（シャッ）キン→（小）
（H_2）＞ Cu ＞ Hg ＞ Ag ＞ Pt ＞ Au

（注：資料によっては，カリウムよりイオン化傾向が大きいリチウム（Li）が表示してあるイオン化列もあります。）

⇒ 上に書いたカナは，一般的によく知られているゴロ合わせで，書き直すと，「貸そうかな，まあ当てにすな，ひどすぎる借金」となります。

このゴロ合わせでは，最初のKとCaが，カとカで続きますが，「とにかく一番最初はカリウム！」と覚えておけば，区別できるかと思います。

また，中間にもAlとZnのアとアが続きますが，こちらの方は「アルファベットのトップ（＝A）とラスト（＝Z）がその順番通りに並んでいる」と覚えておけばよいでしょう。

イオン化傾向は，**電子を放出して**陽イオンになろうとする性質のことであり，「電子を放出＝酸化」なので，イオン化列の**左**の方ほど，**酸化されやすい（＝さびやすい）**，ということがいえます。

たとえば，Ag^+を含む硝酸銀水溶液に銅板を浸すと，銅板の表面に銀樹と呼ばれる銀の析出物が付着します。

その反応式は，次のようになります。

$$Cu + 2Ag^+ \rightarrow Cu^{2+} + 2Ag$$

これは，上のイオン化列より，CuとAgでは，Cuの方がイオン化傾向が大きいので，Cuが電子を放出して**陽イオン**となり，逆に，イオン化傾向の小さい水溶液中のAg^+がその電子を受け取って**Ag**となり，銅板の表面に析出されるわけです。

(2) 電池 重要!

まず，酸化，還元反応における電子のやり取りを思い出してください。電子を**放出する**反応が**酸化**，電子を**受け取る**反応が**還元**でしたね。

また，その電子を**放出する**物質を**還元剤**，電子を**受け取る**物質を**酸化剤**と言いました。

この電子を放出する**還元剤**と電子を受け取る**酸化剤**をペアで組合せたものが電池ということになるわけです。

つまり，酸化剤と還元剤を電線で結ぶと，還元剤から放出された電子を酸化剤が受け取ることにより電子の流れができます。

この電子の流れとは逆方向に電流は流れると決められているので，ここで電流が流れることにより**電気エネルギー**が取り出せた，ということになり（⇒これを**放電**という），電池が形成されたということになります。

ここで，電子の流れは，還元剤⇒酸化剤　となるので，電流は逆に，**酸化剤⇒還元剤**と流れることになり，**酸化剤が正極（プラス）**，**還元剤が負極（マイナス）**ということになります。

実際の電池では，この正極，負極のほか，**電解液**（電気を伝導させるための溶液）というものが必要になります。

1．ボルタ電池

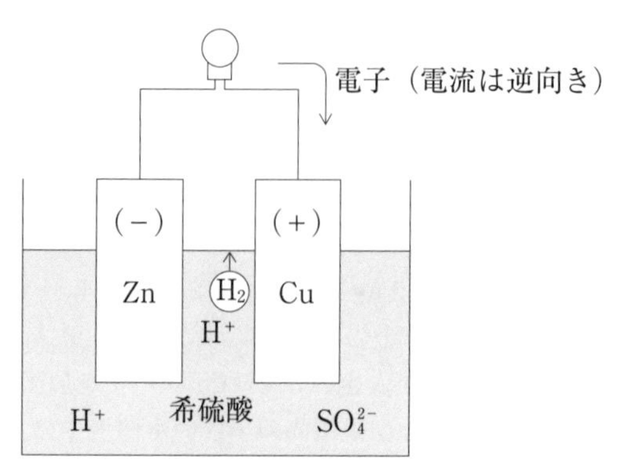

ボルタ電池

図のように，**負極**（還元剤）に**亜鉛板**（**Zn**），**正極**（酸化剤）に**銅板**（**Cu**），電解液に**希硫酸**を用いた電池を**ボルタ電池**といいます。

ここで先ほどのイオン化傾向を思い出してほしいのですが，Zn と Cu では Zn の方がイオン化傾向が大きくなっています。

従って，Zn が電子を放出して Zn^{2+}のイオンとなって水溶液中に溶け出します。

式に表すと，$\mathbf{Zn \rightarrow Zn^{2+} + 2e^-}$となります。

この $2e^-$をまずは覚えておいてください。

さて，希硫酸の電解液の方も，H^+イオンと SO_4^{2-}イオンに電離しています。ここで，その $2e^-$が“活躍”するわけですが，$2e^-$が亜鉛板（Zn）から導線を伝わって銅板（Cu）に移動し，その希硫酸中の H^+イオンと結びついて銅板から水素 H_2が発生する，というわけです。

式で表すと，$\mathbf{2H^+ + 2e^- \rightarrow H_2 \uparrow}$　となります。

このようにして，電池から起電力が得られるわけです。

以上をまとめると…

Zn が溶け出す ⇒ $2e^-$が放出され，銅板で H^+イオンと結びついて水素 H_2が発生⇒電流が銅板（正極）から亜鉛板（負極）に向かって流れる。
⇒　起電力が発生，となります。

なお，この反応を酸化・還元反応から見ると，Zn の負極では電子を放出したので亜鉛板では**酸化反応**が起こり，正極では，H^+イオンが電子を受け取ったので，銅板では**還元反応**が起こった，ということになります。

なお，先ほどの負極における **$Zn \rightarrow Zn^{2+} + 2e^-$** という反応につき，

この $2e^-$ が再び Zn^{2+} と結びついて Zn になるのではないかと思われるかもしれません。しかし，イオン化列を見てもらうとおわかりになると思いますが，Zn^{2+} と電解液中の H^+ では，Zn^{2+} の方がイオン化傾向が大きいので Zn^{2+} のままでいようとし，その結果，$2e^-$ は Zn^{2+} より H^+ の方に流れ，正極から H_2 が発生するということになります。

2．鉛蓄電池（参考資料）

この鉛蓄電池は，甲種危険物取扱者試験にはほとんど出題されていませんが，一般的にはよく使われている蓄電池なので，参考のために，説明しておきます。

まず，1のボルタ電池や乾電池のように，放電を続けていると，やがて，電圧（起電力ともいう）が低下して，使えなくなる電池を**一次電池**といいます。

つまり，いったん放電してしまうと，正極と負極において，酸化，還元反応が生じなくなる電池である，ということになります。

それに対して，外部直流電源の＋端子を正極に，－端子を負極に接続して，電池の起電力とは反対方向に電流を流して電気エネルギーを注入すると（⇒この操作を**充電**という），正極と負極において，放電時とは逆の反応が起こり，再び，酸化，還元反応が生じるようになります。

すなわち，起電力が回復して，電池が再び使用可能な状態になります。このような電池を**二次電池**といいます。

この鉛蓄電池は，その二次電池の代表的な電池で，車のバッテリーなどに幅広く使用されている蓄電池です。

その鉛蓄電池では，図のように電解液として**希硫酸**（H_2SO_4）を用い，正極に**二酸化鉛**（PbO_2），負極に**鉛**（Pb）を用い，電子が Pb から PbO_2 へと移動すると，電流は逆に PbO_2 から Pb に流れるので，図のようにランプをつないでいると点灯します。

このとき，正極と負極の電位差，つまり，起電力は約**2.1V** となります。

以上の放電時と充電時の全体の反応は，次のようになります。

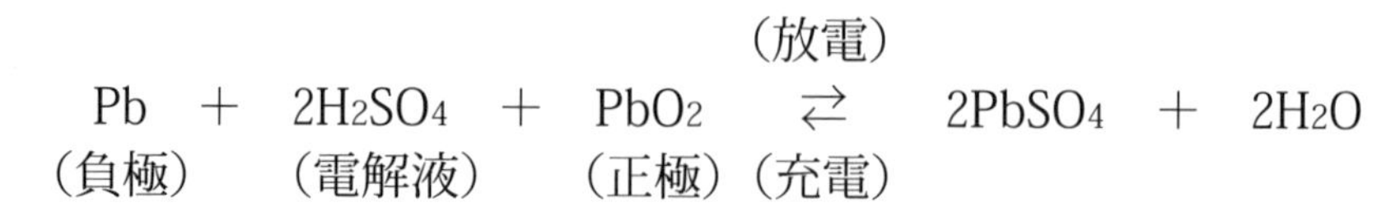

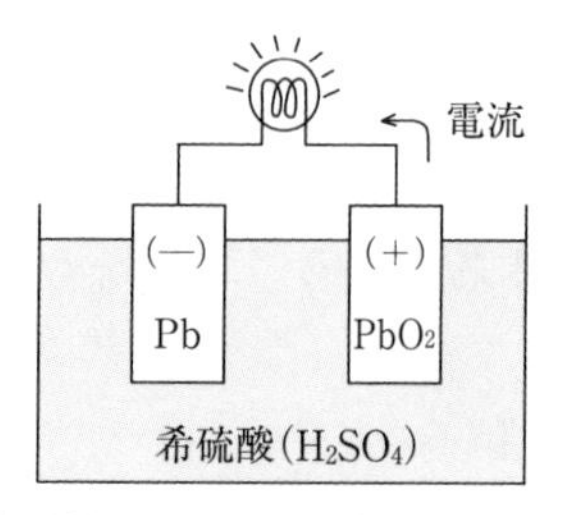

鉛蓄電池の原理（放電状態）

（３）金属の腐食　重要!

腐食とは，金属が液体や空気中の酸素などと反応して酸化物（または水酸化物）になり，徐々に溶解または崩壊していく現象で，要するに**さび**のことをいいます。

たとえば，鉄の場合，図のように電位の低い部分であるＡから電位の高い部分であるＢに電子を与えることによってＡ部分からFe^{2+}が溶解し，酸化鉄となってさびが進行していきます。

この場合，Ａが負極，Ｂが正極となり，電池（局部電池）を形成するわけですが，正極のＢでは次のような反応が生じます。

$$2e^- + H_2O + \frac{1}{2} O_2 \rightarrow 2OH^-$$

つまり，Ｂの表面で水と酸素がＡ部分からの$2e^-$を受け取り，水酸化物イオンとなるわけです。

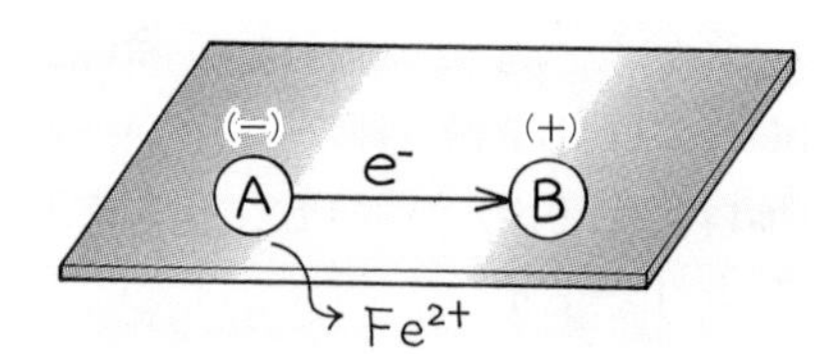

この腐食を防ぐ方法には，顔料（ペンキ）による**塗装**や**メッキ**などの方法があります。

メッキとは，金属の表面を腐食しにくい別の金属の薄膜で覆うことによって空気と接触しないようにしたり，あるいは，金属のイオン化傾向の差を利用して目的とする金属の腐食を遅らせる操作のことなどをいいます。

このイオン化傾向の差ですが，**目的とする金属よりイオン化傾向の大きい金属を接続する**必要があります。

というのは，先にそのイオン化傾向の大きい金属を腐食させることによって，目的とする金属の腐食を防ぐことができるからです。

従って，目的とする金属よりイオン化傾向が小さい金属を接続すると，目的とする金属の方が先にイオンとなって溶け出し，逆に腐食を進行させることになります。

金属の腐食は，金属表面において電子のやりとりによる酸化・還元反応があり，それによって局部電池が形成されることにより起こります。

トタン板とブリキ板について

トタン板 (鉄板に亜鉛メッキしたもの):

鉄板（Fe）に亜鉛（Zn）をメッキした**トタン板**の場合，亜鉛の方が鉄よりもイオン化傾向が大きいのですが，亜鉛は強い酸化被膜を作って溶けにくくなるため，鉄単体よりも錆びにくくなります。

しかし，いったん傷が付いて雨水にさらされると，鉄と亜鉛の両方が水にさらされることになります。

そうなると，亜鉛の方が鉄板よりイオン化傾向が大きいので，**亜鉛の方が先に溶け**，その後に鉄が溶けることになります。

ブリキ板 (鉄板にスズをメッキしたもの)

鉄板（Fe）にスズ（Sn）をメッキした**ブリキ板**の方は，鉄板よりイオン化傾向の小さいスズで覆っているので，鉄単体よりもイオン化しにくく，トタンよりも錆びにくい性質があります。

しかし，いったん傷が付いて雨水にさらされると，鉄とスズの両方が水にさらされることになり，スズより鉄板の方がイオン化傾向が大きいので，内部の**鉄板の方が急速に錆びる**ことになります。

（４）その他金属一般について

１．金属の性質

一般的に，金属（水銀を除く）には，次のような性質があります。

・金属の結晶は，金属元素の**原子**が規則正しく配列してできている。
・**自由電子**があるため，熱や電気をよく伝える。
・**金属光沢**と呼ばれる特有の光沢をもっている。
・それぞれの原子は，**金属結合**でつながっている。
・**展性**や**延性**がある。

２．軽金属と重金属

金属の比重が４ないし５以下のものを軽金属，それより大きいものを重金属として分類しています（明確な数値で～以下，以上とは定義されていない)。

①　主な軽金属

アルミニウム，マグネシウム，ベリリウム，チタン，アルカリ金属，アルカリ土類金属

②　主な重金属

①以外のほとんどの金属

③　金属の炎色反応

炎色反応とは，物質を炎の中に入れた際に現れる元素に特有の色のことで，主なアルカリ金属，アルカリ土類金属では次のようになります。

アルカリ金属	アルカリ土類金属
リチウム Li　⇒　赤 ナトリウム Na ⇒　黄 カリウム K　⇒　赤紫	カルシウム Ca ⇒　橙赤（とうせき）（オレンジ色のこと） バリウム Ba　⇒　黄緑

こうして覚えよう！ …金属の炎色反応

リアカー無きK村，動力借るとするも　くれない馬力

リ	アカー	ナ	キ	ケイ	ムラ	ドウ	リョク
Li	赤	Na	黄	K	紫	Cu	緑

カル	ト	スルモ	クレナイ	バ	リョク
Ca	橙	Sr	紅	Ba	緑

（注：ゴロ合わせには表中にないCu（銅）やSr（ストロンチウム）が含まれています が，炎中ではそれぞれ青緑色と紅（くれない）色に反応します。）

3．アルカリ金属とアルカリ土類金属

金属元素のうち，「1族で水素以外の6つの元素」を**アルカリ金属**といい，「2族でベリリウム，マグネシウム以外の4つの元素」を**アルカリ土類金属**といいます。その主な性質については次のようになります。

① アルカリ金属

- Li，Na，K，Rb（ルビジウム），Cs（セシウム），Fr（フランシウム）などがある。
- **1価の陽イオン**になりやすい。
- やわらかく融点が低い**軽金属**である。
- 単体や化合物は特有な炎色反応を示す。
- 単体は反応性に富み，空気中の酸素とただちに化合するので，**石油中に保存する**。
  また，常温で水とも激しく反応して水酸化物を生じる。

② アルカリ土類金属

Ca，Sr（ストロンチウム），Ba（バリウム），Ra（ラジウム）などがある。

- 銀白色の**軽金属**である。
- 反応性はアルカリ金属の次に大きい。
- 空気中の酸素とただちに化合し，常温で水と激しく反応して水酸化物を生じる。

問題演習　２－11．金属および電池

＜イオン化傾向＞

【問題１】

次の金属の組合せのうち，イオン化傾向の大きな順に並べたものはどれか。

⑴　Fe ＞ Sn ＞ Ag
⑵　Al ＞ K ＞ Li
⑶　Mg ＞ Na ＞ Ca
⑷　Pb ＞ Zn ＞ Pt
⑸　Cu ＞ Ni ＞ Au

解説

⑴　イオン化傾向の大きな順に並んでいます（P 232参照）。
⑵　イオン化傾向の小さな順に並んでいます。
⑶　イオン化傾向の小さな順に並んでいます。
⑷　Pb と Zn が逆です。
⑸　Cu と Ni が逆です。

【問題２】

次の物質のうち，最もイオン化傾向の大きなものはどれか。

⑴　白金　　⑵　リチウム　　⑶　水銀　　⑷　銀　　⑸　金

解説

一般的なイオン化列には，リチウムを省略している場合がありますが，リチウムも含めると，次のようになります。

Li ＞ K ＞ Ca ＞ Na ＞ Mg ＞ Al ＞ Zn ＞ Fe ＞ Ni ＞ Sn ＞ Pb ＞
（H_2）＞ Cu ＞ Hg ＞ Ag ＞ Pt ＞ Au

なお，ゴロ合わせについては，232ページのゴロ合わせの前に，「リッチに」を付ける方法があります。

解　答

解答は次ページの下欄にあります。

【問題 3】 重要! 重要!

2 種の金属の板を電解液中に離して立て，金属の液外の部分を針金でつないで電池をつくろうとした。この際に，片方の金属を Cu とした場合，もう一方の金属として最も大きな起電力が得られるものは，次のうちどれか。

(1) Fe
(2) Zn
(3) Pb
(4) Al
(5) Na

解説

P 233の電池に関する問題で，電流はイオン化傾向の小さい金属から大きい金属へと流れます。

その際，両者の**イオン化傾向の差が大きいほど**，移動する電子の量も増加し，**起電力も大きくなります。**

従って，銅とのイオン化傾向の差が最も大きいものを選べばよいわけで，下記のイオン化傾向より，Na が最も銅とのイオン化傾向の差が大きい金属，ということになります。

K ＞ Ca ＞ Na ＞ Mg ＞ Al ＞ Zn ＞ Fe ＞ Ni ＞ Sn ＞ Pb ＞ （H_2） ＞ **Cu** ＞ Hg ＞ Ag ＞ Pt ＞ Au

【問題 4】 重要! 重要!

2 種の金属の板を電解液中に離して立て，金属の液外の部分を針金でつないで電池をつくろうとした。この際に，片方の金属を Al とした場合，もう一方の金属として最も大きな起電力が得られるものは，次のうちどれか。

(1) Ag
(2) Fe
(3) Cu
(4) Pb
(5) Zn

解　答

【問題 1】 (1)　　**【問題 2】** (2)

解説

前問と同様に，アルミニウムとのイオン化傾向の差が最も大きいものを探します（下線部の金属が問題の金属）。

K＞Ca＞Na＞Mg＞**Al**＞Zn＞Fe＞Ni＞Sn＞Pb＞（H_2）＞Cu＞Hg＞Ag＞Pt＞Au

これから見てもすぐにわかるように，Al とイオン化傾向の差が最も大きいものは，一番遠く離れている **Ag**（銀）ということになります。

【問題5】 重要!

地中に埋設された危険物配管を電気化学的な腐食から防ぐのに異種金属を接続する方法がある。配管が鋼製の場合，次のうち，防食効果のある金属はいくつあるか。

A：Al
B：Sn
C：Zn
D：Pb
E：Mg

(1)　1つ　　(2)　2つ　　(3)　3つ　　(4)　4つ　　(5)　5つ

解説

金属の腐食を防ぐ（遅らせる）方法に，**目的とする金属よりイオン化傾向の大きい金属**を接続する方法があります。

つまり，イオン化傾向の大きい金属を先に腐食させることによって，目的とする金属の腐食を遅らせるわけです。

従って，鋼，すなわち，鉄（Fe）よりイオン化傾向の大きい金属をA～Eのうちに探せばよいわけです。

イオン化列は次のとおりです（下線部の金属が問題の金属）。

K＞Ca＞Na＞Mg＞Al＞Zn＞**Fe**＞Ni＞Sn＞Pb＞（H_2）＞Cu＞Hg＞Ag＞Pt＞Au

問題の金属のうち，鉄（Fe）よりイオン化傾向の大きい金属は，Fe より左にある，マグネシウム，アルミニウム，亜鉛の3つということになります。

解　答

【問題3】　(5)　　　**【問題4】**　(1)

【問題6】

次の金属のうち，希硫酸を加えた際に水素ガスが発生しないものはどれか。

(1) Ca
(2) Mg
(3) Cu
(4) Fe
(5) Zn

解説

まず，希硫酸は，次のように電離しています。

$H_2SO_4 \rightarrow 2H^+ + SO_4^{2-}$

下のイオン化傾向より，水素よりイオン化傾向が大きい金属は，自身がイオン化して H^+ に電子を渡すので「$2H^+ + 2e^- \rightarrow H_2$」という反応が起き，水素ガスが発生します。

従って，水素よりイオン化傾向が小さい(3)の Cu では水素が発生しないため，これが正解となります。

K ＞ Ca ＞ Na ＞ Mg ＞ Al ＞ Zn ＞ Fe ＞ Ni ＞ Sn ＞ Pb ＞（H_2）＞ Cu ＞ Hg ＞ Ag ＞ Pt ＞ Au

【問題7】

トタン板（鉄板に亜鉛メッキしたもの）とブリキ板（鉄板にスズをメッキしたもの）のメッキ部分にそれぞれ中の鉄板まで届く傷をつけて屋根上に放置し，雨水にさらした場合の，次の記述について，(A)～(C）に当てはまる語句として，次のうち正しいものはどれか。

「鉄（Fe）と亜鉛（Zn），スズ（Sn）をイオン化列でみると，(A）の順になっている。

従って，鉄板に亜鉛をメッキしたトタンの場合，(B）の方が先に錆びるのに対し，鉄板にスズをメッキしたブリキ板の方は，(C）の方が先に錆びる。」

解　答

【問題5】 (3)

	（A）	（B）	（C）
(1)	Zn ＞ Fe ＞ Sn	鉄板	鉄板
(2)	Sn ＞ Fe ＞ Zn	亜鉛	スズ
(3)	Zn ＞ Fe ＞ Sn	亜鉛	鉄板
(4)	Sn ＞ Fe ＞ Zn	鉄板	鉄板
(5)	Zn ＞ Fe ＞ Sn	亜鉛	スズ

解説

（A）について

鉄（Fe）と亜鉛（Zn），スズ（Sn）をイオン化列でみると，

Zn ＞ Fe ＞ Sn の順になっているので，(1)，(3)，(5)が正しい。

（B）について

次に，鉄板に亜鉛をメッキした**トタン板**の場合，亜鉛の方が鉄よりもイオン化傾向が大きいのですが，亜鉛は強い酸化被膜を作って溶けにくくなるため，鉄単体よりも錆びにくくなります。

しかし，いったん傷が付いて雨水にさらされると，鉄と亜鉛の両方が水にさらされることになり，そうなると，亜鉛の方が鉄板よりイオン化傾向が大きいので，**亜鉛の方が先に溶け**，その後に鉄が溶けることになります。

よって，(3)，(5)が正しい。

（C）について

鉄板にスズをメッキした**ブリキ板**の方は，鉄板よりイオン化傾向の小さいスズで覆っているので，鉄単体よりもイオン化しにくく，トタンよりも錆びにくい性質があります。

しかし，いったん傷が付いて雨水にさらされると，鉄とスズの両方が水にさらされることになり，そうなると，スズより鉄板の方がイオン化傾向が大きいので，内部の**鉄板の方が急速に錆びる**ことになります。

よって，結局，(3)が正解となります。

解　答

【問題６】 (3)

＜電池＞

【問題8】 重要!

次の文章の（A）～（D）に当てはまる語句等の組み合わせはどれか。

「希硫酸中に亜鉛板と銅板を立て，これを導線で結んだ場合，電子は導線の中を（A）の方向に流れ，電流は（B）の方向に流れる。このとき，亜鉛板では（C）反応，銅板では（D）反応の化学変化が起こる。」

	（A）	（B）	（C）	（D）
(1)	Zn → Cu	Cu → Zn	還元	酸化
(2)	Zn → Cu	Cu → Zn	酸化	酸化
(3)	Zn → Cu	Cu → Zn	酸化	還元
(4)	Cu → Zn	Zn → Cu	酸化	還元
(5)	Cu → Zn	Zn → Cu	還元	酸化

解説

本問の電池はボルタ電池であり，本文中でも説明しましたように，イオン化傾向の大きい Zn が Zn^{2+} となって水溶液中に溶け出し，その結果放出された電子は，**亜鉛板から銅板に移動**します。

従って，電流はその逆なので，**銅板から亜鉛板に流れる**ことになります。

また，酸化・還元反応ですが，電子を放出する反応が酸化反応なので，亜鉛板での反応が**酸化反応**となり，電子を受け取る銅板での反応が**還元反応**となります。

【問題9】

希硫酸中に鉛 Pb と酸化鉛 PbO_2 を浸し，両金属間を導線で結んだ場合の反応について，次のうち誤っているものはどれか。

(1) PbO_2 が正極で Pb が負極となる。

(2) Pb の方が溶けて Pb^{2+} となり，水溶液中の SO_4^{2-} と結合して $PbSO_4$ となる。

(3) 負極の Pb は，酸化剤の働きをしている。

(4) 放電を続けていると，硫酸の濃度は低くなる。

(5) 外部電源から放電時とは逆向きに電流を流すと，起電力が回復する。

解　答

【問題7】 (3)

解説

問題の電池は，鉛蓄電池であり，正極に酸化数の高い**酸化剤**（PbO_2），負極に酸化数の低い**還元剤**（Pb）を用いることによって電池が構成されています。このように，酸化剤と還元剤を導線で結合し，その化学反応を電気エネルギーとして取り出す装置が電池となるわけです。

その電池内の反応をまとめると，次のようになります。

正極：　$\mathbf{PbO_2} + 4H^+ + SO_4^{2-} + 2e^- \rightarrow PbSO_4 + 2H_2O$

負極：　$\mathbf{Pb} + SO_4^{2-} \rightarrow PbSO_4 + 2e^-$

全体：　$Pb + PbO_2 + 2H_2SO_4 \rightarrow 2PbSO_4 + 2H_2O$

(1)　上記の反応式より，正しい。

(2)　負極の反応より，正しい。

(3)　誤り。

負極の Pb は，電子を放出しているので酸化反応となり，酸化剤ではなく，**還元剤**の働きをしています。

(4)　正しい。

上記の全体の反応式からもわかるように，放電すると（＝右向きの矢印）硫酸が消費されるので，希硫酸濃度は低下していきます。

(5)　正しい。

この操作を**充電**といいます。

【問題10】

鉄と銅の板がある。この間を導線で繋ぎ，硫酸に浸けるとどうなるか。

A　鉄から水素が発生する。

B　銅から水素が発生する。

C　鉄が溶ける。

D　銅が溶ける。

E　何の反応も起こらない。

(1)　AとC　　(2)　AとD　　(3)　BとC

(4)　BとD　　(5)　E

解　答

【問題８】　(3)　　　**【問題９】**　(3)

解説

まず，イオン化列は次のようになります。

K ＞ Ca ＞ Na ＞ Mg ＞ Al ＞ Zn ＞ **Fe** ＞ Ni ＞ Sn ＞ Pb ＞ （H_2） ＞ **Cu** ＞ Hg ＞ Ag ＞ Pt ＞ Au

次に，硫酸は，次のように電離しています。

$H_2SO_4 \rightarrow \underline{2H^+} + SO_4^{2-}$

その液中に水素よりイオン化傾向の大きい鉄があるので，鉄は，次のように電離します（⇒Cの溶ける，が該当する）。

$Fe \rightarrow Fe^{2+} + \underline{2e^-}$

（電子を放出しているので，この鉄が負極となります）。

この $2e^-$ と，先ほどの $2H^+$ が銅板上で結びつき水素が発生します。

$2H^+ + 2e^- \rightarrow H_2 \uparrow$

すなわち，**銅の表面から水素が発生する**（⇒**B**）ので，銅板は水素で覆われ，$2H^+$ が近づけなくなって分極*します。

＊分極：電流を流すことにより電池の電圧が低下する現象

従って，この電池では断続的に電気を取り出すのは無理ということになります。なお，本文中で最初に説明したボルタ電池でも同様に分極が起きますので，起電力は反応開始後，すぐに弱まっていきます。

<金属>

【問題11】

次の金属のうち，比重4以下の軽金属であり，かつ，アルカリ金属でないものはいくつあるか。

Cu，Fe，Al，Au，Mg，K，Pb，Ni

(1)　1つ　　(2)　2つ　　(3)　3つ　　(4)　4つ　　(5)　5つ

解　答

【問題10】 (3)

解説

軽金属とは，金属の比重が4ないし5以下のものをいいます。

主な軽金属には，次のようなものがあります。

アルミニウム，マグネシウム，ベリリウム，チタン，アルカリ金属，アルカリ土類金属

問題の金属のうち，この中に含まれているのは，Al，Mg，Kの3つだけになります。

問題の条件より，このうちアルカリ金属でないものは，Al，Mgの2つになります。

【問題12】

白金線に金属の塩の水溶液をつけて炎の中に入れると，金属の種類によって異なった色が出る。この実験を行った場合の金属と炎の色との組み合わせで，次のうち誤っているものはどれか。

	金属	炎の色
(1)	カルシウム	橙赤
(2)	リチウム	深赤
(3)	ナトリウム	白
(4)	カリウム	赤紫
(5)	バリウム	黄緑

解説

ナトリウムの炎色反応は白ではなく，黄色です（⇒P238）。

なお，カルシウムCaの燈赤とはオレンジ色のことです。

解　答

【問題11】(2)　　【問題12】(3)

12 有機化合物

この有機化合物については，一般的には，有機化合物の**一般的特性**が出題されるケースが多いですが，たまに，少し深い知識まで問われる出題があります。

たとえば，「有機化合物の構造を決定するために使われる分析手法として，妥当なものはどれか。（1）X線回折分析…」，「○×を答える問題⇒スルホン酸は，炭化水素の水素原子をスルホ基（スルホン基）で置換してできる化合物である。」…といった出題です。

大学で化学に関する学科を選択している学生であるなら解答できるかもしれませんが，それ以外の方なら，難問になるのではないかと思います。

そこで，これをどうするかですが，大学で化学を選択してきたのでない場合，有機化合物の一般的特性のみ覚えて，それ以外の深い知識が要求される問題については，概要のみを把握して深入りはしない，というのも受験の1つのテクニックではないかと思います。

なにしろ，有機化合物の深い知識が要求される問題まで対応しようとすると，かなりの時間が必要となります。

出題頻度の少ない問題に対応するために，限りある時間を大量に消費するというのは，はっきりいって非効率です。

従って，大学で化学を選択してきたのでない場合は，「有機化合物の一般的特性」＋「炭化水素の分類と官能基の分類などの基礎的知識（可能なら「官能基とその化合物（P 278)」）程度を学習しておけば，無難ではないかと思います。

よって，このあたりをよく考慮されて，以下の有機化合物に関する説明に目を通してください。

（1）有機化合物とは

元来，生物体，すなわち，有機体の生命活動によって作り出されるデンプンやタンパク質などの物質は，人工的には合成できないということで**有機物**と呼んでおり，それを無機化合物と区別する意味で**有機化合物**

と呼んでいました。

しかし，ポリエチレンや塩化ビニルなどの有機化合物が生命活動の助けなしに合成されるようになると，生命活動による物質＝有機化合物，という意味合いが薄れ，現在では，**「有機化合物＝炭素 C を含む化合物」**と定義されるようになりました。

ただし，化合物中に炭素を含んでいても，CO（一酸化炭素）や CO_2（二酸化炭素）および**炭酸塩**（炭酸（H_2CO_3）の H が Na などの金属に置き換わったもの）などは例外で，**無機化合物**に分類されています。

その有機化合物の構成元素は，**炭素 C**，**水素 H**，**酸素 O**，**窒素 N** をメインとして，他に，硫黄（S）やリン（P）などの10数種類程度と非常に少ないのですが，炭素特有の性質により，その化合物の数がきわめて多く*，現在，2500万種以上の有機化合物が存在していると考えられています。

＊　有機化合物の種類が多いのは，炭素原子の性質に由来しています。周期表の第14族に位置する炭素原子は，陽性も陰性も強くないので，水素のような陽性元素や酸素のような陰性元素とも共有結合することができます。

また，炭素原子は 4 個の価電子を持っているので，炭素原子どうしの単結合のほか，二重結合や三重結合をつくることができ，その結合の仕方も鎖状や環状とバラエティーに富んでいるので，有機化合物の種類も多くなるわけです。

（2）有機化合物の特徴

有機化合物の構成元素は，炭素 C，水素 H，酸素 O，窒素 N のほか，硫黄（S）やリン（P）などの10数種類程度と非常に少ないのですが，その化合物の数がきわめて多く，多様性に富んでおり，その一般的な特徴は次のようになっています。

① 主成分が，**C（炭素）**，**H（水素）**，**O（酸素）**，**N（窒素）**と少ないが，炭素の結合の仕方により多くの化合物が存在する。

② 一般に**燃えやすく**，燃焼すると**二酸化炭素**と**水**になる。

③ 一般に**水に溶けにくい**が，**有機溶媒**（アルコールなど）**にはよく溶ける**。

④　一般に**融点**および**沸点**が**低い**。

⑤　一般に**静電気**が発生しやすい（電気の不良導体のため）。

⑥　一般に**非電解質**（水溶液中で電離せず，電気を通しにくい）である。

また，有機化合物の特徴を無機化合物と比べてまとめると，次のようになります（たまに本試験でも出題されています）。

	有機化合物	無機化合物
構成元素	少ない。 （主にC，H，O，N）	多い。 （Cを除くすべての元素）
化学結合	ほとんどのものは，**共有結合**による**分子**からなる化合物である（⇒分子性物質）。	ほとんどのものは，**イオン結合**による**塩**からなる化合物である（⇒イオン結晶）。
沸点と融点	沸点や融点は**低い**ものが多い（比較的弱い分子間力によって結合しているので，その結合が簡単に外れるため）。	沸点や融点は**高い**ものが多い。（強いイオン結合で結合しているので，その粒子を引き離すのに多くの熱が必要となるため）
燃焼性	**可燃性**のものが多い。 （⇒CやHなどの構成元素が酸素と結びつきやすいため）	**不燃性**のものが多い。
水への溶解性	水に**溶けにくい**ものが多い。 <例外> ヒドロキシ基をもつものやイオンになるものは水に溶けやすい。	水に**溶けやすい**ものが多い。
有機溶媒への溶解性	有機溶媒には**溶けやすい**ものが多い。	有機溶媒には**溶けにくい**ものが多い。
比重	水より**軽い**ものが多い。	水より**重い**ものが多い。
反応性	反応が**遅い**。 （⇒共有結合を切断するのに大きな活性化エネルギーが必要なため）	反応が**速い**。

(3) 有機化合物と炭化水素

1．炭化水素について

有機化合物は，炭素Cを含む化合物だ，と言いました。

その炭素Cを含む化合物でも，炭素Cと水素Hのみからなる化合物が，有機化合物の多くを占めています。この炭素Cと水素Hのみからなる化合物を，そのものズバリ，**炭化水素**といいます。

ここで注意しなければならないのは，炭化水素は有機化合物ですが，有機化合物＝炭化水素ではない，ということです。

たとえば，第4類危険物第1石油類のベンゼン（C_6H_6）は炭化水素ですが，同じく第4類危険物アルコール類のメタノール（CH_3OH）は酸素Oも入っているので，有機化合物ではあるが炭化水素ではありません。

従って，有機化合物の基本となるのは炭化水素であるが，有機化合物には炭化水素以外にも化合物がある（こちらの方が圧倒的に多い）ということを，まず，頭に入れておいてください。

2．有機化合物の構成

では，上記の炭化水素以外の有機化合物にはどのようなものがあるのでしょうか。それは，**炭化水素基**に**官能基**が結びついた化合物ということになります。炭化水素基というのは，炭化水素から水素原子の一部が取れた原子団のことで，官能基というのは，有機化合物の性質を決める働きをする原子団のことをいいます。

先ほどのメタノール（CH_3OH）は，メタン（CH_4）からHが1つ取れた炭化水素基に，「水に溶けやすい」という性質を示すヒドロキシ基OH-が結合した「炭化水素以外の有機化合物」ということになります。

従って，有機化合物は，**「炭化水素」**と**「炭化水素基に官能基が結合した化合物」**に分けることができます。

よって，有機化合物を分類するには，「1．炭化水素の分類」と「2．炭化水素基に官能基が結合した化合物の分類」に分けて分類する必要があります。

具体的には，1については，炭素の骨格の形状によって分類し，2については，官能基の種類によって分類します。

H
|
H－C－H
|
H

（メタン（CH_4））

1．炭素と水素のみからなる炭化水素の例

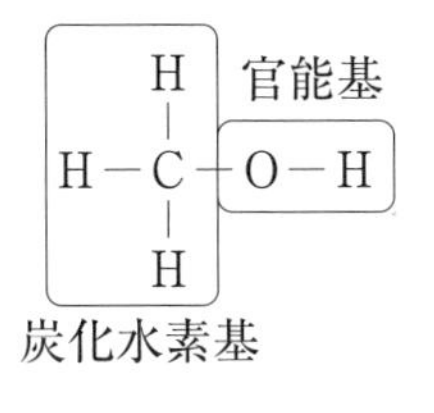

（メタノール（CH_3OH））

2．炭化水素基に官能基が結びついた化合物の例

（4）有機化合物の分類

1．炭化水素の分類

まず，炭化水素は，炭素原子が鎖状に結合している**鎖式炭化水素**（**脂肪族炭化水素**ともいう）と環状に結合している**環式炭化水素**に分けることができます。なお，下線部の脂肪族炭化水素という名称ですが，天然の油脂の構造が鎖式構造であるため，鎖式構造のものを**脂肪族炭化水素**や**脂肪族化合物**ともいいます。

一方，のちほど学習しますが，環式でベンゼン環というワッカをもつものを**芳香族**といいます。

従って，炭化水素は，上記の鎖式と環式という分け方のほかに，ベンゼン環を持たない**脂肪族**というグループと，ベンゼン環というワッカを持つ**芳香族**というグループに分けることができます。このあたりをよく整理しておいてください。

なお，この「脂肪」という言葉は，色んなところでよく出てくるので，注意してください。

$$
\begin{array}{l}
CH_3-\underset{|}{CH}-CH_2-\overset{CH_3}{\underset{CH_3}{C}}-CH_3 \\
\quad\;\; CH_3
\end{array}
\qquad
\begin{array}{l}
CH_3-CH_2-CH-CH-CH_2-CH_2-CH_2-CH_3 \\
\qquad\qquad\quad\; CH_3 \;\; CH_2 \\
\qquad\qquad\qquad\quad\;\; CH_3
\end{array}
$$

鎖式炭化水素の例

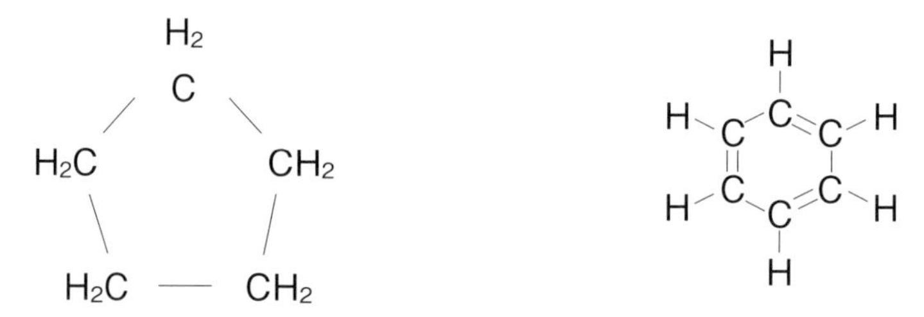

環式炭化水素（脂肪族）の例　　芳香族炭化水素（ベンゼン環）の例

さて，その鎖式と環式ですが，それぞれにおいて，炭素原子同士がすべて単結合で結合しているものを**飽和炭化水素**といい，二重結合や三重結合も含むものを**不飽和炭化水素**といいます。

飽和というのは，炭素原子にある4本の価標[*1]すべてが別々の原子との結合に使われている化合物のことで，**不飽和**というのは，二重結合や三重結合を持つ炭化水素で，その二重結合，三重結合の手を1つ，あるいは2つ外せば，まだ，他の原子と結合できるので，「まだ飽和していない」という意味で不飽和といいます。

＊1　価標：1対の共有電子対を1本の線で表したもの。結合の手

以上は炭素どうしの結合の仕方についての説明でしたが，環式炭化水素において，ベンゼン環[*2]を含むものを**芳香族炭化水素**といい，それ以外を**脂環式炭化水素**といいます。

炭化水素を分類する際は，以上の形状のほか，炭素と結合している水素の割合からも分類します。

＊2　ベンゼン環：ベンゼンC_6H_6は，6個の炭素原子Cが六角形の環を形成して結合しているところから，この環のことをベンゼン環といいます。

たとえば，単結合のみのメタンはCH_4，エタンはC_2H_6で，Cがn個とするとC_nH_{2n+2}という一般式で表されます。このような比率で表される鎖式炭化水素を**アルカン（メタン系炭化水素）**といいます。

同じく，二重結合が1つのエチレン（C_2H_4）のような炭化水素を**アルケン（エチレン系炭化水素）**，三重結合が1つのアセチレン（C_2H_2）のような炭化水素を**アルキン（アセチレン系炭化水素）**といいます。

環式の方も，単結合のみでC_nH_{2n}で表される炭化水素を**シクロアルカン（シクロパラフィン系炭化水素）**，ベンゼン環があり，C_nH_{2n-6}で表される炭化水素を**芳香族炭化水素**といいます。

以上を図示すると，次のようになります。

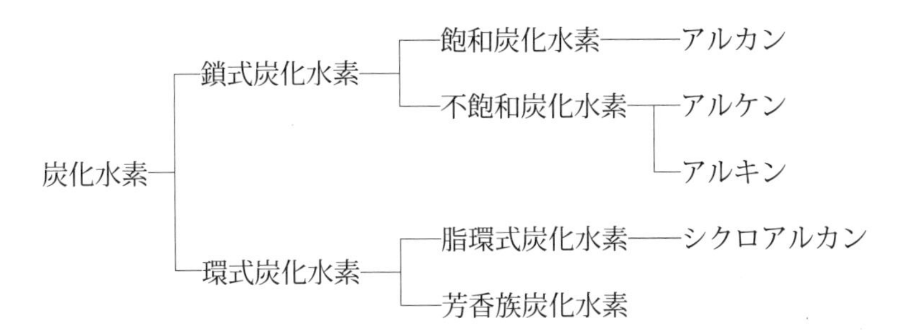

また，表にすると，次のようになります。

炭化水素の分類

分類		種類（カッコ内は一般名）	一般式	化合物の例	炭化水素基の例
鎖式炭化水素	飽和	アルカン（メタン系炭化水素）	C_nH_{2n+2}（単結合のみ）	CH_4（メタン）C_2H_6（エタン）	CH_3-（メチル基）
	不飽和	アルケン（エチレン系炭化水素）	C_nH_{2n}（二重結合が1つ）	C_2H_4（エチレン）	$CH_2=CH-$（ビニル基）
		アルキン（アセチレン系炭化水素）	C_nH_{2n-2}（三重結合が1つ）	C_2H_2（アセチレン）	$CH\equiv C-$（エチニル基）
環式炭化水素	飽和	シクロアルカン（シクロパラフィン系炭化水素）	C_nH_{2n}（単結合のみ）	C_6H_{12}（シクロヘキサン）	$C_6H_{11}-$（シクロヘキシル基）
	不飽和	芳香族炭化水素	C_nH_{2n-6}（ベンゼン環がある）	C_6H_6（ベンゼン）	C_6H_5-（フェニル基）

2．官能基による分類（炭化水素以外の有機化合物）

・官能基の種類

まず，官能基を学習する前に，有機化合物には，「**炭化水素**」と「**炭化水素基に官能基が結合した化合物**」に分けることができる，と説明しました。今回は，後者の「炭化水素基に官能基が結合した化合物」における官能基を学習するわけですが，炭化水素基にも鎖式と環式があるので，「炭化水素基に官能基が結合した化合物」には，「鎖式炭化水素に官能基が結合した化合物」と「環式炭化水素に官能基が結合した化合物」がある，ということを，まず，理解しておいてください。

さて，前置きが長くなりましたが，冒頭でも説明しましたように，官能基は，炭化水素基の水素原子と置き換わって結合する，有機化合物の性質を決める働きをする原子または原子団のことをいいました。

従って，**同じ官能基を持つ化合物は同じような性質を示します**。

冒頭にも出てきましたが，前ページの表のアルカンであるメタン CH_4 のHが取れて水に溶けやすい性質を示すヒドロキシ基 **OH-**が結合したメタノール CH_3**OH** の場合，その **OH-**の**中性で水に溶けやすい**，という性質が表れます。

このように，官能基の性質を把握しておけば，その化合物のおおよその性質をつかむことができるわけです。

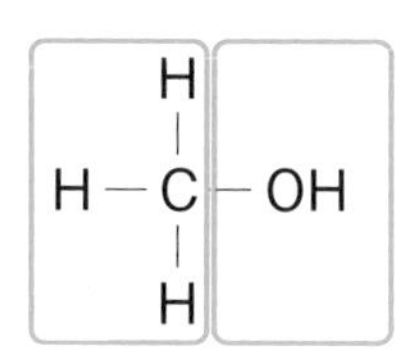

（メチル基）（ヒドロキシ基）

その官能基には，次のような種類があります。

官能基の分類

官能基の種類	化合物の一般名	化合物の例	性状
ヒドロキシル基 $-OH$ （ヒドロキシ基ともいう）	アルコール	メタノール（CH_3OH）	中性
	フェノール （ベンゼン環に付いた場合）	フェノール （C_6H_5OH）	弱酸性
アルデヒド基 $-CHO$	アルデヒド	アセトアルデヒド （CH_3CHO）	還元性
ケトン基　＞CO （カルボニル基）	ケトン	アセトン （CH_3COCH_3）	中性
カルボキシル基 $-COOH$	カルボン酸	酢酸（CH_3COOH）	酸性
エステル結合 $-COO-$	エステル	酢酸エチル （$CH_3COOC_2H_5$）	中性
アミノ基 $-NH_2$	アミン	アニリン（$C_6H_5NH_2$）	弱塩基性
ニトロ基 $-NO_2$	ニトロ化合物	ニトロベンゼン （$C_6H_5NO_2$）	中性
スルホ基 $-SO_3H$	スルホン酸	ベンゼンスルホン酸 （$C_6H_5SO_3H$）	強酸性
エーテル結合 $-O-$	エーテル	ジエチルエーテル （$C_2H_5OC_2H_5$）	中性

注）ケトン基の＞COですが，一般的にはカルボニル基といい，このカルボニル基に2個の炭化水素基が結合したものがケトンであり，そのケトンに含まれるカルボニル基を特にケトン基といいます。

(5) 炭化水素について

〔 I. 鎖式炭化水素(脂肪族炭化水素) 〕

1. アルカン(メタン系炭化水素)とアルキル基

① **アルカン:**

分子式が,C_nH_{2n+2}で表される炭化水素で,n = 1 から 8 まで並べると,次のようになります。

表1

n	分子式	名称
n = 1	CH_4	メタン
n = 2	C_2H_6	エタン
n = 3	C_3H_8	プロパン
n = 4	C_4H_{10}	ブタン
n = 5	C_5H_{12}	ペンタン
n = 6	C_6H_{14}	ヘキサン
n = 7	C_7H_{16}	ヘプタン
n = 8	C_8H_{18}	オクタン

メタンやエタンなどの名称については,アルカンの場合,原則として,数字を表す接頭語*に− ane(アン)を付けます。

ただし,炭素数 1 〜 4 は接頭語ではなく,順に,メタン,エタン,プロパン,ブタンという慣用名を用います。

表2

*数字を表す接頭語

1 − mono(モノ)
2 − di(ジ)
3 − tri(トリ)
4 − tetra(テトラ)
5 − penta(ペンタ)
6 − hexa(ヘキサ)
7 − hepta(ヘプタ)
8 − octa(オクタ)
9 − nona(ノナ)
10− deca(デカ)

一方，そのアルカンから水素原子を１個取り除いたものを**アルキル基**といい，分子式 C_nH_{2n+1} で表されます。

簡単なアルカンであるメタン，エタン，プロパンの構造式を示すと，次のようになります。

$$
\begin{array}{ccc}
\begin{array}{ccccc} & & H & & \\ & & | & & \\ H & - & C & - & H \\ & & | & & \\ & & H & & \end{array}
&
\begin{array}{ccccccc} & & H & & H & & \\ & & | & & | & & \\ H & - & C & - & C & - & H \\ & & | & & | & & \\ & & H & & H & & \end{array}
&
\begin{array}{ccccccccc} & & H & & H & & H & & \\ & & | & & | & & | & & \\ H & - & C & - & C & - & C & - & H \\ & & | & & | & & | & & \\ & & H & & H & & H & & \end{array}
\\
\text{メタン} & \text{エタン} & \text{プロパン}
\end{array}
$$

この構造式を見てもわかるように，炭素原子間の結合は，すべて**単結合**になっています。

また，その構造は，見ておわかりのように，$\begin{array}{c} H \\ | \\ -C- \\ | \\ H \end{array}$ すなわち，$-CH_2-$ が数珠つなぎのように，横に結合していき，最後に両端にＨが２個結合している形となっています。

② **アルキル基**（アルカンから水素原子を１個取り除いたもの）：

アルキル基の名称は，アルカン（alkane）の ane を―yl（イル）に換えたものになります。

たとえば，メタン⇒メチル基，エタン⇒エチル基という具合です。

また，側鎖のあるアルカンの名前は，次のようにして決めます

（注：最も長い炭素の鎖を主鎖，枝分かれしている炭素の鎖を側鎖という）。

まず，次の構造式を見てください。

$$
\begin{array}{ccccccccc}
 & & & & & & CH_3 & & \\
 & & & & & & | & & \\
CH_3 & - & CH & - & CH_2 & - & C & - & CH_3 \\
 & & | & & & & | & & \\
 & & CH_3 & & & & CH_3 & &
\end{array}
$$

主鎖はＣが５つなので，元となる名前はペンタンになります。

また，側鎖の CH_3（メチル）が３つあるので，前ページの表２より「トリ」となり，トリメチルをペンタンの前に付けます。

⇒　トリメチルペンタン

次に，メチル基の位置を調べます。

メチル基は，右端からは，２，左端からも２の位置にあります。

まず，右端からカウントすると，2，4となります。

この場合，アルキル基が2個ある場合は，その位置のナンバーを2回繰り返します。従って，2，2，4となります。

一方，左端からカウントすると，2，4，4となります。

2，2，4と2，4，4……

このうち数字の小さい方が正式名称となります。つまり，2，2，4となるので，その名称は，2，2，4－トリメチルペンタンとなります。

同様に，次の場合は，2，3－ジメチルブタンとなります。

```
CH3－CH－CH－CH3
     |    |
    CH3  CH3
```

なお，アルキル基が2種類の場合は，アルファベットの順に並べて命名します。

③ 構造異性体について

分子式は同じでも，性質が異なる物質どうしを異性体といいましたが，そのうち，構造の異なる異性体を**構造異性体**といいます。

その構造異性体を「炭化水素」と「炭化水素基＋官能基」とに分けて考えると，「炭化水素」の構造異性体は，a. 炭素骨格の違いによるもののみとなりますが，「炭化水素基＋官能基」の構造異性体は，b. 官能基の違いによるものとc. 官能基の位置の違いによるものがあります。

以下，そのそれぞれについて，アルカンとアルキル基を例にして説明していきます。

a. 炭素骨格の違いによるもの（炭化水素の構造異性体）

炭化水素に構造異性体が存在する条件としては，Cの数が4個以上になります。というのは，Cが1個では，違う構造のものを作れないので，無理であるのはおわかりになると思います。

Cが**2個**では，次のような2種類の構造が考えられますが，実は，この2つは，同じ構造なのです（注：Hは省略してあります）。というのは，(b) を左に90度回せば (a) になります。

従って，異性体ではありません。

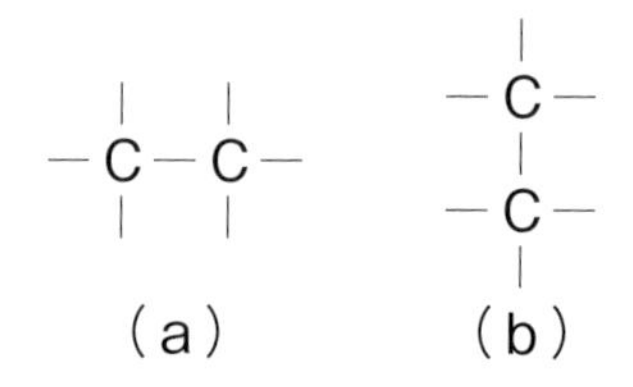

次に，Cが**3個**では，下の（A），（B）のような2種類の構造が考えられますが，これも同じ構造になります。

というのは，（B）の右上下にある炭素原子どうしの結合軸を，少し複雑ではありますが，立体的に回転させると，（A）と同じ構造になるのです。従って，端にあるCを曲げて枝分かれさせても，結局は（A）の直鎖構造と同じ，ということになります。

```
                          |   |
  |   |   |             —C — C—
—C — C — C—     =        |   |
  |   |   |                 —C—
                              |
     (A)                     (B)
```

次に，C＝ **4個**で考えてみたいと思います。

まず，Cが横一列に並んだ下のような構造が考えられます。

```
  |   |   |   |
—C — C — C — C—
  |   |   |   |
       (C)
```

この構造のものを**ブタン**といいますが，この場合も，Cが3個の場合と同様，右端または左端のCを90度折り曲げても，結局，Cが横一列に並んだのと同じ構造になります。そこで，今度は，端にあるCを1つ取り，それを残った3つのうちの真ん中に接続した次の図ではどうでしょうか（Cには4本の手があることをお忘れなく！）。

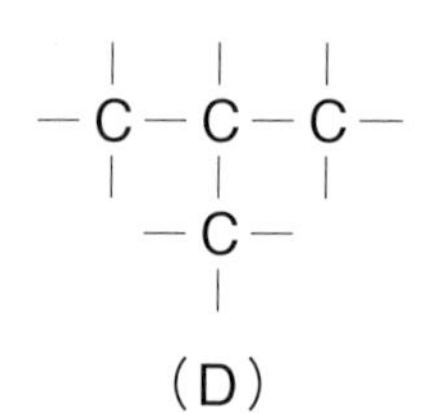

この場合，下にあるＣを回転させても，上のＣが横一列に並んだ構造にはなりません。

従って，これは，図（C）の構造のものとは別の構造の物質ということになり，異性体の関係にあるということになります（⇒**イソブタン**という）。なお，この下にあるＣを真上に移動した下の（E）のような構造のものは，図（D）を縦に180度回転させたものと同じ構造なので，異性体にはなりません。

回転させて同じ構造となるものは，異性体ではない。

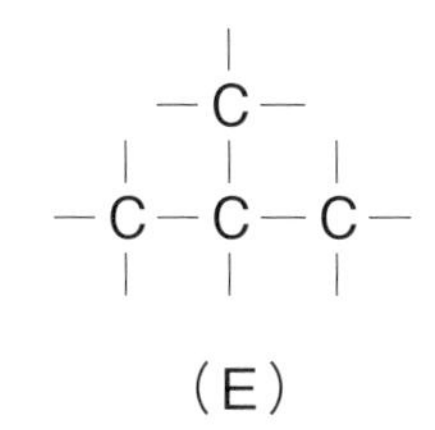

（E）

次に，Ｃ＝**5個**で考えてみたいと思います。

まず，Ｃが横一列に並んだ下のような構造が考えられます。

```
  |   |   |   |   |
 —C — C — C — C — C—
  |   |   |   |   |
```

（F）

この構造のものを**ペンタン**といいますが，この場合も，右端または左端のＣを90度折り曲げた構造のものは除くと，まず，端のＣを取り除いた4個のＣの内，右から2番目のＣの下に接続した構造のものを考えます。

```
  |   |   |   |
 —C — C — C — C—
  |   |   |   |
        —C—
          |
```

（G）

この場合，下にあるＣを回転させても，上のＣが横一列に並んだ構造（F）にはなりません。

従って，これは，上の構造のものとは別の構造の物質ということになり，異性体の関係にあるということになります（⇒**イソペンタン**という）また，先のＣが４個のところでも説明しましたように，この下のＣを上に移動した構造のものとは同じ構造になりますが，もう１つ，このＣを左から２番目のＣに移動した下のような構造のものも，結局，同じ構造となります。

```
  |   |   |   |
 -C - C - C - C-
  |   |   |   |
     -C-
      |
```

（H）

というのは，（G）を左に180度回転させれば（H）になるからです。当然，左から２番目のＣの上に接続したものも同じ構造となります。

従って，右から２番目のＣの上下，左から２番目のＣの上下にＣを接続したものは，すべて同じ構造だ，ということになります。

では，Ｃが３つ横並びではどうでしょうか。

この場合は，次のように，真ん中のＣの上下にＣを１個ずつ接続する構造と２個接続する構造のものが考えられます。

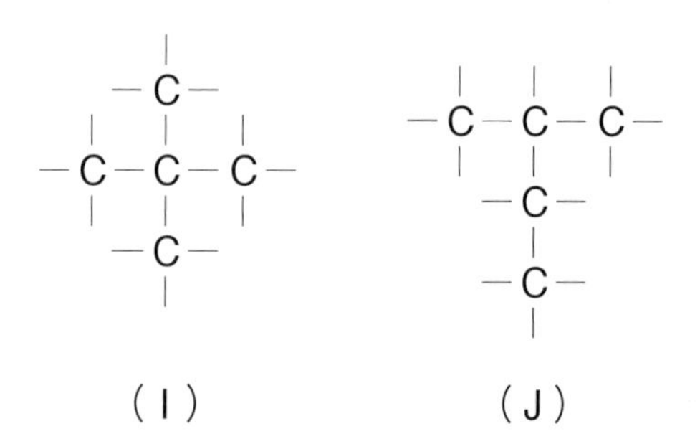

（I）　　　　（J）

（I）については，回転させても他のものと同じ構造にはなりませんが，（J）については，横並びのＣ３つの１つを立体的に回転させると，（H）と同じ構造になってしまいます。

従って，Ｃが３つ横並びの場合の異性体は１個ということになります（⇒**ネオペンタン**という）。

結局，Ｃが５個の場合の異性体は，（F）（G）（I）の３つということになります。

以上，アルカンの異性体は，このようにして求めていきますが，次のアルケン以下の炭化水素も同様に求めることができます。

次に，そのポイントをまとめておきます。

[炭化水素の異性体の求め方]

① まず，Cを横並びに並べる。

② 端のCを両端でないCに取り付ける。この場合，回転して同じ構造になれば，異性体とはならないので注意する。

③ ②に同じく，端のCを両端でないCにさらに取り付け，同じ構造でないものを探す。

なお，アルカンの異性体の数は，次のようになります。

Cの数	構造異性体の数
1	1
2	1
3	1
4	2
5	3
6	5
7	9
8	18
9	35
10	75

では，ここで例題です。

【例題】

C＝6個における構造異性体について，考えられる構造式をすべて書き，かつ，その名称について答えなさい。

なお，価標は省略し，Cのみで表すこと。

また，側鎖に結合している炭化水素基は，メチル基とする。

解説と解答

以下のような異性体が考えられます。

Cが6個の場合はヘキサン，5個の場合はペンタン，4個の場合はブタンになります。

```
−C−C−C−C−C−C−          −C−C−C−C−C−
                                 |
                                 C
                                 |
   n−ヘキサン              2−メチルペンタン
```

（ヘキサンの前の「n −」は異性体の内の直鎖状のものを表すノルマル（英語のノーマルに当たる語句）の略です）

```
                                                        C
                                                        |
−C−C−C−C−C−        −C−C−C−C−          −C−C−C−C−
        |                  |   |                        |
        C                  C   C                        C
3−メチルペンタン    2、3−ジメチルブタン    2、2−ジメチルブタン
```

b. 官能基の違いによるもの（「炭化水素基＋官能基」）

たとえば，エタノールとジメチルエーテルの分子式は，ともにC_2H_6Oですが，下に示すように，その構造式が異なります。

```
   H  H                 H       H
   |  |                 |       |
H−C−C−O−H          H−C−O−C−H
   |  |                 |       |
   H  H                 H       H
  エタノール           ジメチルエーテル
```

図の青色で示してある部分が官能基で，エタノールの方が**ヒドロキシ基**，ジメチルエーテルの方が**エーテル結合**になります。

このように，分子式は同じでも，官能基が異なることにより異性体となる場合があります。

c. 官能基の位置の違いによるもの（「炭化水素基＋官能基」）

たとえば，1−プロパノールと2−プロパノールの分子式は，ともにC_3H_8Oですが，下に示すように，その構造式が異なります。

```
    H   H   H                      H   H        H
    |   |   |                      |   |        |
H — C — C — C — O — H          H — C — C —————— C — H
    |   |   |                      |   |        |
    H   H   H                      H   O — H    H
```

1－プロパノール　　　　　　2－プロパノール

この両者は，分子式も同じで官能基も同じヒドロキシ基（－OH）ですが，図を見てわかるように，その結合している位置が異なります。

このように，分子式と官能基は同じでも，その結合している位置が異なることにより異性体となる場合があります。

なお，この C_3H_8O ですが，アルコール以外にエーテルにも1つ異性体があります（詳細はP281②1価アルコールの異性体およびアルコールの命名法の「炭素数が3個の場合の異性体」を参照）。

2．アルケン（エチレン系炭化水素）

① アルケンとは

アルケンは，分子内に**二重結合を1個もつ**鎖式炭化水素で，分子式 C_nH_{2n} で表され，環式炭化水素のシクロアルカンとは，構造異性体の関係にあります。その名称は，次ページの表に示すように，アルカンの語尾アン（ane）をエン（ene）に変えて表します（慣用名の場合は，アン（ane）をイレン（ylene）に変えて表します）。

なお，この表に n＝1がないのは，アルケンには二重結合が1個あるので，Cが最低でも2個必要だからです。

さて，そのアルケンですが，一番簡単なエチレンの構造式は下図のようになります。

```
H       H
 \     /
  C = C
 /     \
H       H
```

n	分子式	名称（　）内は慣用名
n＝2	C_2H_4	エテン（エチレン）
n＝3	C_3H_6	プロペン（プロピレン）
n＝4	C_4H_8	ブテン
n＝5	C_5H_{10}	ペンテン
n＝6	C_6H_{12}	ヘキセン
n＝7	C_7H_{14}	ヘプテン
n＝8	C_8H_{16}	オクテン

このような二重結合の場合，単結合のように，それを軸として回転することはできません。

これは，次のアルキンの三重結合でも同じです。

このことを頭に入れて異性体を考えていきます。

②　アルケンの異性体

炭素間の二重結合が回転できないため，Cが4個以上になると，構造異性体の他に**幾何異性体**というものが存在するようになります。

（注：Cが2個のエチレン，3個のプロピレンには幾何異性体はありません。）

幾何異性体というのは，立体異性体のなかの1種で（立体異性体には，ほかに光学異性体というものもある），立体的な構造が異なる異性体のことをいいます。

たとえば，Cが4個のブテン（C_4H_8）の場合，構造異性体には次の3種類があります（シクロアルカン類は除いています）。

$CH_2=CHCH_2CH_3$　　$CH_3CH=CHCH_3$　　$CH_2=C(CH_3)-CH_3$

1－ブテン　　2－ブテン　　2－メチルプロペン

命名の仕方は，二重結合の位置を左右から数え，小さい方の数値を採用して，化合物の前にハイフン（－）を付して表します。

2－メチルプロペンに関しては，主鎖のCが3個なので，上の表より，プロペンとなり，そのプロペンにメチル基（CH_3）が結合しているので，2－メチルプロペンとなります。

構造異性体に関しては上記のとおりなのですが，このうち，2－ブテンについては，下図のように，－CH_3（メチル基）の位置が幾何学的に異なる幾何異性体があります。

CH_3　　CH_3
C＝C
H　　H

（a） シス－2－ブテン

CH_3　　H
C＝C
H　　CH_3

（b） トランス－2－ブテン

（注：幾何異性体の構造式は，図のように必ず価標を斜めに書く必要があります。）

単結合の感覚からいくと，トランス―2―ブテンの右半分を180度回転させれば，左のシス―2―ブテンになりそうですが，二重結合は回転できないので，両者は別の物質ということになり，異性体の関係になるわけです。

この場合，2つのCH_3が同じ位置にある（a）のような異性体を**シス異性体**，反対側にある（b）のような異性体を**トランス異性体**といい，それぞれの名称の前に，シス―，トランス―を付けて表します。

※　シスというのは英語の This にあたる言葉で，ラテン語で“こち ら側”，トランスは英語の Trans にあたる言葉で，ラテン語で“反対側”という意味があります。

結局，このブテンには，4個の異性体が存在することになります。

なお，この幾何異性体ですが，原子の結合状態は同じなので，構造異性体に比べると化学的性質は似ていますが，アルキル基の位置が異なるので，物理的性質が多少異なります（かさの大きなアルキル基が同じ側にあるシス体では，立体的な反発が起こるため，不安定性（＝反応性）が大きくなります。

ちなみに，アルケンの炭化水素基から水素原子1個取り除いたものをアルケニル基といいます。）

③　アルケンの性質と付加反応

アルケンの二重結合のうち，１本は結合力が強いのですが，もう１本の方の結合力は弱いので（π 結合という），容易に切れて水素や臭素等の他の原子，あるいは原子団と結合しやすくなります。

従って，アルカンに比べてはるかに反応性が大きくなります。

たとえば，アルケンであるエチレン（C_2H_4）に水素（H_2）を加えると，二重結合のうちの一方が切れてＨと結びつき，エタンとなります。

H　　H　　　　　　　　　　H　H
　C＝C　　＋　H－H　→　H－C－C－H
H　　H　　　　　　　　　　H　H

エチレン　　　　　　　　　　　　エタン

このように，二重結合や三重結合の不飽和結合が切れて，その部分に他の原子や原子団が結合する反応を**付加反応**といいます。

また，二重結合や三重結合の不飽和結合が切れた分子量の小さな物質（**単量体＝モノマー**）が次々と結合して，分子量の大きな物質（**重合体＝ポリマー＝高分子化合物**という）になる反応を**重合**といい，特に付加反応によるものを**付加重合**といいます。

たとえば，エチレンがポリエチレンとなる反応は，次のようになります。

H　　H（π 結合が切れる）　H　H　　　　　　H　H　H　H　H　H
　C＝C　　⟹　－C－C－　⟹　－C－C－C－C－C－C－
H　　H　　　　　　　　　　　H　H　　　　　　H　H　H　H　H　H

エチレン　　　　　　　　　　　　　　　　ポリエチレン

以上の反応式は，次のようにまとめて書きます。

　H　　H　　付加重合　　(H　H)
n　C＝C　　⟹　　　(－C－C－)
　H　　H　　　　　　　　(H　H)n

エチレン　　　　　　　　ポリエチレン

または

$$nCH_2 = CH_2 \Longrightarrow (CH_2 - CH_2)_n$$

3. アルキン（アセチレン系炭化水素）

アルキンは，分子内に**三重結合を1個もつ**鎖式炭化水素で，分子式 C_nH_{2n-2} で表されます。

その名称は，次に示すように，アルカンの語尾アン（ane）をイン（yne）に変えて表します。

	アルカン (C_nH_{2n+2})	アルケン (C_nH_{2n})	アルキン (C_nH_{2n-2})
$n=1$	メタン (CH_4)		
$n=2$	エタン (C_2H_6)	エテン（エチレン） (C_2H_4)	アセチレン (C_2H_2)
$n=3$	プロパン (C_3H_8)	プロペン（プロピレン） (C_3H_6)	プロピン (C_3H_4)
$n=4$	ブタン (C_4H_{10})	ブテン (C_4H_8)	ブチン (C_4H_6)
$n=5$	ペンタン (C_5H_{12})	ペンテン (C_5H_{10})	ペンチン (C_5H_8)
$n=6$	ヘキサン (C_6H_{14})	ヘキセン (C_6H_{12})	ヘキシン (C_6H_{10})
$n=7$	ヘプタン (C_7H_{16})	ヘプテン (C_7H_{14})	ヘプチン (C_7H_{12})
$n=8$	オクタン (C_8H_{18})	オクテン (C_8H_{16})	オクチン (C_8H_{14})

なお，この表に $n=1$ がないのは，アルケン同様，三重結合が1個あるので，Cが最低でも2個必要だからです。

さて，そのアルキンですが，三重結合のうち1本は強い結合ですが，残り2本の結合は弱いので，付加反応を2回まで起こすことができます。

たとえば，次のように，最も簡単なアルキンであるアセチレン（C_2H_2）の場合，水素を付加させてエチレンになっても，さらに水素を付加させてエタンにすることができます。

$$H-C\equiv C-H \xrightarrow{H_2} H_2C=CH_2 \xrightarrow{H_2} H_3C-CH_3$$

アセチレン　　エチレン　　エタン

また，アセチレンに塩化水素を付加させると，塩化ビニルが得られます。

$$H-C\equiv C-H + HCl \Longrightarrow H_2C=CHCl$$

アセチレン　　塩化ビニル

〔 Ⅱ．環式炭化水素 〕

鎖式炭化水素の場合は，炭素原子どうしの結びつきが単結合の場合をアルカン，二重結合が1つの場合をアルケン，三重結合が1つの場合をアルキンと分類しましたが，この環式炭化水素の場合は，単結合の環状構造のものを**シクロアルカン**，単結合と二重結合が交互にある**ベンゼン環**と呼ばれる構造を持つものを**芳香族炭化水素***という具合に分類しています。

＊CとH以外の原子が結合したものは**芳香族化合物**という。

1．シクロアルカン（シクロパラフィン系炭化水素）

炭素原子が環状に単結合でつながった飽和炭化水素で，一般式は C_nH_{2n}（n≧3）で表されます。

その性質は，炭素原子の数が等しいアルカンによく似ており，また，単結合だけでつながっているので化学的には安定しています（ただし，アルカンと比べると原子どうしが空間的に接近しているため，不安定性（＝反応性）が高いシクロアルカンもあります）。

2．芳香族炭化水素

① ベンゼンについて

ベンゼンは分子式 C_6H_6 で表され，その構造は，次ページの図のように，6個の炭素原子が正六角形に環状で結合した平面構造をしています。この正六角形の環を**ベンゼン環**といい，ベンゼン環を持つ炭化水素を**芳香族炭化水素**，ベンゼン環を持つ化合物を**芳香族化合物**といいます。

また，図のように，単結合と二重結合が交互に配列され，各炭素原子に1個ずつ水素原子が結合した構造を，提案者の名にちなんで，**ケクレ構造**といいます。

なお，ベンゼン環の単結合と二重結合ですが，実際には，6個の炭素原子はすべて単結合と二重結合の中間的な状態で同等に結合しているので，図（C）のような構造式で表すこともあります。

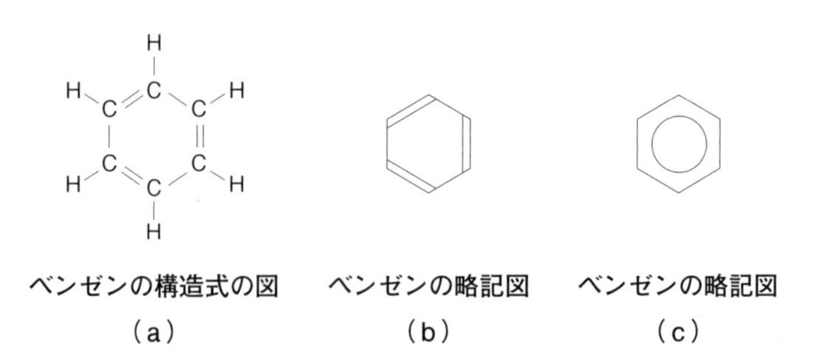

ベンゼンの構造式の図　ベンゼンの略記図　ベンゼンの略記図
（a）　（b）　（c）

②　ベンゼン以外の芳香族炭化水素

ベンゼンの水素を炭化水素基で置換したもので，メチル基に置換したものがトルエン，また，２個のメチル基が置換したものがキシレン，エチル基に置換したものがエチルベンゼンとなります。

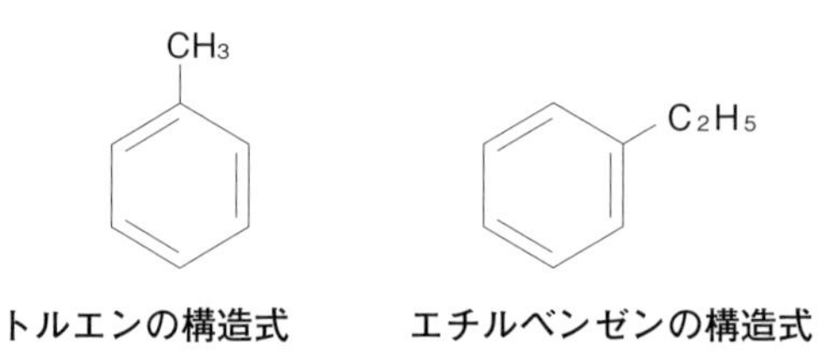

トルエンの構造式　エチルベンゼンの構造式

このうち，２個のメチル基が置換したキシレンには，結合するメチル基の位置の違いにより，オルト（o－），メタ（m－），パラ（p－）の３つの異性体が存在します（⇒出題例あり）。

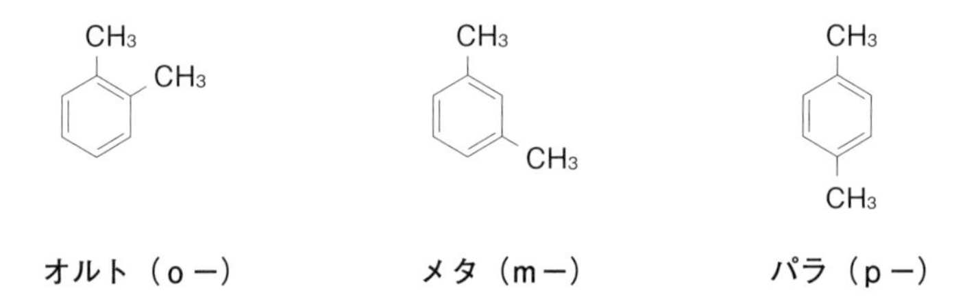

オルト（o－）　メタ（m－）　パラ（p－）

③ 芳香族炭化水素の反応

ベンゼン環には不飽和結合がありますが，正式な二重結合ではないので，付加反応は起こりにくく，置換反応の方が起こりやすくなります。

【置換反応】

ベンゼンの置換反応には，次のようなものがあります。

・ハロゲン化

ベンゼンの水素原子を塩素や臭素などのハロゲンと置換する反応を**ハロゲン化**といいます（塩素と置換するのを特に塩素化という）。

たとえば，鉄を触媒として，ベンゼンに塩素を加えると，ベンゼンのHとCl_2のうちの1個のClが入れ替わって(置換して)，クロロベンゼンが生じます。

また，残ったClは，ベンゼンのHと結合してHClとなります。

$$C_6H_5{-}H + Cl-Cl \xrightarrow{\text{(Fe 触媒)}} C_6H_5{-}Cl + HCl$$

（置換反応）　　　　クロロベンゼン

・ニトロ化

ベンゼンの水素原子をニトロ基と置換する反応を**ニトロ化**といいます。

たとえば，濃硝酸と濃硫酸を1対3で混合したものを**混酸**といいますが，その混酸をベンゼンに加えると，濃硝酸（HNO_3）が「OH＋NO_2」に分かれ，ベンゼンのHと濃硝酸のNO_2が入れ替わって（置換して），ニトロベンゼンが生じます（⇒次ページの反応式参照）。

残ったOHは，ベンゼンのHと結合して水になります。

なお，硫酸は触媒として働くので，直接，反応には加わりません。

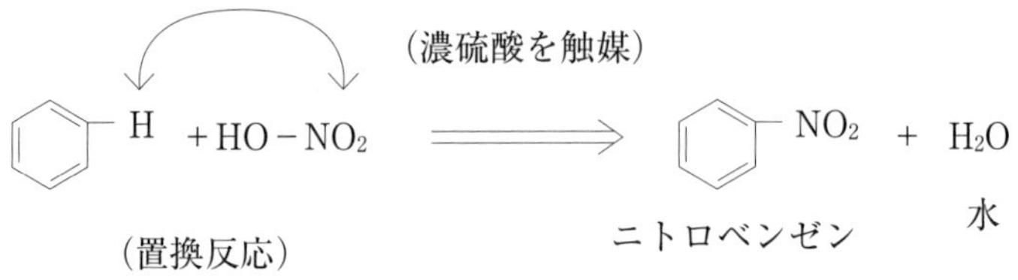

（濃硫酸を触媒）

$$C_6H_5-H + HO-NO_2 \Longrightarrow C_6H_5-NO_2 + H_2O$$

（置換反応）　ニトロベンゼン　水

・スルホン化

ベンゼンの水素原子をスルホ基と置換する反応を**スルホン化**といいます。たとえば，ベンゼンに濃硫酸を加えて加熱すると，濃硫酸（H_2SO_4）が「OH ＋ SO_3H」に分かれ，ベンゼンのＨと濃硫酸の SO_3H が入れ替わって(置換して)，ベンゼンスルホン酸が生じます。

残ったOHは，ベンゼンのＨと結合して水になります。

なお，このベンゼンスルホン酸は，有機化合物の中では珍しく**強酸性**です。

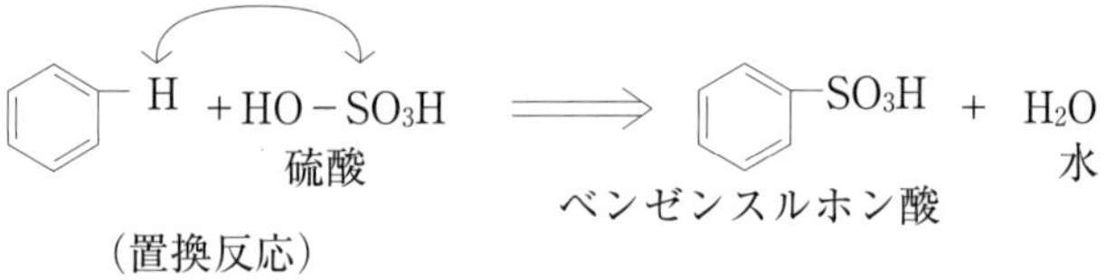

$$C_6H_5-H + HO-SO_3H \Longrightarrow C_6H_5-SO_3H + H_2O$$

硫酸　ベンゼンスルホン酸　水

（置換反応）

【酸化反応】

ベンゼン環にアルキル基が結合している場合は，アルキル基が酸化されて**カルボキシ基（－ COOH）**になる酸化反応が起こります（$KMnO_4$：過マンガン酸カリウムを酸化剤として使用）。

たとえば，ベンゼン環にアルキル基であるメチル基（CH_3）が結合している場合，メチル基が酸化されて，カルボキシ基となり，安息香酸（C_6H_5COOH）が生成します。

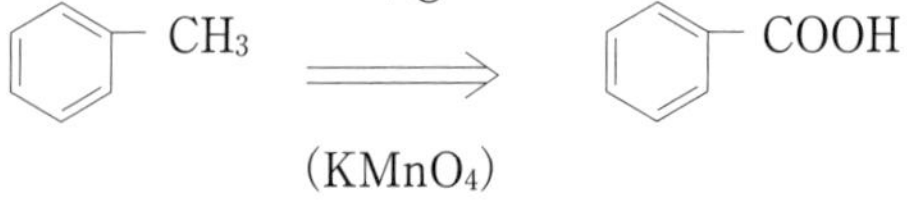

$$C_6H_5-CH_3 \xrightarrow[(KMnO_4)]{+O} C_6H_5-COOH$$

なお，アルキル基は一般にＲとだけ略記するので，上記の式は次のようになります。

$$\text{C}_6\text{H}_5\text{-R} \xrightarrow[(KMnO_4)]{+O} \text{C}_6\text{H}_5\text{-COOH}$$

（R に炭素 C が何個含まれていても，酸化反応後にはカルボキシ基（－ COOH）のみがベンゼン環に残ります）

④ 主なベンゼン化合物

a. フェノール：

ベンゼン環にヒドロキシ基（－ OH）が直接結合した化合物を**フェノール**といいます。

なぜ，フェノールというのかは，ベンゼンから水素原子が 1 個取れた原子団をフェニル基（C_6H_5-）といい，それにヒドロキシ基が結合したから，フェノールというわけです。

なお，同じヒドロキシ基が結合しても，炭化水素基に結合したものはアルコールとなるので，注意してください。

アルコール ⇒ 炭化水素基 ＋（－ OH）
フェノール ⇒ ベンゼン環 ＋（－ OH）

＜性質＞

・特有の臭気をもつ固体である。
・水にわずかに溶け，電離して H^+ を放出するので，**弱酸性***を示す（*：アルコールは中性です）。
・塩基と反応して**塩**をつくる。
・ベンゼンより反応性が大きく，置換反応を起こしやすい。

【酸の強さ】
様々な物質の酸の強さは次のようになります。
塩酸，硫酸＞スルホン酸（$R-SO_3H$）＞カルボン酸（$R-COOH$）＞炭酸（H_2CO_3）＞フェノール類

b. その他の化合物（参考資料）

芳香族アルデヒド	ベンゼン環の炭素原子にアルデヒド基（－CHO）が結合した化合物
芳香族アミン	アンモニア（NH_3）の水素原子をベンゼン環で置換した化合物（炭化水素基で置換したものがアミンです。）なお，－NH_2をアミノ基といいます。
芳香族カルボン酸	ベンゼン環の炭素原子にカルボキシ基（－COOH）が直接結合した化合物

(6) 官能基とその化合物について

ここでは，P258の表の官能基について学習しますが，官能基そのものというより，官能基が結合した化合物をメインにして学習していきます。

そのあたり，あらかじめ理解しておいてください。

また，最初のアルコールにつきましては，甲種危険物取扱者試験の範囲を大きく超えた部分まで詳細に説明してありますので，受験のために本書をお読みの方は，<重要>部分だけを把握してもらっても結構です。

1. アルコール（ヒドロキシ基）

まず，**炭化水素（アルカン）のHをヒドロキシ基（－OH）で置換した化合物**がアルコールになります。

言い換えると，アルカンから水素1個を取り除いた炭化水素基をアルキル基というので，**アルキル基にヒドロキシ基が1個付いた化合物**という言い方もできます。ちなみに，炭化水素基はRで表すこともあるので，アルコールを**ROH**と表すことがあります（この表し方を一般式という）。

さて，同じ欄にはフェノールもありますが，こちらの方は，ベンゼン環に直接－OHが結合したもので，性質については，前ページの「④主なベンゼン化合物」の項で説明した通りです。

なお，同じ－OHでも，酸と塩基で出てきたOH^-は水酸化物イオンであり，水溶液中で放出されることにより**塩基性（アルカリ性）**を呈しますが，有機化合物の分野におけるアルコールでは，OHが水溶液中で解離するのではなく，疎水性の炭化水素基と親水性のヒドロキシ基からなる**中性**の物質となるところが塩基と異なるところです。

① アルコールの分類

アルコールを分類する方法として，a. －OH が何個結合しているかによって分類する方法と，b. －OH が結合している炭素に炭化水素基が何個結合しているかによって分類する方法および c. 炭素原子の数による方法があります。

a. －OH の数による分類

－OH の数により，～**価**と表します。

- **1価アルコール** ⇒ －OH を 1 個含むもの
- **2価アルコール** ⇒ －OH を 2 個含むもの
- **3価アルコール** ⇒ －OH を 3 個含むもの

（注：－OH が**2個以上**のものを，特に**多価アルコール**といいます。）

〔例〕

1価アルコール

```
    H             H  H
    |             |  |
H - C - OH    H - C -C - OH
    |             |  |
    H             H  H
```

メタノール　　エタノール

多価アルコール

```
    H    H             H    H    H
    |    |             |    |    |
H - C -- C - H     H - C -- C -- C - H
    |    |             |    |    |
    OH   OH            OH   OH   OH
```

エチレングリコール　　グリセリン

b. －OH に結合する炭素に結合する炭化水素基の数による分類

C に結合した炭化水素基を R で表すと，その数により，～**級**と表します。

- **第一級アルコール**　⇒　R が 1 個結合したもの
- **第二級アルコール**　⇒　R が 2 個結合したもの
- **第三級アルコール**　⇒　R が 3 個結合したもの

〔 例 〕

第一級アルコール

H　　　　　　H　H
H－C－OH　　H－C－C－OH
H　　　　　　H　H

メタノール　　　エタノール

（注：メタノールには R はありませんが、例外的に第一級アルコールに分類されます）

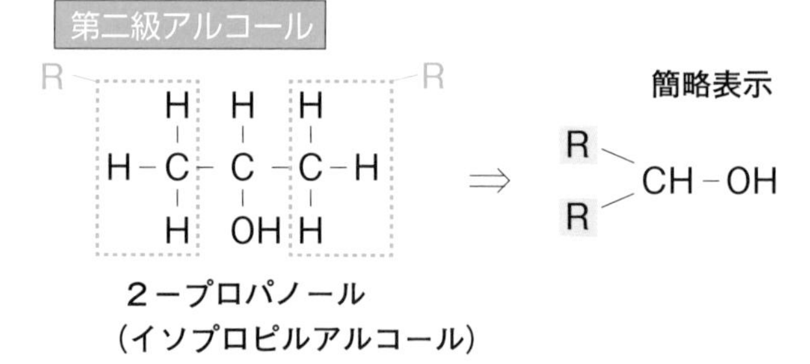

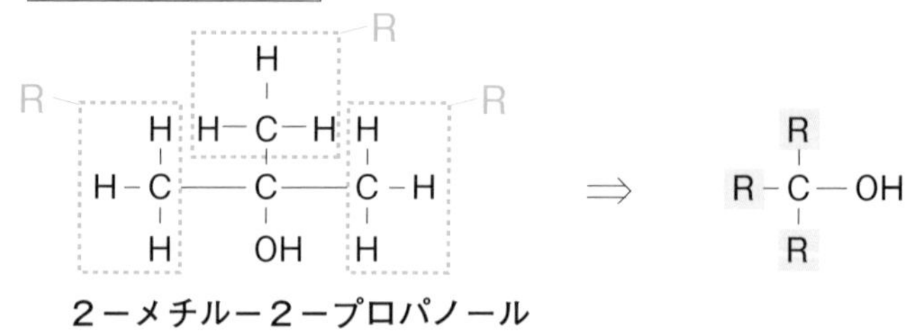

c. 炭素原子の数による分類

炭素数の多い，少ないにより，次のように分類されます。

- 低級アルコール：炭素数の少ないアルコール
- 高級アルコール：炭素数の多いアルコール

なお，炭化水素基は**疎水性**であり，炭素数の少ない低級アルコールでは，水に溶けやすいですが，炭素数の多い高級アルコールになるほど，水に**溶けにくく**なります。

② 1個アルコールの異性体およびアルコールの命名法

・炭素数が2個の場合の異性体

炭素数が2個の場合，アルコールとしては異性体がありませんが，のちほど学習するエーテルには，次のように異性体があります。

分子式が C_2H_6O の異性体。

$$
\begin{array}{ccccccc}
 & & H & & H & & \\
 & & | & & | & & \\
H & - & C & - & C & \boxed{-OH} & \\
 & & | & & | & & \\
 & & H & & H & &
\end{array}
\qquad
\begin{array}{ccccccccc}
 & & H & & & & H & & \\
 & & | & & & & | & & \\
H & - & C & - & \boxed{O} & - & C & - & H \\
 & & | & & & & | & & \\
 & & H & & & & H & &
\end{array}
$$

エタノール　　　ジメチルエーテル

・炭素数が3個の場合の異性体

炭素数が3個の場合，アルコールとしての異性体は1－プロパノールと2－プロパノールの2つですが，エーテルのエチルメチルエーテルとも異性体になります。

なお，分子式は，C_3H_8O です（カッコ内は慣用名です）。

$$
\begin{array}{ccccccccc}
 & & H & & H & & H & & \\
 & & | & & | & & | & & \\
H & - & C & - & C & - & C & - & \boxed{OH} \\
 & & | & & | & & | & & \\
 & & H & & H & & H & &
\end{array}
\qquad
\begin{array}{ccccccccc}
 & & H & & H & & H & & \\
 & & | & & | & & | & & \\
H & - & C & - & C & - & C & - & H \\
 & & | & & | & & | & & \\
 & & H & & \boxed{OH} & & H & &
\end{array}
$$

1－プロパノール
（プロピルアルコール）

2－プロパノール
（イソプロピルアルコール）

```
      H       H   H
      |       |   |
  H — C — O — C — C — H
      |       |   |
      H       H   H
```

エチルメチルエーテル
（メチルエチルエーテル）

なお，この分子式 C_3H_8O については，甲種危険物取扱者試験で，その異性体の数を求める問題が何度か出題されているので，注意してください。

分子式 C_3H_8O の異性体の数　⇒　**3つ** 

＜アルコールの命名法＞

炭素数が 3 個の場合の 1 －プロパノールですが，まず，主鎖の C が 3 つなので，アルカンは**プロパン**になります。それにヒドロキシ基が付いてアルコールになったので，国際名の場合，アルカンの語尾に ol（オール）を付けて，**プロパノール**になります。

次に，ヒドロキシ基の位置を付け足す必要があります。

1 －プロパノールの場合，右から 1 番目，左から 3 番目の炭素に付いているので，小さい方の 1 を採用して，**1 －プロパノール**になります。

また，2 －プロパノールの場合は，ヒドロキシ基が右から数えても左から数えても 2 番目にあるので，**2 －プロパノール**となります。

③　アルコールの反応

【酸化反応】

第一級アルコールを酸化すると**アルデヒド（－ CHO）**になり，さらに酸化すると**カルボン酸（－ COOH）**になります。

また，第二級アルコールを酸化すると**ケトン（＞CO）**になりますが，第三級アルコールは，同じ条件下では酸化されません。

$$\mathrm{R-\underset{H}{\overset{H}{C}}-\boxed{OH}} \xrightarrow{-2H} \mathrm{R-\boxed{C\genfrac{}{}{0pt}{}{=O}{-H}}} \xrightarrow{+O} \mathrm{R-\boxed{C\genfrac{}{}{0pt}{}{=O}{-OH}}}$$

第一級アルコール　　アルデヒド　　カルボン酸

$$\mathrm{R-\underset{H}{\overset{R}{C}}-\boxed{OH}} \xrightarrow{-2H} \mathrm{R-\boxed{\overset{R}{C}=O}}$$

第二級アルコール　　ケトン

〈アルコールの酸化〉

● **第一級アルコール** $\overset{(酸化)}{\Rightarrow}$ **アルデヒド**（$-CHO$）$\overset{(酸化)}{\Rightarrow}$ **カルボン酸**（$-COOH$）

● **第二級アルコール** $\overset{(酸化)}{\Rightarrow}$ **ケトン**（$>CO$）

こうして覚えよう！

1球	歩く	か，	2球目で	検討（しよう）
1級→	アルデヒド	カルボン酸	2級 →	ケトン

まず，第一級アルコールを酸化すると**アルデヒド**になる反応ですが（上図参照），第一級アルコールのCとOに結合しているHを1個ずつ取ると（⇒Hを放出＝酸化），Cの結合手が1つ余ります。その手をOにもっていくと，CO間が二重結合となり，アルデヒドとなります。さらに，今度はOを結合する酸化反応にすると，CH間にOが入り，**カルボン酸**となるわけです。この第一級アルコールを2回酸化させる反応には，次のようなものがあります。

$$\begin{array}{ccc} CH_3-OH & \begin{array}{c} H-C-H \\ \| \\ O \end{array} & \begin{array}{c} H-C-OH \\ \| \\ O \end{array} \end{array}$$

メタノール　　ホルムアルデヒド　　ギ酸

$$\begin{array}{ccc} CH_3-CH_2-OH & \begin{array}{c} CH_3-C-H \\ \| \\ O \end{array} & \begin{array}{c} CH_3-C-OH \\ \| \\ O \end{array} \end{array}$$

エタノール　　アセトアルデヒド　　酢酸

次に，第二級アルコールを酸化する反応ですが，CとOに結合しているHを2個取るとCO間が二重結合となるので，ケトンになります。

この第二級アルコールを酸化させる反応には，次のようなものがあります。

$$\begin{array}{c} CH_3 \\ | \\ H-C-OH \\ | \\ CH_3 \end{array} \longrightarrow \begin{array}{c} CH_3 \\ | \\ C=O \\ | \\ CH_3 \end{array}$$

2－プロパノール　　アセトン

【脱離反応と縮合】

まず，次の反応を見てください。

$$\begin{array}{c} H\quad H \\ |\quad\ | \\ H-C-C-H \\ |\quad\ | \\ \boxed{H\quad OH} \end{array} \xrightarrow{H_2SO_4} \begin{array}{c} H\quad H \\ |\quad\ | \\ H-C=C-H \end{array} + H_2O$$

エタノール　　エチレン　　水

これは，エタノールに濃硫酸を加えて加熱すると，水が取れてエチレンが生成するという反応です。

上の反応式から $\boxed{H\quad OH}$ が取れると，炭素の結合手が1本ずつ余ります。その1本ずつが互いに結合して，二重結合となり，エチレンとなるわけです。このような，有機化合物から簡単な分子が取れて二重結合や三重結合を生じる反応を**脱離反応**といい，その結果，エチレンのような新しい化合物が生じる反応を**縮合**といいます。

また，脱離反応でも，特にこの反応のように，水が脱離する（取れる）反応を**脱水反応**といい，水が取れて縮合を生じる反応を**脱水縮合**といいます。

【エステル化】

エステルとは，一般式で，R − COO − R´ という構造で表される化合物で，アルコールとカルボン酸が**脱水縮合**することによって生じ，このような反応を**エステル化**といいます。

エステル	⇒	一般式，R − COO − R´ で表される化合物
エステル化	⇒	アルコールとカルボン酸から**脱水縮合**してエステルを生じる反応

たとえば，カルボン酸である酢酸とアルコールであるエタノールとの反応は，次のようになります。

$$CH_3COOH + C_2H_5OH \xrightarrow{\text{エステル化}} CH_3COOC_2H_5 + H_2O$$

酢酸　エタノール　酢酸エチル

一般式では，

$$RCOOH + R'OH \rightarrow RCOOR' + H_2O$$

構造式では，

(構造式) R − C(=O) − [OH + H] − OR' ──エステル化──→ R − C(=O) − O − R' + H_2O

（OH + H：水）

なお，このエステル化の反応は，可逆反応なので，エステルに水を加えて加熱すると，加水分解によって反応が右から左へ進みます。

また，アルカリを加えることでエステルの不可逆的な加水分解が起こりますが，このような加水分解を**けん化**といいます。

けん化	⇒	エステルに塩基を加えてアルコールとカルボン酸に加水分解する反応

2．フェノール（ヒドロキシ基）

P277参照

3．アルデヒド（アルデヒド基）

アルデヒド基（－CHO）を持つ化合物を**アルデヒド**といい，一般式**RCHO**で表されます。

> **アルデヒド　⇒　アルデヒド基（－CHO）を持つ化合物**

すでに，アルコールでも出てきましたが，**第一級アルコールを酸化することによってアルデヒドになります。**

なお，アルデヒドは酸化されてカルボン酸（カルボキシ基 －COOH を持つ化合物）になります。

さて，アルデヒドには**還元性**があり（⇒自身は酸化されやすい），その性質を利用して，下記のような**銀鏡反応**や**フェーリング反応**と呼ばれる検出法があります。

【参考資料】

銀鏡反応

$$RCHO + 2[Ag(NH_3)_2]^+ + 2OH^- \rightarrow RCOOH + 2Ag\downarrow + 4NH_3 + H_2O$$

フェーリング反応

$$RCHO + 2Cu^{2+} + 4OH^- \rightarrow RCOOH + Cu_2O\downarrow + 2H_2O$$

アルデヒドの還元作用により，銀鏡反応では銀（Ag）が，フェーリング反応では酸化銅(I)（Cu_2O）の赤色沈殿が生じます。

（酸化）
第一級アルコール　⇒　アルデヒド
（エタノールを酸化すると，アセトアルデヒドになる）

4．ケトン（ケトン基）

カルボニル基（>CO）に 2 つの炭化水素基が結合した化合物を**ケトン**といい，一般式 R — CO — R´ で表されます。

> **ケトン　⇒　カルボニル基（>CO）に 2 つの炭化水素基が結合した化合物**

ケトンは，**第二級アルコール***を**酸化する**ことによって生成し，アルデヒドとは構造異性体の関係にあります（*は P280参照）。

$$CH_3-\underset{\underset{O}{\|}}{C}-CH_3 \qquad CH_3-CH_2-\underset{\underset{O}{\|}}{CH}$$

アセトン　　　プロピオンアルデヒド

どちらも化学式は C_3H_6O となり，それぞれ構造異性体となります。

> **ケトンとアルデヒドは構造異性体である。**

そのケトンですが，同じカルボニル基を持つ化合物のアルデヒドとは異なり，他の物質を還元する還元性はないので，その性質を利用してアルデヒドと区別することができます。

> （酸化）
> **第二級アルコール　⇒　ケトン**

5．カルボン酸（カルボキシ基）

カルボキシ基（— COOH）をもつ化合物を**カルボン酸**といい，一般式 RCOOH で表されます。

> **カルボン酸　⇒　カルボキシ基（— COOH）をもつ化合物**

第一級アルコールや**アルデヒド**を**酸化する**ことによって得られます。

（酸化）
第一級アルコール
アルデヒド　⇒　**カルボン酸**

カルボン酸は，その分子中のカルボキシ基の数により，１価カルボン酸（モノカルボン酸），２価カルボン酸（ジカルボン酸）…などに分類されます。また，P253でも説明しましたように，鎖式の化合物は脂肪族という言い方をしましたが，このカルボン酸は生体内で脂肪の成分となることから，鎖式で１価のものを**脂肪酸**といい，そのうち，炭化水素基がすべて単結合からなるものを**飽和脂肪酸**，二重結合などの不飽和結合を含むものを**不飽和脂肪酸**といいます。

さらに，１価カルボン酸のうち，炭化水素基の炭素数の少ないものを**低級脂肪酸**，炭素数の多いものを**高級脂肪酸**といいます。

１価と２価の代表的なカルボン酸を挙げると，次のようになります。

		物質	示性式
１価	飽和カルボン酸	酢酸 ギ酸	CH_3COOH $HCOOH$
	不飽和カルボン酸	アクリル酸	$CH_2 = CHCOOH$
２価	飽和カルボン酸	シュウ酸	$(COOH)_2$
	不飽和カルボン酸	マレイン酸	H＼C=C／H HOOC／　＼COOH

<性質>

カルボン酸は，水溶液中で一部が電離して，弱い酸性を示します。

$$R - COOH \Leftrightarrow R - COO^- + H^+$$

この場合，炭素数の**少ない**ほど水に**溶けやすく**，かつ，酸性が**強く**なり，炭素数が**多く**なるにつれ，水に**溶けにくく**なります。

6．エステル（エステル結合）

エステル結合（ー COO ー）をもつ化合物を**エステル**といい，一般式，R ー COO ー R で表されます。

エステル ⇒ エステル結合（ー COO ー）をもつ化合物

もう，すでにアルコールで学習しましたが，**カルボン酸とアルコールを脱水縮合する**ことによって得られ（⇒**エステル化**），逆に，エステルに水を加えて加熱すると，エステル化とは逆向きに反応が進み，カルボン酸とアルコールになります（⇒ エステルの加水分解）。

エステル ⇒ カルボン酸とアルコールを脱水縮合

また，塩基を加えてエステルの加水分解を行うのを「けん化」といいました。なお，前記下線部ですが，カルボン酸以外の酸とアルコールが縮合したエステル（⇒ ニトログリセリン）もあります。

7．主なエステル

・酢酸エチル：

酢酸エチルは，芳香臭のする水に溶けにくい液体で，次のような反応式により得られます。

$$CH_3COOH + C_2H_5OH \overset{\text{(濃硫酸)}}{\rightleftarrows} CH_3COOC_2H_5 + H_2O$$

酢酸　　エタノール　　酢酸エチル

・ポリエステル：

ペットボトルの原料にも用いられているポリエステルは，ジカルボン酸と 2 価アルコールが次々と縮合してエステル結合した**高分子化合物**（分子量が約 1 万以上の化合物）で，このように，低分子量の化合物が多数連結して高分子量の化合物を生じることを**重合**といい，それによって得られる化合物を**重合体**といいます。（注：縮合による重合の場合は，縮合重合および縮合重合体ともいいます）。

・ニトログリセリン：

ダイナマイトの原料となるニトログリセリンは，硝酸とグリセリン（３価アルコール）から生じるエステルです。

なお，「ニトロ」と名前が付いていますが，ニトロ化合物ではなく，**エステル**なので，注意してください（たまに試験に出ます）。

・油脂：

高級脂肪酸（１価カルボン酸で炭素数の多いもの）と**グリセリン**のエステルを**油脂**といいます（高級脂肪酸の－OHとグリセリンの－Hが結合して脱水縮合する）。その油脂のうち，常温（20℃）で固体のものを**脂肪**（⇒牛脂など），液体のものを**脂肪油**（⇒オリーブ油など）といいます。

なお，油脂に水酸化ナトリウム水溶液を加えて加熱すると，油脂が**けん化**（塩基を加えた加水分解）されて，**脂肪酸ナトリウム**とグリセリンになります。脂肪酸ナトリウムは高級脂肪酸のナトリウム塩ということになりますが，この脂肪酸ナトリウムが**セッケン**になるわけです。

〈参考資料〉

なぜセッケンで汚れが落ちるのか？

油脂からアルカリ加水分解によって生じるセッケン（脂肪酸ナトリウム：R－COONa）は，長い炭化水素基（R）の先端にカルボン酸のナトリウム塩（COONa）が付いた構造になっています。

このため，セッケン分子は疎水性（水に溶けにくい＝油に溶けやすい）の高い炭化水素基を介して油に溶けることができ，また親水性（水に溶けやすい＝油に溶けにくい）の高いカルボキシ基を介して水にも溶けることができるという性質を持ちます（このように油にも水にも溶けることができる性質を両親媒性といいます）。

水では落とせない油汚れにこのセッケン水溶液を加えると，セッケン粒子の疎水性の部分（炭化水素基）が油と結合し，油が元々くっついていた衣類や食器から引きはがして，下図のように球状になります（この状態を球状ミセルと呼ぶ）。

このとき，セッケンの親水性の部分（カルボキシ基）は外側を向いており，油とセッケンからなる下図のような球状ミセルと呼ばれるものは周りの水と結合できる（＝水に溶けた）状態になるため，油汚れを洗い流すことができるようになるわけです。

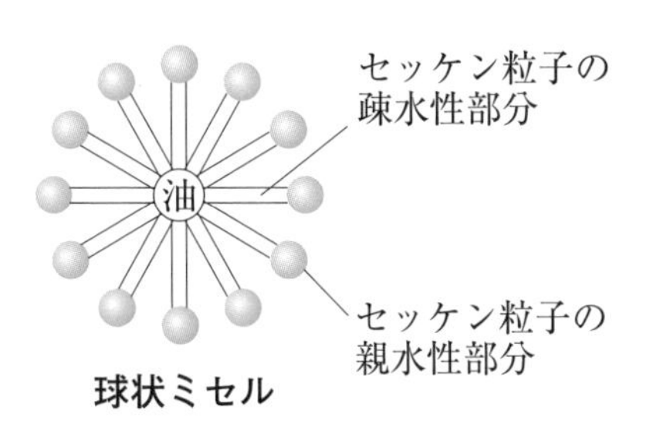

球状ミセル

8．アミン（アミノ基）

アンモニア（NH_3）の水素原子を**炭化水素基**で置換した化合物を**アミン**といい，一般式R－**NH_2**で表されます。

アミン　⇒　アンモニア（NH_3）の水素原子を**炭化水素基**で置換した化合物

また，この**－NH_2**，すなわち，アンモニアから水素原子1個取り除いた原子団を**アミノ基**といいます。

従って，アミンは，**炭化水素基にアミノ基が結合した化合物**，あるいは，**アミノ基を含む化合物**という言い方もできます。

一方，ベンゼン環にアミノ基が結合した化合物を**芳香族アミン**といいます（＝アンモニア（NH_3）の水素原子をベンゼン環で置換した化合物）。

<性質>

アンモニアは弱塩基ですが，アミンも同じく**弱塩基**であり，有機化合物の中では，代表的な塩基になります。

なお，アニリン（$C_6H_5NH_2$）は代表的な芳香族アミンで，同じく弱塩基です。

9．ニトロ化合物（ニトロ基）

ニトロ基（$-NO_2$）が炭素原子に直接結合（置換）した化合物を**ニトロ化合物**といい，ベンゼン環に直接結合（置換）した化合物を**芳香族ニトロ化合物**といいます。

ニトロ化合物	⇒	ニトロ基（$-NO_2$）が炭素原子に直接結合（置換）した化合物
芳香族ニトロ化合物	⇒	ニトロ基（$-NO_2$）がベンゼン環に直接結合（置換）した化合物

また，ベンゼンに混酸（濃硝酸と濃硫酸の混合物）を加えて加熱すると，濃硝酸（HNO_3）が OH，NO_2に分かれ，その NO_2とベンゼンの H が置換反応を起こしてニトロベンゼンが生じます（下の反応式参照）。

この置換反応を**ニトロ化**といいます。

ニトロ化　⇒　ニトロ基（$-NO_2$）による置換反応

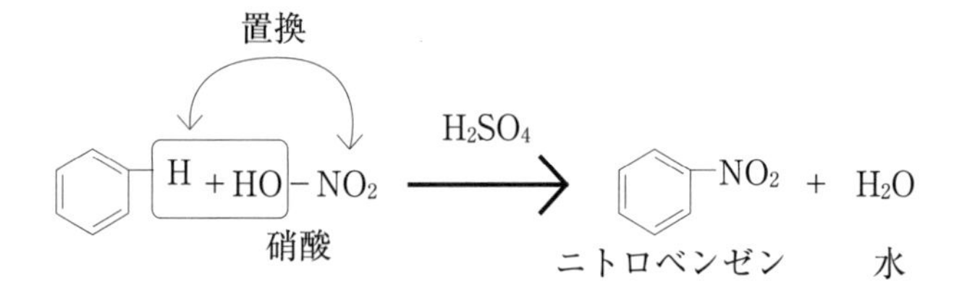

10. スルホン酸（スルホ基）

スルホ基（－ SO_3H）が結合（置換）した化合物を**スルホン酸**といい，ベンゼン環に直接結合（置換）した化合物を**ベンゼンスルホン酸**といいます。

スルホン酸	⇒	**スルホ基（－ SO_3H）**が結合（置換）した化合物
ベンゼンスルホン酸	⇒	**スルホ基（－ SO_3H）**がベンゼン環に結合（置換）した化合物

たとえば，ベンゼンに濃硫酸を加えて加熱すると，下のような反応が起こり，ベンゼンのHと「H，O，SO_3H」に分かれた硫酸のSO_3Hが置換反応を起こし，**ベンゼンスルホン酸**ができます。この置換反応を**スルホン化**といいます。

スルホン化 ⇒ スルホ基（－ SO_3H）による置換反応

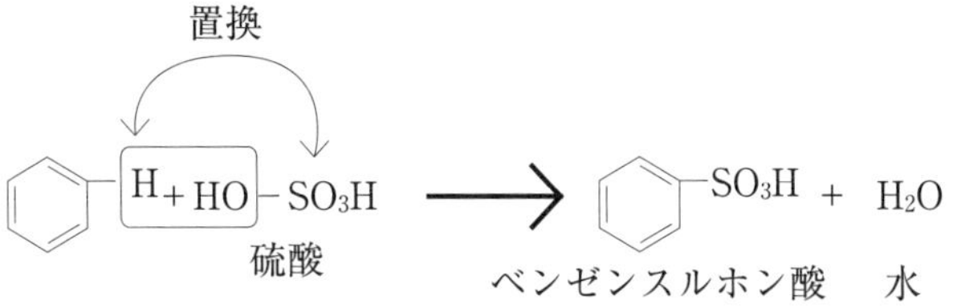

置換

$$C_6H_5\text{–}H + HO\text{–}SO_3H \longrightarrow C_6H_5\text{–}SO_3H + H_2O$$

硫酸　　ベンゼンスルホン酸　　水

11. エーテル（エーテル結合）

このエーテルは，今までの官能基と異なり，官能基の両側に炭化水素基が結合した形をしたもので，下に示すように，酸素原子の両側に炭化水素基が結合した形をした化合物をエーテルといい，一般式 R — O — R´ で表されます。

エーテル　⇒　エーテル結合（— O —）を含む化合物

また，分子内に含まれる C — O — C の結合を**エーテル結合**といいます。

なお，アルコールですでに説明してありますように，エーテルはアルコールとは，異性体の関係にあります。

<性質>

アルコールとエーテルの性質を比べた場合，まず，目につくのは，アルコールには**ヒドロキシ基（– OH）**があり，エーテルには無いということです。この結果，**アルコールは水に溶けやすく，エーテルは溶けにくい**，という差が生じます。

また，ヒドロキシ基がないエーテルは水素結合*を作らないので，アルコールに比べて融点や沸点がかなり**低く**なります。

＊**水素結合**

水素が仲立ちをして原子どうしが結合すること。電気陰性度の大きい分子，たとえば，水（H_2O）でいうなら，酸素原子の方が水素原子よりも電気陰性度が大きいので，電子が酸素原子の方に引きつれられてマイナスの電荷を持ち，逆に水素原子はプラスの電荷を持ちます。

分子どうしの間でこの酸素と水素のマイナスとプラスの電荷が引き合い，O — H — O – H……というような静電気力による弱い結合が形成されます。このような結合を**水素結合**というわけです。

問題演習　2－12. 有機化合物

<有機化合物の特徴>

【問題1】重要！ 重要！

有機化合物の一般的な性状について，次のうち誤っているものはどれか。

(1)　構成する元素は，炭素，水素，酸素，窒素，硫黄，ハロゲン等で，その種類は少ない。

(2)　無機化合物に比べて，融点や沸点が高い。

(3)　多くは非電解質であるが，水に溶けて電離するものもある。

(4)　結合の仕方の相違から元素の組成が同じであっても，性質の異なる異性体が存在する。

(5)　水に溶けにくく，有機溶媒に溶けやすいものが多い。

解説

(1)　正しい。

(2)　誤り。

有機化合物は分子内の原子間の結合は共有結合であるため安定性は高いのですが，一方の分子間は比較的弱い分子間力によって結合しており，その結合が簡単に外れるため，無機化合物に比べて，融点や沸点は**低く**なります。

(3)　正しい。

(4)　正しい。

有機化合物は，分子式が同じでも性質の異なる異性体が存在します。

(5)　正しい。

有機化合物は，一般に水に**溶けにくく**，メタノール，アセトンやジエチルエーテル等の**有機溶媒には溶けるものが多い**ので，正しい。

解　答

解答は次ページの下欄にあります。

【問題２】

有機化合物の一般的な性状について，誤っているものはどれか。

⑴　化合物の種類は非常に多いが，構成元素の種類は少ない。
⑵　炭素原子に水素，酸素，窒素，硫黄，リン，ハロゲンなどの原子が共有結合で結びついた構造である。
⑶　分子式が同じでも，性質の異なる異性体が存在する。
⑷　炭素が多数結合したとき，鎖状構造の他に，ベンゼンなどのような環状構造をつくる。
⑸　反応速度が大きく，また，反応機構は単純である。

解説

⑶　正しい。
前問の⑷と同じく，結合の仕方の相違から分子式が同じ（構成する元素の種類や数が同じ）でも，性質の異なる異性体が存在します。
⑷　正しい。
炭化水素には，鎖状構造の鎖式の他に，ベンゼンなどのような環状構造の環式があります。
⑸　誤り。
有機化合物の反応速度については，共有結合を切断するのに大きな活性化エネルギーが必要なため，**小さい（遅い）**ので，誤りです。

【問題３】

有機化合物の一般的な性状について，誤っているものはどれか。

⑴　燃焼すると二酸化炭素や水を生成する。
⑵　蒸発または分解して生成する気体が炎をあげて燃えるものが多い。
⑶　燃焼に伴う明るい炎は，高温の水素イオンが光っているものである。
⑷　空気の量が不足すると，すすの出る量が多くなる。
⑸　分子中の炭素含有率が多い物質ほど，すすの出る量も多くなる。

解説

⑴，⑵　正しい。
⑶　誤り。

解　答

【問題１】　⑵

燃焼の際に放出される光は水素イオンではなく高温の**炭素**が発します。

(4) 正しい。

空気の量が不足すると，不完全燃焼を起こし，すす（炭素）の出る量が多くなります。

(5) 正しい。

【問題4】 重要!

有機化合物の特性について，次のA～Eのうち誤っているものはいくつあるか。

A 一般的には，成分元素の主体は炭素，水素であり，可燃性である。

B 分子量が大きいものが多い。

C 不完全燃焼すると，一酸化炭素の発生量が多くなる。

D 炭素原子が多数結合したとき，鎖状構造の他に，シクロヘキサン，ベンゼンのように環状構造をつくる。

E 一般に融点が低く，300 ℃を超える高温では分解しないものが多い。

(1) 1つ (2) 2つ (3) 3つ (4) 4つ (5) 5つ

解説

A 正しい。

B 正しい。

炭素原子どうしの結合の仕方が豊富であり，多くの炭素原子が連なった化合物も存在するため，分子量の大きいものが多くなります。

C 正しい。

有機化合物が**完全燃焼**すると**二酸化炭素**を発生しますが，**不完全燃焼**すると，**一酸化炭素**が発生します。

D 正しい。

有機化合物には，**鎖状**構造の**鎖式**の他に，シクロヘキサン，ベンゼンのような**環状**構造の**環式**があります。

E 誤り。

有機化合物の融点は低く，300 ℃を超える高温では分解するもの

解 答

【問題2】 (5) **【問題3】** (3)

が多いので，誤りです。

従って，誤っているのは，Ｅの１つになります。

【問題５】 重要!

有機化合物と無機化合物の一般的な性質を比較した次の表について，誤りのある欄はどれか。

	有機化合物	無機化合物
1	ほとんどが共有結合である。	ほとんどがイオン結合である。
2	燃えるものが多い。	燃えないものが多い。
3	水に溶けにくいものが多い。	水に溶けやすいものが多い。
4	沸点や融点は高いものが多い。	沸点や融点は低いものが多い。
5	有機溶媒には一般に溶けやすい。	有機溶媒にはほとんど溶けない。

解説

一般に，**有機化合物の沸点や融点は低い**ものが多く，また，無機化合物には高いものが多いので，(4)が誤りです。

<炭化水素>

【問題６】

炭化水素について，次のうち誤っているものはどれか。

(1)　炭化水素は，炭素原子が鎖状に結合している鎖式炭化水素と環状に結合している環式炭化水素に分けることができる。

(2)　天然の油脂の構造が鎖式構造であるため，鎖式構造のものを脂肪族炭化水素または脂肪族化合物ともいう。

(3)　炭化水素は，ベンゼン環を持たない脂肪族とベンゼン環のある芳香族に分けることができる。

(4)　炭素原子同士がすべて単結合で結合しているものを飽和炭化水素といい，二重結合や三重結合も含むものを不飽和炭化水素という。

(5)　飽和炭化水素は付加反応を起こしやすく，不飽和炭化水素は置換

解　答

【問題４】 (1)

反応を起こしやすい。

解説

飽和炭化水素は**置換反応**を起こしやすく，不飽和炭化水素の方が**付加反応**を起こしやすいので，(5)が誤りです。

例えば，**飽和炭化水素（アルカン）**であるメタンと塩素の反応（$CH_4 + Cl_2 \rightarrow CH_3Cl$（クロロメタン）$+ HCl$）ではメタン中のHがClに置換する反応が起こります。

一方，**不飽和炭化水素（アルケン）**であるメチレンと塩素の反応では（$CH_2 = CH_2 + Cl_2 \rightarrow ClCH_2 - CH_2Cl$（1，2－ジクロロエタン））のように，メチレンの二重結合が外れてClが**付加**されます。

【問題７】

炭化水素の種類に関する次の記述について，誤っているものはどれか。

(1) 炭素原子どうしがすべて単結合だけで結合した鎖式飽和炭化水素をアルカンという。

(2) 炭素原子どうしの結合に二重結合が１個含まれている鎖式不飽和炭化水素をアルケンという。

(3) 炭素原子どうしの結合に三重結合が１個含まれている鎖式不飽和炭化水素をアルキンという。

(4) 炭素原子どうしがすべて単結合だけで環状に結合した環式飽和炭化水素をシクロアルキンという。

(5) ベンゼン環をもつ環式不飽和炭化水素を芳香族炭化水素という。

解説

シクロアルキンは三重結合をもつ脂環式炭化水素で，(4)の問題文の炭化水素は，**シクロアルカン**といいます。

解　答

【問題５】 (4)

【問題8】

炭化水素に関する次の記述について，正しいものはどれか。

(1)　アルカンは，メタン系炭化水素ともいい，一般式，C_nH_{2n}で表される。

(2)　アルケンはエチレン系炭化水素ともいい，一般式，C_nH_{2n-2}で表される。

(3)　アルキンはアセチレン系炭化水素ともいい，一般式，C_nH_{2n+2}で表される。

(4)　シクロアルカンは，シクロパラフィン系炭化水素ともいい，一般式，C_nH_{2n+2}で表され，アルケンとは，構造異性体の関係にある。

(5)　芳香族炭化水素の一般式は，C_nH_{2n-6}で表される。

解説

(1)～(4)はいずれも，一般式の部分だけが誤っています。

(1)のアルカンの一般式は，C_nH_{2n+2}，(2)のアルケンの一般式は，C_nH_{2n}，(3)のアルキンの一般式は，C_nH_{2n-2}，(4)のシクロアルカンの一般式は，C_nH_{2n}です。

【問題9】

炭化水素に関する次の記述のうち，不適当なものはどれか。

(1)　アルカンから水素原子を1個除いた原子団をアルキニル基という。

(2)　アルケンから水素原子を1個除いた原子団をアルケニル基という。

(3)　メチル基は，メタンCH_4から水素原子1個を除いたアルキル基である。

(4)　アルカンから水素原子2個を除いた原子団をアルキレン基という。

(5)　エチル基は，エタンC_2H_6から水素原子1個を除いたアルキル基である。

解説

(1)　アルカンから水素原子1個を除いた原子団は，アルキル基です。

　なお，アルキニル基は，アルキンから水素原子1個を除いた原子団のことをいいます。

解　答

【問題6】 (5)　　**【問題7】** (4)

【問題10】 重要!

アルカン（C_nH_{2n+2}）について，次のうち誤っているものはどれか。

(1) 炭素原子1個のものをメタン（CH_4）という。
(2) 炭素原子2個のものをエタン（C_2H_6）という。
(3) 炭素原子3個のものをプロパン（C_3H_8）という。
(4) 炭素原子4個のものをブタン（C_4H_{10}）という。
(5) 炭素原子5個のものをヘキサン（C_5H_{12}）という。

解説

炭素原子5個のものは，ペンタン（C_5H_{12}）です。

ヘキサンは，炭素原子6個（C_6H_{14}）のものをいいます。

なお，炭素原子7個は，ヘプタン（C_7H_{16}），8個はオクタン（C_8H_{18}）になります。

【問題11】

アルケン（C_nH_{2n}）について，次のうち誤っているものはどれか。

(1) 炭素原子2個のものをエテン（エチレン）（C_2H_4）という。
(2) 炭素原子3個のものをプロピン（プロピレン）（C_3H_6）という。
(3) 炭素原子4個のものをブテン（C_4H_8）という。
(4) 炭素原子5個のものをペンテン（C_5H_{10}）という。
(5) 炭素原子6個のものをヘキセン（C_6H_{12}）という。

解説

炭素原子3個のものは，**プロペン**（プロピレン）（C_3H_6）といいます。なお，プロピン（C_3H_4）は，アルキンの炭素原子3つのものをいいます。ちなみに，炭素原子7個は，ヘプテン（C_7H_{14}），8個はオクテン（C_8H_{16}）といいます。

【問題12】

アルキン（C_nH_{2n-2}）について，次のうち誤っているものはどれか。

(1) 炭素原子2個のものをエチレン（C_2H_2）という。
(2) 炭素原子3個のものをプロピン（C_3H_4）という。
(3) 炭素原子4個のものをブチン（C_4H_6）という。

解　答

【問題8】 (5)　　**【問題9】** (1)

(4)　炭素原子５個のものをペンチン（C_5H_8）という。

(5)　炭素原子６個のものをヘキシン（C_6H_{10}）という。

解説

炭素原子２個のアルキンは，アセチレン（C_2H_2）です。

なお，アルキンの炭素原子７個は，ヘプチン（C_7H_{12}），８個はオクチン（C_8H_{14}）になります。

【問題13】

次の化合物のうち，アルキンに該当するものはどれか。

(1)　ベンゼン

(2)　エチレン

(3)　メタン

(4)　プロパン

(5)　アセチレン

解説

(1)　誤り。
　ベンゼンは**芳香族炭化水素**です。

(2)　誤り。
　エチレンは**アルケン**です。

(3)，(4)　誤り。
　メタン，プロパンは**アルカン**です。

(5)　前問より，正しい。

【問題14】

炭素数が４のアルカンには，何種類の構造異性体があるか。

(1)　1　　(2)　2　　(3)　3　　(4)　4　　(5)　5

解説

まず，炭素を横一列に並べた，次の構造が考えられます（H は省略しています）。

C－C－C－C

ブタン

解　答

【問題10】　(5)　　**【問題11】**　(2)

次に，4つ目のCが2番目の炭素に結合した次の構造が考えられます。

```
      C
      |
  C — C — C
```

イソブタン

これ以外の構造は考えられないので，2種類になります。

【問題15】

分子式 C_5H_{12} で表される化合物には，何種類の構造異性体があるか。

(1)　2　　(2)　3　　(3)　4　　(4)　5　　(5)　6

分子式 C_5H_{12} は，**アルカン**（一般式 C_nH_{2n+2}）になります。

炭素数は5なので，まず，炭素を横一列に並べた，次の構造が考えられます。

C — C — C — C — C

（n−ペンタン）

名称は，Cが5つなので，ペンタンが付きます（⇒ P259）。

次に，2番目の炭素に結合した次の構造が考えられます。

```
  C — C — C — C
          |
          C
```

2−メチルブタン（イソペンタン）

名称は，Cが4つなので，ブタンが付きます。

次に，直鎖を3つにした次の構造が考えられます。

```
      C
      |
  C — C — C
      |
      C
```

2，2−ジメチルプロパン（ネオペンタン）

名称は，Cが3つなので，プロパンが付きます。

解　答

【問題12】 (1)　　**【問題13】** (5)　　**【問題14】** (2)

考えられるのは，以上なので，異性体数は3になります。

【問題16】

アルケンについて，次のうち誤っているものはどれか。

⑴　幾何異性体は炭素原子が3個以上から存在する。
⑵　Cが4個のブテン（C_4H_8）の場合，3つの構造異性体があるが，幾何異性体も含めると，4つの異性体がある。
⑶　幾何異性体のうち，同じ原子または原子団が二重結合に対して同じ位置にあるものをシス異性体という。
⑷　幾何異性体のうち，同じ原子または原子団が二重結合に対して反対側にあるものをトランス異性体という。
⑸　幾何異性体の化学的性質は似ている。

解説

⑴　幾何異性体は炭素原子が4個以上から存在するので，誤りです。
⑵～⑸　正しい。

【問題17】

分子式C_3H_8Oで表される化合物には，何種類の構造異性体があるか。

⑴　2　　⑵　3　　⑶　4　　⑷　5　　⑸　6

解説

P281「炭素数が3個の場合の異性体」より，炭素数が3個の場合は，アルコールとしての異性体が2つ（1－プロパノールと2－プロパノール），エーテルに1つの異性体があります。

解　答

【問題15】　⑵

$$\begin{array}{ccccccc} & & H & & H & & H & \\ & & | & & | & & | & \\ H & - & C & - & C & - & C & - OH \\ & & | & & | & & | & \\ & & H & & H & & H & \end{array}$$

1－プロパノール
（プロピルアルコール）

$$\begin{array}{ccccccccc} & & H & & H & & H & & \\ & & | & & | & & | & & \\ H & - & C & - & C & - & C & - & H \\ & & | & & | & & | & & \\ & & H & & OH & & H & & \end{array}$$

2－プロパノール
（イソプロピルアルコール）

$$\begin{array}{ccccccccccc} & & H & & & & H & & H & & \\ & & | & & & & | & & | & & \\ H & - & C & - & \boxed{O} & - & C & - & C & - & H \\ & & | & & & & | & & | & & \\ & & H & & & & H & & H & & \end{array}$$

エチルメチルエーテル
（メチルエチルエーテル）

なお，簡略して書くと，次のようになります。

- 1－プロパノール………$CH_3-CH_2-CH_2-OH$
- 2－プロパノール………$CH_3-CH(OH)-CH_3$
- エチルメチルエーテル…$CH_3-CH_2-O-CH_3$

＜芳香族炭化水素＞

【問題18】

環式炭化水素について，次のうち誤っているものはどれか。

(1) 環式炭化水素のうち，単結合の環状構造のものをシクロアルカンという。

(2) ベンゼン環には，単結合と二重結合が交互に配列されているが，このような構造を特にケクレ構造という。

(3) ベンゼン環を持つ化合物のうち，炭素原子と水素原子以外の原子も結合したものは芳香族化合物と呼ばれる。

(4) シクロアルカン（シクロパラフィン系炭化水素）の一般式は C_nH_{2n}（$n \geqq 3$）で表され，その性質は，炭素原子の数が等しいアルカンによく似ており，また，単結合だけでつながっているので化学的には安定している。

解　答

【問題16】 (1)　　**【問題17】** (2)

(5)　トルエンは，ベンゼンの水素を２個のメチル基で置換したものであり，結合するメチル基の位置の違いにより，オルト（o－），メタ（m－），パラ（p－）の３つの異性体が存在する。

解説

(5)　問題文のトルエン（$C_6H_5CH_3$）の部分をキシレン（$C_6H_4(CH_3)_2$）に替えると正しい文章になります。

すなわち，「**キシレン**は，ベンゼンの水素を２個のメチル基で置換したものであり，結合するメチル基の位置の違いにより，**オルト（o－），メタ（m－），パラ（p－）**の３つの異性体が存在する。」となります（⇒キシレンの３つの異性体は出題例があります）。

【問題19】

芳香族炭化水素の性状として，次のうち誤っているものはどれか。

(1)　一般にベンゼンの二置換体には，キシレンと同じく２つの異性体がある。

(2)　ケクレのベンゼン構造式では，二重結合が３個あるが，脂肪族の不飽和化合物とは異なり安定している。

(3)　側鎖に炭化水素基を持つものは，強い酸化剤により側鎖が酸化され，カルボキシ基となる。

(4)　濃硝酸によってニトロ化され，ニトロ化合物となる。

(5)　濃硫酸によりスルホン化され，スルホン酸となる。

解説

(1)　ベンゼンが持つ６個の水素の内，２個が他の原子団に置換されたもの（二置換体）は，それぞれの置換基の位置関係により，オルト，メタ，パラの**３つの異性体**が存在するので，誤りです。

(2)　正しい。

ベンゼン環に含まれる６個の炭素原子は，実際にはすべて単結合と二重結合の中間的な状態で同等に結合しているため，付加反応などが起こりにくい安定的な状態となっています。

(3)　正しい。

例えば，ベンゼン環にメチル基（CH_3）が結合したトルエンの場

解　答

解答は次ページの下欄にあります。

合，酸化剤によりメチル基が酸化されると，**カルボキシ基**になり，安息香酸（C_6H_5COOH）が生成します。

⑷ 正しい。

ベンゼンのニトロ化は，$C_6H_6 + HNO_3 \rightarrow C_6H_5NO_2 + H_2O$ と表され，**ニトロベンゼン**が生じます。

⑸ 正しい。

ベンゼンのスルホン化は，$C_6H_6 + H_2SO_4 \rightarrow C_6H_5SO_3H + H_2O$ と表され，**ベンゼンスルホン酸**が生じます。

【問題20】

ベンゼンの構造について，次のうち正しいものはどれか。

⑴ ベンゼンは，置換反応よりも付加反応がおこりやすい構造をしている。

⑵ 分子を構成するすべての原子は同一平面上にある。

⑶ 炭素原子間の結合の長さは，エタンの炭素原子間の結合の長さと等しい。

⑷ 炭素原子間の結合の長さは，エチレンの炭素原子間の結合の長さより短い。

⑸ 炭素原子間の結合には単結合と二重結合があり，それぞれの結合は特定の炭素原子間に固定されている。

解説

⑴ ベンゼンの6個の炭素原子は，単結合と二重結合の中間的な状態で結合しているため，炭素間の結合を解離させる**付加反応は起こりにくく**，水素の置換反応の方が起こりやすくなっているので，誤りです。

⑵ 正しい。

炭素原子が同一平面上に結合の手を伸ばすため，すべての原子が同一平面上にあります。

⑶〜⑸ 誤り。

⑴よりベンゼンの炭素間は単結合と二重結合の中間的な状態で**同等に結合**しているため，結合の長さも単結合（**エタン**）と二重結合

解 答

【問題18】 ⑸ **【問題19】** ⑴

（エチレン）の**中間程度**となります。

＜官能基＞

【問題21】 重要!

次のA～Fの官能基とその構造（化学式）の組合わせのうち，誤っているものはいくつあるか。

A　カルボキシ基…………………＞CO
B　スルホ基………………………— SO_3H
C　ニトロ基………………………— NO_3
D　ケトン基………………………— CO —
E　アミノ基………………………— NH_2
F　アルデヒド基…………………— COOH

(1)　1つ　　(2)　2つ　　(3)　3つ　　(4)　4つ　　(5)　5つ

解説

A　誤り。
　カルボキシ基は，— **COOH** であり，＞CO は，ケトン基（カルボニル基）です。
B　正しい。
C　誤り。
　ニトロ基は，— **NO_2**です。
D　正しい。
　ケトン基は＞CO のほか，— CO —と表示する場合もあります。
E　正しい。
F　誤り。
　アルデヒド基は，— CHO であり，— COOH は，**カルボキシ基**です。
従って，誤っているのは，A，C，Fの3つになります。

解　答

【問題20】　(2)

【問題22】

次のA～Eの有機化合物とそれに含まれる官能基について，次のうち誤っているものはいくつあるか。

A	$C_6H_2(NO_2)_3OH$	ニトロ基
B	$C_6H_5NH_2$	アミノ基
C	$CH_3COC_2H_5$	カルボニル基（ケトン基）
D	$C_6H_5SO_3H$	カルボキシ基
E	CH_3CHO	アルデヒド基

(1) 1つ (2) 2つ (3) 3つ (4) 4つ (5) 5つ

解説

Dは，カルボキシ基ではなく，スルホ基（$-SO_3H$）です。それ以外は，それぞれ太字の部分が該当する官能基です。

A	$C_6H_2(\mathbf{NO_2})_3OH$	ニトロ基
B	$C_6H_5\mathbf{NH_2}$	アミノ基
C	$CH_3\mathbf{CO}C_2H_5$	カルボニル基（ケトン基）
E	$CH_3\mathbf{CHO}$	アルデヒド基

<官能基…アルコール>

【問題23】

アルコールについて，次のうち誤っているものはどれか。

(1) アルコールは，炭化水素基の水素原子をヒドロキシ基（$-OH$）で置換した化合物である。

(2) アルコールは，アルキル基にヒドロキシ基が1個付いた化合物である。

(3) アルコールは，疎水性の炭化水素基と親水性のヒドロキシ基からなり，水溶液中では中性を呈する。

(4) 1分子中に，$-OH$が1個含まれているアルコールを第一級アルコールという。

(5) 1価アルコールの一般式は，$C_nH_{2n+1}OH$で，$n=3$からアルコールとしての異性体が存在する。

解答

【問題21】 (3)

解説

(4)　第一級アルコールというのは，－OH に結合する炭素に１個の炭化水素基が結合したアルコールのことをいい，問題文は**１価アルコール**に関する説明です。

【問題24】

アルコールに関する次の記述について，誤っているものはいくつあるか。

A　アルコールとカルボン酸が反応すると，エーテルを生じる。

B　融点と沸点については，低級アルコールは低く，高級アルコールは高い。

C　高級アルコールは，低級アルコールに比べて水に溶けにくい。

D　第一級アルコールを酸化すると，アルデヒドを経てカルボン酸になる。

E　第二級アルコールを酸化すると，ケトンになる。

(1)　１つ　　(2)　２つ　　(3)　３つ　　(4)　４つ　　(5)　５つ

解説

A　アルコールとカルボン酸が反応すると，エーテルではなく，**エステル**を生じるので，誤りです。(⇒ P289参照)

B　正しい。

　なお，炭素数の少ないアルコールを**低級アルコール**，多いアルコールを**高級アルコール**といいます。

C，D，E　正しい。

　従って，誤っているのは，Aの１つになります。

【問題25】

アルコールの分類について，次のうち誤っているものはどれか。

(1)　１－プロパノールは，１価のアルコールであり，また，第一級アルコールでもある。

(2)　エタノールとメタノールは，１価のアルコールであり，また，第一級アルコールでもある。

(3)　２－プロパノールは，２価のアルコールであり，また，第二級ア

解　答

【問題22】　(1)　　　**【問題23】**　(4)

ルコールでもある。
(4) エチレングリコールは，2価のアルコールであり，また，第一級アルコールでもある。
(5) グリセリンは，3価のアルコールである。

解説

2－プロパノールは，ヒドロキシ基（－OH）を1つ持つため，**1価のアルコール**です（第二級アルコールというのは，正しい）。

```
    H   H   H
    |   |   |
H - C - C - C - H
    |   |   |
    H  [OH] H
```

(3) **2－プロパノール**

```
    H   H
    |   |
H - C - C - H
    |   |
  [OH] [OH]
```

(4) **エチレングリコール**

```
    H   H   H
    |   |   |
H - C - C - C - H
    |   |   |
  [OH] [OH] [OH]
```

(5) **グリセリン**

【問題26】

有機化合物の反応について，次のうち誤っているものはどれか。

(1) 脱離反応とは，有機化合物から簡単な分子が取れて二重結合や三重結合を生じる反応をいう。
(2) 脱離反応により新しい化合物が生じる反応を置換という。
(3) 脱離反応のうち，水が脱離する反応を脱水反応という。
(4) 脱水反応によって縮合する反応を脱水縮合という。
(5) エステルに塩基を加えてアルコールとカルボン酸に分解する反応をけん化という。

解説

脱離反応により新しい化合物が生じる反応は**縮合**です。

解　答

【問題24】 (1)

<官能基……アルデヒド>

【問題27】

アルデヒドに関する記述について，次のうち誤っているものはどれか。

(1)　アルデヒド基（－CHO）を持つ化合物をアルデヒドという。

(2)　アルデヒドには還元性があるが，ケトンにはない。

(3)　アルデヒドをアンモニア性硝酸銀水溶液に加えて温めると，試験管内壁に銀が析出するが，この反応を銀鏡反応という。

(4)　アルデヒドは，第二級アルコールを酸化することにより得られる。

(5)　アルデヒドは酸化されてカルボン酸になる。

解説

(1)　正しい。

(2)　正しい。

アルデヒド自身は酸化されやすい物質なので，他の物質に対しては，逆に**還元性**があります。

(3)　正しい。

なお，反応式は次のようになります。

$$RCHO + 2[Ag(NH_3)_2]^+ + 2OH^- \rightarrow RCOOH + 2Ag\downarrow + 4NH_3 + H_2O$$

(4)　誤り。

アルデヒドは，**第一級アルコール**を酸化することにより得られます。例えば，エタノール（C_2H_5OH）を酸化しても得られます。

$$C_2H_5OH \xrightarrow{\text{酸化}} CH_3CHO$$

エタノール　　アセトアルデヒド

(5)　正しい。

アルデヒドは酸化されて**カルボン酸**（カルボキシ基－COOHを持つ化合物）になります。

解　答

【問題25】　(3)　　**【問題26】**　(2)

<官能基……ケトン>

【問題28】

ケトンに関する記述について，次のうち誤っているものはどれか。

(1) カルボニル基＞CO に 2 つの炭化水素基が結合した化合物をケトンという。

(2) ケトンの一般式は，R — CO — R´ で表される。

(3) ケトンは，第二級アルコールを酸化することによって生成される。

(4) アルデヒドとは構造異性体の関係にある。

(5) ケトンは，酸化されやすい物質である。

解説

(1) 正しい。

ケトンは，**カルボニル基**（＞CO）に 2 つの炭化水素基が結合した化合物です。

(2) 正しい。

なお，炭化水素基が R と R´ になっているのは，異なる炭化水素基だからです。

(3), (4) 正しい。

(5) 誤り。

ケトンは，ケトン基に水素原子が付いてないので，**酸化されにくい**（水素原子が放出されない）物質です。

<官能基……カルボン酸>

【問題29】

カルボン酸について，次のうち誤っているものはどれか。

(1) カルボキシ基（— COOH）をもつ化合物をカルボン酸といい，一般式 RCOOH で表される。

(2) ベンゼン環をもつカルボン酸を芳香族カルボン酸という。

(3) カルボン酸は，第二級アルコールやアルデヒドを酸化することによって得られる。

解 答

【問題27】 (4)

⑷　１価カルボン酸のうち，炭化水素基の炭素数の少ないものを低級脂肪酸という。

⑸　１価カルボン酸のうち，炭化水素基の炭素数の多いものを高級脂肪酸という。

解説

カルボン酸は，**第一級アルコール**やアルデヒドを酸化することによって得られます。

例えば，エタノールを酸化すると，アセトアルデヒドを経て酢酸が生じます。

$$C_2H_5OH + \frac{1}{2} O_2 \rightarrow CH_3CHO + H_2O,$$

$$CH_3CHO + \frac{1}{2} O_2 \rightarrow CH_3COOH$$

【問題30】

カルボン酸に関する記述について，次のうち誤っているものはどれか。

⑴　カルボン酸は，その分子中のカルボキシ基の数により，１価カルボン酸（モノカルボン酸），２価カルボン酸（ジカルボン酸）などに分類される。

⑵　鎖式で１価カルボン酸（モノカルボン酸）のものを脂肪酸という。

⑶　脂肪酸のうち，炭化水素基がすべて単結合からなるものを飽和脂肪酸，二重結合などの不飽和結合を含むものを不飽和脂肪酸という。

⑷　ギ酸や酢酸は１価の飽和脂肪酸である。

⑸　カルボン酸とアルコールを脱水縮合すると，アルデヒドが得られる。

解説

カルボン酸とアルコールを脱水縮合すると，次のように，**エステル**が得られます。

RCOOH	＋	R´OH	→	**RCOOR´**	＋	H_2O
カルボン酸		アルコール		エステル（—COO—）		

解　答

【問題28】　⑸

【問題31】

カルボン酸に関する記述について，次のうち誤っているものはどれか。

(1) カルボン酸の水溶液は弱酸性である。

(2) 低級脂肪酸は，水に溶けやすい。

(3) 脂肪酸のうち，炭素数の多いものほど酸性が強くなる。

(4) 一般的に，カルボン酸は酸化されにくい。

(5) カルボン酸は，炭酸より強い酸である。

解説

(1) 正しい。

カルボン酸は，水溶液中で次のように一部が電離して，**弱い酸性**を示します。

$R - COOH \rightleftarrows R - COO^- + H^+$

(2) 正しい。

低級脂肪酸は，炭素数が少ない（＝水に溶けにくい炭化水素基が短い）ので，水に**溶けやすく**なります。

(3) 誤り。

脂肪酸の酸性の度合は，炭素数の**少ない**ものほど**強く**なります。

(4) 正しい。

ただし，**ギ酸**は，カルボキシ基（－COOH）とアルデヒド基（－CHO）の両方をもつので，例外的に酸化されやすい物質です。

(5) 正しい。

カルボン酸の酸の強さは，無機酸の塩酸や硫酸よりは弱いですが，炭酸よりは強い酸です。

$HCl, H_2SO_4 > R - COOH > H_2CO_3$

（塩酸，硫酸）（カルボン酸）（炭酸）

<官能基……エステル>

【問題32】

エステルに関する記述について，次のうち誤っているものはどれか。

(1) エステル結合（－COO－）をもつ化合物をエステルといい，一般

解　答

【問題29】 (3)　　**【問題30】** (5)

式，R － COO － R で表される。

⑵　エステルは，カルボン酸とアルコールを脱水縮合することによって得られる。

⑶　エステルに水を加えて加熱すると，カルボン酸とアルコールになる。

⑷　塩基を加えてエステルの加水分解を行うのを「けん化」という。

⑸　酢酸エチルとポリエステルはエステルであるが，ニトログリセリンはニトロ化合物である。

解説

⑴　正しい。

⑵　正しい。
なお，この反応を**エステル化**といいます。

⑶　正しい。
この反応を**エステルの加水分解**といいます。

⑷　正しい。

⑸　誤り。
ダイナマイトの原料となるニトログリセリンは，硝酸とグリセリンから生じる**エステル**です（ニトログリセリンの化学式は $C_3H_5(ONO_2)_3$ であり，NO_2 は持っていますが，酸素原子を介して炭素原子に結合しているため，ニトロ化合物とは呼びません）。

<官能基……アミン，ニトロ化合物>

【問題33】

アミンとニトロ化合物について，次のうち正しいものはいくつあるか。

A　アンモニア（NH_3）の水素原子を炭化水素基で置換した化合物をアミンといい，一般式 R － NH_2 で表される。

B　ベンゼン環にアミノ基が結合した化合物を芳香族アミンという。

C　アンモニアから水素原子１個取り除いた原子団－ NH_2 をアミノ基という。

D　ニトロ基（－ NO_2）が炭素原子に直接結合（置換）した化合物をニトロ化合物，ベンゼン環に直接結合（置換）した化合物を芳香族

解　答

【問題31】　⑶

ニトロ化合物という。

E　炭化水素基またはベンゼン環の水素原子をニトロ基（$-NO_2$）で置換する反応をニトロ化という。

(1)　1つ　(2)　2つ　(3)　3つ　(4)　4つ　(5)　5つ

解説

A　正しい。

B　正しい。

別の言い方では，「アンモニア（NH_3）の水素原子をベンゼン環で置換した化合物」となります。

C　正しい。

従って，アミンは，**炭化水素基にアミノ基が結合した化合物**，あるいは，**アミノ基を含む化合物**という言い方もできます。

D　正しい。

E　正しい。

従って，すべて正しいので，(5)の5つとなります。

<官能基……スルホン酸，エーテル>

【問題34】

スルホン酸とエーテルについて，次のうち誤っているものはどれか。

(1)　スルホ基（$-SO_3H$）が結合（置換）した化合物をスルホン酸といい，ベンゼン環に直接結合（置換）した化合物をベンゼンスルホン酸という。

(2)　スルホン化とは，スルホ基（$-SO_3H$）による置換反応をいう。

(3)　酸素原子の両側に炭化水素基が結合した形をした化合物をエーテルといい，一般式$R-O-R'$で表される。

(4)　エーテルはアルコールとは，異性体の関係にある。

(5)　エーテルは，アルコールと同じく，水には溶けやすい。

解説

アルコールには**ヒドロキシ基（－OH）**があるので，水には溶けやすいですが，エーテルには**ヒドロキシ基（－OH）**が無いので，

解　答

【問題32】　(5)

水には溶けにくくなります。

<官能基……総合>

【問題35】

化学反応とその名称との組合わせで，次のうち誤っているものはどれか。

⑴　２個のエタノールからジエチルエーテルを生成した。
……………………………………脱水縮合

⑵　酢酸とエタノールから酢酸エチルを生成した。
……………………………………エステル化

⑶　ベンゼンに濃硝酸と濃硫酸の混合物を作用させて，ニトロベンゼンを生成した。　……………………………………付加重合

⑷　ベンゼンに濃硫酸を加えて，ベンゼンスルホン酸を生成した。
……………………………………スルホン化

⑸　ベンゼンに触媒を用いて塩素を作用させ，クロロベンゼンを生成した。　……………………………………ハロゲン化

解説

⑴　正しい。

エタノールを硫酸存在下で加熱すると，２分子のエタノールから水分子が取れて**脱水縮合反応**が起こります。

反応式：$2\,C_2H_5OH \rightarrow C_2H_5 - O - C_2H_5 + H_2O$

⑵　正しい。

カルボン酸とアルコールの脱水縮合反応を**エステル化**といいます。

反応式：$CH_3COOH + C_2H_5OH \rightarrow CH_3 - COO - C_2H_5 + H_2O$

⑶　誤り。

ベンゼンと硝酸の混合によりニトロ基（NO_2）が導入される反応は**ニトロ化**（置換反応）です。

反応式：$C_6H_6 + HNO_3 \rightarrow C_6H_5NO_2 + H_2O$

⑷　正しい。

ベンゼンと硫酸の混合によりスルホ基（SO_3H）が導入される反応を**スルホン化**といいます。

解　答

【問題33】　⑸　　**【問題34】**　⑸

反応式：$C_6H_6 + H_2SO_4 \rightarrow C_6H_5SO_3H + H_2O$

(5) 正しい。

ハロゲン元素（塩素 Cl や臭素 Br など）が導入される反応を**ハロゲン化**といいます（この場合は塩素を導入しているため，塩素化と呼ぶこともあります）。

反応式：$C_6H_6 + Cl_2 \rightarrow C_6H_5Cl + HCl$

【問題36】

高分子化合物に関する次の記述のうち，誤っているものはいくつあるか。

A　二重結合や三重結合の不飽和結合が切れて，その部分に他の原子や原子団が結合する反応を置換という。

B　低分子化合物が重合してできた分子量の大きな物質をポリマーまたは高分子化合物という。

C　ポリマーを構成する分子量が小さな物質を単体という。

D　エチレンからポリエチレンが形成されるように，分子量の小さな物質（モノマー）が規則正しく結合してポリマーのような分子量の大きな物質になる反応を重合という。

E　重合のうち，付加反応によるものを付加重合という。

(1) 1つ　(2) 2つ　(3) 3つ　(4) 4つ　(5) 5つ

解説

A　誤り。

正しくは，**付加反応**です。

B　正しい。

C　誤り。

ポリマーを構成する分子量が小さな物質は，**単量体**または**モノマー**といいます。

D，E　正しい。

従って，誤っているのは，A，Cの2つになります。

解　答

【問題35】 (3)

【問題37】

次の文中のＡ～Ｅの下線部のうち，誤っているものはいくつあるか。

「高分子化合物とは，約1,000個以上のＡ．単量体がＢ．金属結合により次々と結合してできた分子量の大きな化合物のことで，別名，Ｃ．モノマーという。

また，その構成単位となる物質はＡ．単量体と呼ばれる。ポリエチレンはＤ．エチレンがＥ．縮合重合した高分子化合物である。」

(1)　1つ　　(2)　2つ　　(3)　3つ　　(4)　4つ　　(5)　5つ

解説

正しくは，次のようになります。

「高分子化合物とは，約1,000個以上のＡ．単量体が**Ｂ．共有結合**により次々と結合してできた分子量の大きな化合物のことで，別名，**Ｃ．ポリマー**という。

また，その構成単位となる物質はＡ．単量体と呼ばれる。ポリエチレンはＤ．エチレンが**Ｅ．付加重合**した高分子化合物である。」

従って，Ｂ，Ｃ，Ｅの３つが誤りです。

【問題38】

高分子材料の製法および用途に関する説明として，次のうち誤っているものはどれか。

(1)　ポリエチレンは，エチレンが付加重合したもので，耐水性や耐薬品性に優れ，フィルムや容器等に用いられる。

(2)　ポリスチレンは，スチレンが付加重合したもので，加工性や絶縁性に優れ，緩衝材や断熱材等に用いられる。

(3)　ポリ塩化ビニルは，塩化ビニルが付加重合したもので，難燃性や耐薬品性に優れ，パイプやシート等に用いられる。

(4)　フェノール樹脂（ベークライト）は，フェノールが付加重合したもので，耐水性，耐薬品性および電気絶縁性に優れ，プリント基板等に用いられる。

(5)　不飽和ポリエステル樹脂は，不飽和ポリエステルにビニル化合物を共重合させたもので，耐候性および成型性に優れ，繊維強化プラ

解　答

【問題36】　(2)

スチックとして構造材等に用いられる。

解説

(1) 正しい。

ポリエチレンはエチレン（$CH_2 = CH_2$）の二重結合が外れて次々と付加重合した高分子化合物（**ポリマー**）です。

(2) 正しい。

ポリスチレンはベンゼン環を持つ芳香族炭化水素であるスチレン（$C_6H_5CH = CH_2$）の二重結合が外れて付加重合したものです。

(3) 正しい。

ポリ塩化ビニルは塩化ビニル（$CH_2 = CHCl$）の二重結合が外れて付加重合したものです。

(4) 誤り。

フェノール（C_6H_5OH）には二重結合がないため，付加重合は起こりません。フェノール樹脂はフェノールにホルムアルデヒドを加えて，**縮合重合**反応を起こすことで作られます。

(5) 正しい。

不飽和ポリエステル樹脂は，無水マレイン酸などの不飽和ジカルボン酸を重合させた不飽和ポリエステルに，スチレンなどのビニル化合物をさらに重合させたものです。

解　答

【問題37】 (3)　　**【問題38】** (4)

巻末資料１

（１） 炭化水素（炭素・水素のみ含む有機化合物）の分類

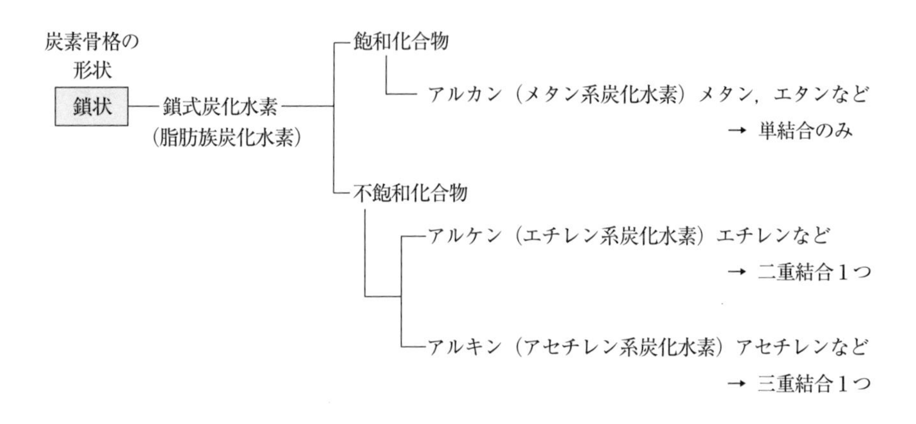

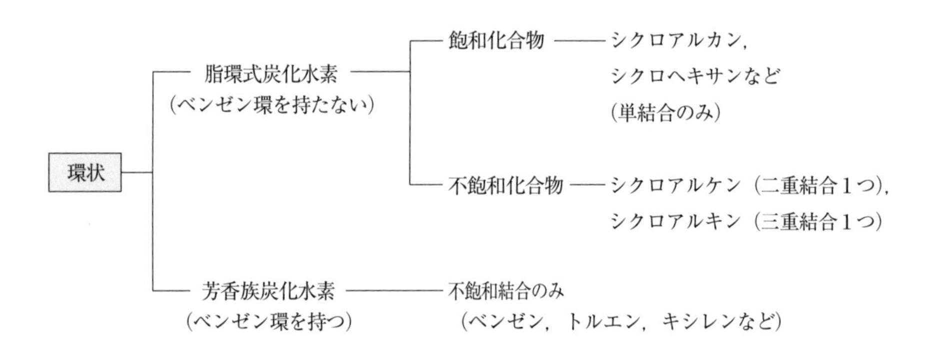

（２） 酸素を含む有機化合物

アルコール（脂肪族のみ），フェノール（芳香族のみ），アルデヒド，ケトン，カルボン酸，エステル，ニトロ化合物，スルホン酸，エーテル

巻末資料 2

〈炭化水素の分類〉

分類		種類（カッコ内は一般名）	一般式	化合物の例	炭化水素基の例
鎖式炭化水素	飽和	アルカン（メタン系炭化水素）	C_nH_{2n+2}（単結合のみ）	CH_4（メタン） C_2H_6（エタン）	CH_3-（メチル基）
	不飽和	アルケン（エチレン系炭化水素）	C_nH_{2n}（二重結合が1つ）	C_2H_4（エチレン）	$CH_2=CH-$（ビニル基）
		アルキン（アセチレン系炭化水素）	C_nH_{2n-2}（三重結合が1つ）	C_2H_2（アセチレン）	$CH \equiv C-$（エチニル基）
環式炭化水素	飽和	シクロアルカン（シクロパラフィン系炭化水素）	C_nH_{2n}（単結合のみ）	C_6H_{12}（シクロヘキサン）	$C_6H_{11}-$（シクロヘキシル基）
	不飽和	芳香族炭化水素	C_nH_{2n-6}（ベンゼン環がある）	C_6H_6（ベンゼン）	C_6H_5-（フェニル基）

巻末資料 3

官能基の分類

官能基の種類	化合物の一般名	化合物の例	性状
ヒドロキシル基 $-$ OH （ヒドロキシ基ともいう）	アルコール	メタノール（CH_3OH）	中性
	フェノール （ベンゼン環に付いた場合）	フェノール （C_6H_5OH）	弱酸性
アルデヒド基 $-$ CHO	アルデヒド	アセトアルデヒド （CH_3CHO）	還元性
ケトン基　>CO （カルボニル基）	ケトン	アセトン （CH_3COCH_3）	中性
カルボキシル基 $-$ COOH	カルボン酸	酢酸（CH_3COOH）	酸性
エステル結合 $-$ COO $-$	エステル	酢酸エチル （$CH_3COOC_2H_5$）	中性
アミノ基 $-$ NH_2	アミン	アニリン（$C_6H_5NH_2$）	弱塩基性
ニトロ基 $-$ NO_2	ニトロ化合物	ニトロベンゼン （$C_6H_5NO_2$）	中性
スルホ基 $-$ SO_3H	スルホン酸	ベンゼンスルホン酸 （$C_6H_5SO_3H$）	強酸性
エーテル結合 $-$ O $-$	エーテル	ジエチルエーテル （$C_2H_5OC_2H_5$）	中性

注）ケトン基の>CO ですが，一般的にはカルボニル基といい，このカルボニル基に 2 個の炭化水素基が結合したものがケトンであり，そのケトンに含まれるカルボニル基を特にケトン基といいます。

巻末資料 4

（1）－ OH の数による分類

- 1 価アルコール　⇒　－ OH を 1 個含むもの
- 2 価アルコール　⇒　－ OH を 2 個含むもの
- 3 価アルコール　⇒　－ OH を 3 個含むもの

（注：－ OH が **2 個以上**のものを，特に**多価アルコール**といいます。）

（2）－ OH に結合する炭素に結合する炭化水素基の数による分類

- 第一級アルコール　⇒　R が 1 個結合したもの
- 第二級アルコール　⇒　R が 2 個結合したもの
- 第三級アルコール　⇒　R が 3 個結合したもの

（3）炭素原子の数による分類

- 低級アルコール：炭素数の少ないアルコール
- 高級アルコール：炭素数の多いアルコール

（4）アルコールの酸化

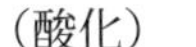

● **第一級アルコール** ⇒（酸化）**アルデヒド**（－ CHO）⇒（酸化）**カルボン酸**（－ COOH）

● **第二級アルコール** ⇒（酸化）**ケトン**（>CO）

巻末資料 5

主な物質 1 モル当たりの燃焼に必要な理論酸素量

	品名	1モルの質量	反応式	理論酸素量
有機化合物	メタノール	32g	$CH_4O + \frac{3}{2} O_2 \rightarrow CO_2 + 2H_2O$	$\frac{3}{2}$ モル
	メタン	16g	$CH_4 + 2O_2 \rightarrow CO_2 + 2H_2O$	2 モル
	アセチレン	26g	$C_2H_2 + \frac{5}{2} O_2 \rightarrow 2CO_2 + H_2O$	$\frac{5}{2}$ モル
	アセトアルデヒド	44g	$CH_3CHO + \frac{5}{2} O_2 \rightarrow 2CO_2 + 2H_2O$	$\frac{5}{2}$ モル
	エタノール	46g	$C_2H_5OH + 3O_2 \rightarrow 2CO_2 + 3H_2O$	3 モル
	エタン	30g	$C_2H_6 + \frac{7}{2} O_2 \rightarrow 2CO_2 + 3H_2O$	$\frac{7}{2}$ モル
	プロパン	44g	$C_3H_8 + 5O_2 \rightarrow 3CO_2 + 4H_2O$	5 モル
	ジエチルエーテル	74g	$C_2H_5OC_2H_5 + 6O_2 \rightarrow 4CO_2 + 5H_2O$	6 モル
無機化合物	ナトリウム	23g	$Na + \frac{1}{4} O_2 \rightarrow \frac{1}{2} Na_2O$	$\frac{1}{4}$ モル
	水素	2g	$H_2 + \frac{1}{2} O_2 \rightarrow H_2O$	$\frac{1}{2}$ モル
	亜鉛	65.4g	$Zn + \frac{1}{2} O_2 \rightarrow ZnO$	$\frac{1}{2}$ モル
	アルミニウム	27g	$Al + \frac{3}{4} O_2 \rightarrow \frac{1}{2} Al_2O_3$	$\frac{3}{4}$ モル
	炭素	12g	$C + O_2 \rightarrow CO_2$	1 モル

巻末資料 5

その他の物質の理論酸素量

理論酸素量	品名
0.5	一酸化炭素（CO）
1	
2	酢酸（CH_3COOH）
3	エチレン（C_2H_4）
3.5	エタン（C_2H_6）
4	アセトン（CH_3COCH_3）， 酸化プロピレン（CH_3CHOCH_2）
4.5	2－プロパノール （イソプロピルアルコール　C_3H_8O）
5	酢酸エチル（$CH_3COOC_2H_5$）
6	
6.5	イソブタン（C_4H_{10}）
7	
7.5	ベンゼン（C_6H_6），1－ペンタノール（$C_5H_{12}O$）
8	
9	シクロヘキサン（C_6H_{12} 第1石油類）

元素の周期表（1族，2族，12～18族：典型元素，3族～11族：遷移元素）

周期＼族	1	2	3	4	5	6	7	8	9
1	1● **H** 1.008 水素								
2	3 **Li** 6.941 リチウム	4 **Be** 9.012 ベリリウム							
3	11 **Na** 22.99 ナトリウム	12 **Mg** 24.31 マグネシウム							
4	19 **K** 39.10 カリウム	20 **Ca** 40.08 カルシウム	21 **Sc** 44.96 スカンジウム	22 **Ti** 47.87 チタン	23 **V** 50.94 バナジウム	24 **Cr** 52.00 クロム	25 **Mn** 54.94 マンガン	26 **Fe** 55.85 鉄	27 **Co** 58.93 コバルト
5	37 **Rb** 85.47 ルビジウム	38 **Sr** 87.62 ストロンチウム	39 **Y** 88.91 イットリウム	40 **Zr** 91.22 ジルコニウム	41 **Nb** 92.91 ニオブ	42 **Mo** 95.94 モリブデン	43 **Tc** 〔99〕 テクネチウム	44 **Ru** 101.1 ルテニウム	45 **Rh** 102.9 ロジウム
6	55 **Cs** 132.9 セシウム	56 **Ba** 137.3 バリウム	57～71 ランタノイド	72 **Hf** 178.5 ハフニウム	73 **Ta** 180.9 タンタル	74 **W** 183.8 タングステン	75 **Re** 186.2 レニウム	76 **Os** 190.2 オスミウム	77 **Ir** 192.2 イリジウム
7	87 **Fr** 〔223〕 フランシウム	88 **Ra** 〔226〕 ラジウム	89～103 アクチノイド						
	アルカリ金属	アルカリ土類金属							

57～71 ランタノイド	57 **La** 138.9 ランタン	58 **Ce** 140.1 セリウム	59 **Pr** 140.9 プラセオジム	60 **Nd** 144.2 ネオジム	61 **Pm** 〔145〕 プロメチウム	62 **Sm** 150.4 サマリウム	63 **Eu** 152.0 ユーロピウム
89～103 アクチノイド	89 **Ac** 〔227〕 アクチニウム	90 **Th** 232.0 トリウム	91 **Pa** 231.0 プロトアクチニウム	92 **U** 238.0 ウラン	93 **Np** 〔237〕 ネプツニウム	94 **Pu** 〔239〕 プルトニウム	95 **Am** 〔243〕 アメリシウム

↙単体が20℃，1気圧で●は気体，○は液体，記号なしは固体

原子番号●
記　号
原子量
名　称

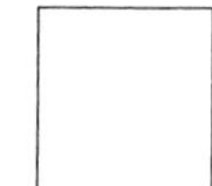
金属
典型元素

非金属
典型元素

記　号　両性元素

強磁性体　金属
遷移元素

金属
遷移元素

(長周期型)

10	11	12	13	14	15	16	17	18
								2● **He** 4.003 ヘリウム
			5 **B** 10.81 ホウ素	6 **C** 12.01 炭素	7● **N** 14.01 窒素	8● **O** 16.00 酸素	9● **F** 19.00 フッ素	10● **Ne** 20.18 ネオン
			13 **Al** 26.98 アルミニウム	14 **Si** 28.09 ケイ素	15 **P** 30.97 リン	16 **S** 32.07 硫黄	17● **Cl** 35.45 塩素	18● **Ar** 39.95 アルゴン
28 **Ni** 58.69 ニッケル	29 **Cu** 63.55 銅	30 **Zn** 65.39 亜鉛	31 **Ga** 69.72 ガリウム	32 **Ge** 72.61 ゲルマニウム	33 **As** 74.92 ヒ素	34 **Se** 78.96 セレン	35○ **Br** 79.90 臭素	36● **Kr** 83.80 クリプトン
46 **Pd** 106.4 パラジウム	47 **Ag** 107.9 銀	48 **Cd** 112.4 カドミウム	49 **In** 114.8 インジウム	50 **Sn** 118.7 スズ	51 **Sb** 121.8 アンチモン	52 **Te** 127.6 テルル	53 **I** 126.9 ヨウ素	54● **Xe** 131.3 キセノン
78 **Pt** 195.1 白金	79 **Au** 197.0 金	80○ **Hg** 200.6 水銀	81 **Tl** 204.4 タリウム	82 **Pb** 207.2 鉛	83 **Bi** 209.0 ビスマス	84 **Po** 〔210〕 ポロニウム	85 **At** 〔210〕 アスタチン	86● **Rn** 〔222〕 ラドン
		太線から左下は低融点の金属					ハロゲン	希ガス

64 **Gd** 157.3 ガドリニウム	65 **Tb** 158.9 テルビウム	66 **Dy** 162.5 ジスプロジウム	67 **Ho** 164.9 ホルミウム	68 **Er** 167.3 エルビウム	69 **Tm** 168.9 ツリウム	70 **Yb** 173.0 イッテルビウム	71 **Lu** 175.0 ルテチウム
96 **Cm** 〔247〕 キュリウム	97 **Bk** 〔247〕 バークリウム	98 **Cf** 〔252〕 カリホルニウム	99 **Es** 〔252〕 アインスタイニウム	100 **Fm** 〔257〕 フェルミウム	101 **Md** 〔258〕 メンデレビウム	102 **No** 〔259〕 ノーベリウム	103 **Lr** 〔260〕 ローレンシウム

〔 〕の数はもっとも長い半減期をもつ同位体の質量数。

(注：特に重要な元素は太線で囲んであります)

索引

あ

圧力 33
アボガドロ数 126
アボガドロの法則 138
アミノ基 291
アミン 291
アルカリ金属 239
アルカリ性 184
アルカリ土類金属 239
アルカン 259
アルキル基 260
アルキン 271
アルケン 267
アルコール 278
アルデヒド 286
アルデヒド基 286
イオン 96
イオン化傾向 232
イオン結合 104
イオン結合 110
イオン結晶 105
異性体 120
陰イオン 96
陰性 98
エーテル 294
エーテル結合 294
エステル 289
エステル化 285
エステル結合 289
塩 189
塩基 183
塩基性塩 190
炎色反応 238
塩析 173
塩の加水分解 190
オルト（O-） 274

か

化学式 131
化学反応式 132
化学平衡 154
可逆反応 153
化合物 118
活性化エネルギー 153
価電子 92
価標 107
カルボキシ基 287
カルボニル基 287
カルボン酸 287
還元 215
還元剤 221
環式炭化水素 253
官能基 257
気化 14
幾何異性体 268
希ガス 94
気体定数 37
気体の状態方程式 38
吸熱反応 145
凝固 14
凝固点降下 170
凝縮 14
凝析 175
共有結合 106
共有電子対 106
極性 162
銀鏡反応 286
金属結合 109
金属結晶 110
金属元素 94
クーロン力 74
軽金属 238
結合エネルギー 146
結晶 110
結晶水 165
ケトン 287
ケトン基 287
けん化 285
原子 87
原子核 87
原子記号 89
原子番号 89
原子量 124
元素 89
構造異性体 120
構造異性体 261
構造式 131
高分子化合物 270
コロイド 171
混合物 118

さ

最外殻電子 92
再結晶 166
鎖式炭化水素 253
酸 182
酸化 215
酸化還元反応 215
酸化剤 221
酸化数 217
三重結合 108
酸性 183
酸性塩 190
シクロアルカン 273
シス異性体 269
示性式 131
質量 17
質量数 88
質量パーセント濃度 169
質量保存の法則 137
質量モル濃度 169
脂肪酸 288
脂肪族 253
シャルルの法則 35
周期 93
重金属 238
重合 270
重合体 270
重水素 90
自由電子 109
重量 17
縮合 284
純物質 118
昇華 14
蒸気圧 21
蒸気圧降下 170
蒸発 14
触媒 152
親水コロイド 172
浸透圧 171
水素結合 294
水和 164
水和水 165
スルホ基 293
スルホン化 276
スルホン酸 293
正塩 190
生成熱 143
静電気 73
静電気力 74
析出 165
セッケン 290
絶対温度 35
絶対温度 54
遷移元素 95
潜熱 15
族 93
組成式 131
ゾル 172

た

体膨張率 60
対流 59
脱水縮合 284
脱離反応 284
炭化水素 252
単結合 107
単原子分子 96
単体 118
断熱圧縮 61
断熱膨張 61
単量体 270
置換反応 275
中性子 87
中和 188
中和滴定 192
中和熱 143
潮解 16
チンダル現象 173
定比例の法則 137
電荷 73
電解質 105
電気陰性度 162
電気泳動 174
典型元素 95
電子 87
電子殻 91
電子式 107
電子配置 92
電池 233
伝導 58
電離度 184
同位体 90
透析 174
同素体 119
トタン 237
トランス異性体 269
ドルトンの法則 41

な

鉛蓄電池 235
二重結合 108
ニトロ化 275
ニトロ化合物 292
ニトロ基 292
熱エネルギー 54
熱化学方程式 144
熱伝導率 58
熱膨張 60
熱容量 55
熱量 54
熱量保存の法則 57
燃焼熱 143
濃度 169

は

倍数比例の法則 137
発熱反応 144
パラ（p－） 274
ハロゲン 94
ハロゲン化 275
反応速度 151
反応熱 143
非共有電子対 107
非金属元素 94
比重 19
ヒドロキシ基 278
比熱 55
標準状態 127
ファンデルワールス力 110
風解 16
フェーリング反応 286
フェノール 277
フェノールフタレイン 193
不可逆反応 154
付加重合 270
付加反応 270
ふく射 59
腐食 236
不対電子 108
物質の三態 13
物質量 126
沸点 20
沸点上昇 22,170
沸騰 20
不導体 73
不飽和炭化水素 254
ブラウン運動 173
ブリキ 237
分圧 41
分子 95
分子結晶 110
分子式 131
分子量 125
平衡定数 155
ヘスの法則 145
ベンゼン 273
ヘンリーの法則 168
ボイル・シャルルの法則 36
ボイルの法則 34
芳香族 253
芳香族 273
放射 59
飽和 165
飽和炭化水素 254
ポリエステル 289
ポリマー 270
ボルタ電池 234

ま

摩擦電気 73
水のイオン積 185
密度 18
無機化合物 251
メタ（m－） 274
メチルオレンジ 193
メッキ 236
モノマー 270
モル濃度 169

や

融解 13
有機化合物 249
陽イオン 96
溶液 163
溶解度 165
溶解熱 143
陽子 87
溶質 163
陽性 98
溶媒 163

ら

立体異性体 120
理論酸素量 326
臨界圧力 39
臨界温度 38
ル・シャトリエの法則 155

英名

atm（アトム） 33
caℓ（カロリー） 55
J（ジュール） 54
K（ケルビン） 36
mol（モル） 126
N（ニュートン） 34
Pa（パスカル） 33
pH（水素イオン指数） 186

ご注意

（1） 本書の内容に関する問合せについては，明らかに内容に不備がある，と思われる部分のみに限らせていただいておりますので，よろしくお願いいたします。

その際は，FAXまたは郵送，Eメールで「書名」「該当するページ」「返信先」を必ず明記の上，次の宛先までお送りください。

〒546-0012
大阪市東住吉区中野２丁目１番27号
（株）弘文社編集部
Eメール：henshu1@kobunsha.org
FAX：06-6702-4732

※お電話での問合せにはお答えできませんので，あらかじめご了承ください。

（2） 試験内容・受験内容・ノウハウ・問題の解き方・その他の質問指導は行っておりません。

（3） 本書の内容に関して適用した結果の影響については，上項にかかわらず責任を負いかねる場合があります。

（4） 落丁・乱丁本はお取り替えいたします。

著者略歴 **工藤政孝**

学生時代より，専門知識を得る手段として資格の取得に努め，その後，ビルトータルメンテの（株）大和にて電気主任技術者としての業務に就き，その後，土地家屋調査士事務所にて登記業務に就いた後，平成15年に資格教育研究所「大望」を設立。(その後「KAZUNO」に名称を変更)。わかりやすい教材の開発，資格指導に取り組んでいる。

【過去に取得した資格一覧（主なもの)】

甲種危険物取扱者，第二種電気主任技術者，第一種電気工事士，一級電気工事施工管理技士，一級ボイラー技士，ボイラー整備士，第一種冷凍機械責任者，甲種第4類消防設備士，乙種第6類消防設備士，乙種第7類消防設備士，第一種衛生管理者，建築物環境衛生管理技術者，二級管工事施工管理技士，下水道管理技術認定，宅地建物取引主任者，土地家屋調査士，測量士，調理師など多数。

【主な著書】

わかりやすい！第一種衛生管理者試験
わかりやすい！第二種衛生管理者試験
わかりやすい！第4類消防設備士試験
わかりやすい！第6類消防設備士試験
わかりやすい！第7類消防設備士試験
本試験によく出る！第4類消防設備士問題集
本試験によく出る！第6類消防設備士問題集
本試験によく出る！第7類消防設備士問題集
これだけはマスター！第4類消防設備士試験 筆記＋鑑別編
これだけはマスター！第4類消防設備士試験 製図編
わかりやすい！甲種危険物取扱者試験
わかりやすい！乙種第4類危険物取扱者試験
わかりやすい！乙種(科目免除者用) 1・2・3・5・6類危険物取扱者試験
わかりやすい！丙種危険物取扱者試験
最速合格！乙種第4類危険物でるぞ～問題集
最速合格！丙種危険物でるぞ～問題集
直前対策！乙種第4類危険物20回テスト
本試験形式！乙種第4類危険物取扱者模擬テスト
本試験形式！丙種危険物取扱者模擬テスト

監修者略歴　**長野　太輝**（ながの　たいき）

理学博士

甲種危険物取扱者

平成22年　神戸大学理学部　卒業

平成24年　神戸大学大学院理学研究科（修士課程）修了

平成27年　神戸大学大学院理学研究科（博士課程）修了

—甲種危険物受験の為の—

わかりやすい　物理・化学

監　修　長野太輝

編　著　工藤政孝

印刷・製本　亜細亜印刷株式会社

発行所　株式会社　弘　文　社

〒546-0012 大阪市東住吉区
中野２丁目１番27号
☎　(06)6797—７４４１
FAX　(06)6702—４７３２
振替口座　00940—2—43630
東住吉郵便局私書箱１号

代表者　岡　崎　達